游戏力

儿童游戏治疗基础与进阶 第2版

[美]泰瑞·科特曼 著
张婷婷 秦红梅 郑淑丽 译

上海社会科学院出版社

图书在版编目（CIP）数据

游戏力：儿童游戏治疗基础与进阶 /（美）泰瑞·科特曼著；张婷婷，秦红梅，郑淑丽译. — 2版. — 上海：上海社会科学院出版社，2023

书名原文：Play Therapy：Basics and Beyond，Second Edition

ISBN 978-7-5520-4095-1

Ⅰ.①游… Ⅱ.①泰…②张…③秦…④郑… Ⅲ.①儿童—游戏—精神疗法 Ⅳ.① B844.1 ② R749.055

中国国家版本馆CIP数据核字（2023）第047692号

Simplified Chinese Translation Copyright © 2023
By Beijing Runcheng Books Co.,Ltd.
Play Therapy:Basics and Beyond,Second Edition
Original English Language Edition Copyright © 2011 by Terry Kottman
All Rights Reserved.
上海市版权局著作权合同登记号：图字 09-2023-0372 号

游戏力：儿童游戏治疗基础与进阶 第2版

著　　者：	［美］泰瑞·科特曼
译　　者：	张婷婷　秦红梅　郑淑丽
责任编辑：	周霈
封面设计：	风动工作室
出版发行：	上海社会科学院出版社
	上海顺昌路 622 号　　　　邮　　编：200025
	电话总机：021-63315947　销售热线：021-53063735
	http://www.sassp.cn　　　E-mail：sassp@sassp.cn
照　　排：	北京颂煜文化传播有限公司
印　　刷：	三河市恒彩印务有限公司
开　　本：	710 毫米 ×1000 毫米　1/16
印　　张：	24.5
字　　数：	345 千
版　　次：	2023 年 10 月第 1 版　　2023 年 10 月第 1 次印刷

ISBN 978-7-5520-4095-1/B·330　　　　　　　　　　定　价：78.00元

版权所有　翻印必究

献给雅各布，

他让我一天天懂得，

作为一个儿童（现在已是少年）意味着什么，

不管我是否有兴趣对此进行了解；

献给里克，

他一直在和我一起学习，

关于善和恶，美与丑。

和以往一样,首先要感谢我的丈夫里克,他是我这部作品的第一个读者,他以温和而坚定的方式告诉我,哪里有道理,哪里没道理,哪里应该保留,哪里不需要保留。我也很感谢那些乐意为我填写调查问卷的游戏治疗专家,他们是本书中所涵盖的各个理论取向具有代表性的游戏治疗师:

费利西亚·卡罗尔(Felicia Carroll):医学硕士,注册婚姻家庭治疗师,注册游戏治疗师兼督导;西海岸完形游戏疗法研究所创始人兼所长;加利福尼亚州索尔万市私人执业治疗师——完形游戏疗法的代表。

雅典娜·德鲁斯(Athena Drewes):心理学博士,注册游戏治疗师兼督导;纽约州波基普西市阿斯特儿童及家庭服务中心的临床培训主任和美国心理协会认证实习医生——处方-整合式游戏疗法的代表。

帕里斯·古德伊尔(Paris Goodyear-Brown):社会工作硕士,临床社工,注册游戏治疗师兼督导,田纳西州安提俄克"ParisandM儿童咨询中心"创办人——折衷取向游戏疗法的代表。

埃里克·格林(Eric Green):博士,注册游戏治疗师兼督导;私人执业顾问,婚姻家庭治疗师,北得克萨斯大学达拉斯分校咨询和人类服务学系助理教授和临床主任——荣格心理分析游戏疗法的代表。

德纳·霍尔茨(Dana Holtz):理学硕士,国家认证顾问,私人执业顾问,注册游戏治疗师兼督导,注册青少年治疗专家;亚利桑那州图森市高中顾问,私人执业治疗师——阿德勒游戏疗法的代表。

苏珊·克内尔(Susan Knell):博士,临床心理学家,俄亥俄州梅菲尔德协会会员——认知行为游戏疗法的代表。

约翰·保罗（John Paul）：理学硕士，临床社工，注册游戏治疗师兼督导，犹他州普罗沃市西拉咨询公司总裁——荣格心理分析游戏疗法的代表。

伊万杰琳·芒斯（Evangeline Munns）：临床精神病学博士，注册游戏治疗师兼督导，游戏疗法研究所督导，加拿大儿童游戏疗法协会治疗师督导——游戏疗法的代表。

凯文·奥康纳（Kevin O'Connor）：博士，注册游戏治疗师兼督导；杰出教授；阿兰特国际大学罗克威研究所及加利福尼亚州弗雷斯诺职业心理学学院高级研究学者——生态系统游戏疗法的代表。

迪伊·雷（Dee Ray）：博士，注册游戏治疗师兼督导；北得克萨斯大学咨询与高等教育系副教授、儿童及家庭资源诊所主任——以儿童为中心的游戏疗法的代表。

查尔斯·谢弗（Charles Schaefer）：博士，注册游戏治疗师兼督导；新泽西州蒂内克市费尔莱狄更斯大学心理学名誉教授——折衷取向游戏疗法的代表。

林恩·斯塔德勒（Lynn Stadler）：加利福尼亚州圣巴巴拉市注册婚姻家庭治疗师——完形游戏疗法的代表。

艾迪恩·泰勒德·福埃特（Aideen Taylorde Faoite）：游戏治疗硕士，教育心理学研究生；私人执业治疗师，爱尔兰戈尔韦市西方儿童心理学协会驻会心理学家——故事式游戏疗法的代表。

蒂莫西·提斯德尔（Timothy Tisdell）：心理学博士，临床心理学家，加利福尼亚州奥克兰市乡村咨询与评估中心私人执业治疗师——心理动力学游戏疗法的代表。

莱斯·范弗利特（Risë VanFleet）：博士，注册游戏治疗师兼督导；家庭强化和游戏治疗中心主任；宾夕法尼亚州博伊灵斯普林斯市"顽皮狗"项目主任——以儿童为中心的游戏疗法的代表。

在过去的20年里，社会对接受过训练并且擅长运用游戏对儿童进行治疗的心理健康专业人员和学校心理辅导员的需求显著增长，对训练有素的游戏治疗师也有相应的需求。笔者在《游戏力：儿童游戏治疗基础与进阶》第一版中介绍了游戏治疗中使用的各种技巧，并从理论的角度介绍了游戏治疗中涉及的基本概念。这是游戏疗法概念和技巧的入门性介绍。该书强调了基于多种理论基础的各种游戏治疗策略的应用。第一版已广泛用于入门级游戏治疗课程和儿童咨询课程的教学。针对老师们要求更新第一版的请求，笔者编著了第二版。

本书的主要目标读者是学习游戏治疗入门课程和儿童咨询入门课程的学习者。因为本书提供了许多不同理论取向的信息，所以无论读者的理论取向是什么，本书对他都会有所帮助。本书也是为那些想了解更多有关游戏治疗知识，但没有受到该领域的正式培训的临床医生而编写的。

考虑到这两类读者，笔者对把本书作为进入游戏治疗世界的学习者的背景做了一些假设。我假设读者在咨询、心理学、社会工作或其他相关领域有一些基本的背景知识，本书中使用的许多术语和概念都是源自其他相关领域。另外两个假设是，读者对儿童有一定的了解和接触；至少对儿童发展有粗略的了解。

本书结构

第1—3章构成第1部分，即基本概念。第1章的标题是"游戏治疗简介"，本章首先解释了谈话治疗转向游戏治疗所必需的范式转变，给出了关于游戏治疗的几个定义和基本原理，描述了游戏的治疗功能，提供了关于游戏治疗的适用对象的信息，以及想要使用游戏作为治疗方式的治疗师需要具备的特征和经验。在第2章"游戏治疗的历史演变"中，读者将了解游戏治疗的演变。第3章的标题为"游戏治疗的理论方法"，本章包含了9种经过筛选的当代游戏治疗方法的详细描述，重点介绍了理论概念、游戏治疗的阶段、治疗师的角色、治疗目标、与父母合作的方法以及每种方法的特点。

第4—11章构成第2部分：基本技能。第4章的标题是"游戏治疗的准备工作"，读者将学习为游戏治疗布置一个场地，选择和摆放玩具，向父母和儿童解释游戏治疗过程，安排第一次治疗，评估儿童游戏行为，撰写报告，结束治疗并结案过程。有几种基本的游戏治疗技巧适用于大多数游戏治疗方法：追踪行为；重述内容；反射情绪；限制；把责任归还给儿童；处理问题。这些技巧的应用取决于治疗师的理论取向和治疗阶段，但大多数游戏治疗师都会在某个时候用到它们。第5—10章中定义了每种技巧，描述了在游戏治疗过程中使用这些技巧的目的，并解释了这些技巧是如何应用于游戏治疗的各种情况的。为了让读者更具体、更容易地理解每一项技巧，笔者提供了它们的应用示例，并邀请读者通过量身定制的练习实践该技能，以示范该技能适用的各种情况。每一章的最后都为读者准备了旨在巩固技巧应用的实践性练习。笔者相信，要想成为真正的儿童治疗专家，所有的游戏治疗师都需要审视自己的想法、感受、态度和个人观点。为了促进这个自我反省的过程，每一章结尾都列出了需要读者思考的问题。

第5章的标题是"追踪"，读者将学习如何使用追踪来建立与儿童的关系。建立和谐关系也是第6章"重述内容"的重点。读者可以在第7章"反射情绪"中探索反射儿童情绪的策略，以帮助儿童学习理解自己的情绪。第8章"设置限制"中为读者提供了几种限制游戏室中的不当行为的技巧。第9章"把责任归还给儿童"中，对这种做法的基本原理和操作方法的描述将帮助读者探索这一重要技巧。因为所有去游戏室的儿童都会问问题，读者将在第10章"处理问题"中学习如何理解问题可能的含义以及如何应对它们。

第11章的标题是"基本技巧的整合：游戏治疗的艺术"，针对如何决定什么时候该使用哪种技巧，以及如何将几种不同的技巧整合起来，以创建一套比单一技巧更流畅、更有效的组合干预，本章提供了解释和示例。读者还将探索将治疗师的个性和互动风格与游戏治疗技巧相结合的必要性，以便与儿童进行更加自然流畅的互动。

第 12—15 章构成第 3 部分：高级技能及概念。在游戏治疗中，很多交流都是以隐喻的形式进行的。第 12 章"识别隐喻及通过隐喻交流"描述了学习理解儿童隐喻的可能含义的策略，提供了实践性练习。读者还将学习和练习如何使用儿童创造的隐喻，以促进用他们的自然语言与他们交流。本章中也有关于设计治疗隐喻和其他故事技巧的信息，可以在游戏治疗中使用。

第 13 章的标题是"高级游戏治疗技巧"，包括使用后设沟通、视觉策略、艺术技巧、沙盘游戏治疗方面的信息，以及角色扮演在游戏治疗方面的作用。在本章中，读者可以找到这些高级技能的应用示例和提供实践指导的练习。

自本书第一版面世以来，该领域的研究表明，提高游戏治疗效果的主要因素之一是与父母合作。一些文献也表明，向问题儿童的学校老师提供咨询也可以提高游戏治疗的效果。正因为如此，我补充了第 14 章，与父母和老师合作。本章概述了有关亲子游戏治疗、友善培训、亲子互动治疗、阿德勒式的父母及老师咨询等方面的信息。

因为游戏治疗是一种新兴职业，所以对该领域感兴趣者必须了解可能对该领域产生影响的专业性问题。为了促进这个过程，在第 15 章"游戏治疗中的专业问题"里，提供了以下问题的讨论：对游戏疗法的有效性研究；法律和道德问题；文化意识和敏感性；将攻击性玩具纳入游戏室；公众对游戏治疗的认识和对游戏治疗师的职业认同。

成为一名训练有素的游戏治疗师

仅仅阅读本书不足以把读者变成一个训练有素的游戏治疗师。要成为一名游戏治疗师，有必要透彻了解本书中的概念和信息，深入探索特定的理论方法，进一步了解游戏治疗初级和高级技巧，并在游戏治疗专业人士的指导下，通过对儿童使用游戏治疗干预获得工作经验。笔者认为，游戏治疗初级课程应要求学员进行多次游戏治疗，并从经验丰富的游戏治疗师那里得到反馈，同时接受训练有素和经验丰富的游戏治疗督导的指导，然后再进入下一阶段的学习。笔者也相信，一个想成为游戏治疗师的人必须始终致力于解决本人遇到的问题。一些组织（如游戏治疗协会、加拿大儿童和游戏治疗协会、英国游戏治疗协会）提供了培训游戏治疗师所必需的指南和指导性临床经验介绍。

目录 CONTENTS

致谢 /1

前言 /1

第1章 游戏治疗简介 / 3

游戏的治疗作用 /4

游戏治疗师的个人因素 /18

适合进行游戏治疗的来访者 /18

从谈话到游戏的范式转变 /26

游戏治疗的维度模型 /27

实践练习 /30

思考题 /31

第一部分 基本概念

第2章 游戏治疗的历史演变 / 33

精神分析/精神动力游戏疗法 /33

结构化游戏疗法 /34

关系游戏疗法 /35

非指导性的、以儿童为中心的游戏疗法 /36

设限治疗 /37

针对有依恋问题儿童的理论 /38

基于为成年人开发的理论的游戏治疗 /39

基于不同理论整合的游戏治疗方法 /41

折衷取向游戏疗法 /43
思考题 /44

第3章
游戏治疗的理论方法 / 46

阿德勒游戏疗法 /47
以儿童为中心的游戏疗法 /53
认知行为游戏疗法 /59
生态系统游戏疗法 /63
完形游戏疗法 /70
荣格心理分析游戏疗法 /76
心理动力学游戏疗法 /81
治疗性游戏 /85
折衷取向游戏疗法 /90
思考题 /94

第二部分 基本技能

第4章
游戏治疗的准备工作 / 97

布置治疗场地 /97
选择和摆放玩具 /99
解释治疗过程 /102
第一次治疗 /109
结束一次治疗 /111
评估儿童游戏中的模式 /113
写治疗报告 /120
结案 /121
思考题 /124

第5章 追踪 / 126

如何追踪 /126

监控儿童对追踪的反应 /128

在不同理论取向的游戏疗法中的应用 /129

追踪的示例 /130

实践练习 /131

思考题 /133

第6章 重述内容 / 134

如何进行重述内容 /134

重述内容的焦点 /135

通过重述内容影响儿童 /136

监控儿童对重述内容的反应 /136

在不同理论取向的游戏治疗中的应用 /137

重述内容的示例 /138

实践练习 /140

思考题 /142

第7章 反射情绪 / 144

反射情绪 /144

如何反射情绪 /145

监控儿童对反射情绪的反应 /150

拓展情绪概念和词汇 /152
在不同理论取向的游戏疗法中的应用 /152
反射情绪的示例 /153
实践练习 /155
思考题 /157

第8章 设置限制 / 159

设置什么限制 /162
何时设置限制 /168
发布限制时的实际考量 /169
设置限制的策略 /172
设置限制的示例 /175
实践练习 /178
思考题 /180

第9章 把责任归还给儿童 / 182

何时把责任归还给儿童 /183
如何把责任归还给儿童 /184
何时不把责任归还给儿童 /187
不同理论取向的游戏治疗中的应用 /189
把责任归还给儿童的示例 /190
实践练习 /195
思考题 /196

第10章
处理问题 / 198

游戏治疗中儿童问题的特征 /198

回应类型（附示例）/202

实践练习 /210

思考题 /212

第11章
基本技巧的整合：游戏治疗的艺术 / 213

判断何时使用某种技巧 /213

整合和注入技巧（附示例）/218

实践练习 /223

思考题 /225

第12章
识别隐喻及通过隐喻交流 / 229

识别隐喻 /230

理解游戏治疗中隐喻的含义 /230

使用儿童隐喻与儿童交流 /234

监控儿童对隐喻的反应 /235

使用儿童隐喻进行沟通的示例 /236

实践练习 /240

思考题 /242

第三部分 高级技能及概念

第13章 高级游戏治疗技巧 / 243

后设沟通 /243

治疗性隐喻 /249

互说故事 /257

与儿童进行角色扮演 / 参与儿童游戏 /265

实践练习 /270

思考题 /275

第14章 与父母和老师合作 / 277

亲子疗法 /281

友善培训 /282

亲子互动疗法 /283

阿德勒式的父母和老师咨询 /285

个人应用 /288

实践练习 /289

思考题 /290

第15章 游戏治疗的专业问题 / 293

游戏疗法的有效性研究 /293

法律及伦理问题 /298

文化意识与敏感性 /302

将攻击性玩具纳入游戏室 /307

公众对游戏治疗的认识以及对游戏治疗师的职业认同 /309
给新手游戏治疗师的建议 /310
实践练习 /314
思考题 /316

参考文献 / 318

附录 A
为父母准备的一份游戏疗法介绍 / 359

附录 B
作者简介 / 361

附录 C
不同理论取向的游戏疗法的参考文献 / 362

第一部分

基本概念

第1章
游戏治疗简介

莫瑞斯走进一个房间，房间里有各式各样的玩具：木偶、玩偶屋和玩偶、汽车、卡车、木制火炉和冰箱、塑料蛇和蜘蛛，还有许许多多其他玩具。他环视了一下房间，抱起一只兔子，开始讲小兔子的故事，小兔子总是惹麻烦，觉得没有人关心它。一位女士坐在他身边，倾听他的讲述，和他交谈，引导他思考小兔子的感受，点评小兔子和小兔子和其他家庭成员之间可能发生的事情，并阻止他把小兔子扔出窗外。

这是游戏治疗。

萨莉走进一个房间，地板上放着几个大枕头。一位男士坐在枕头上，告诉她，他们要一起玩，他拿出几顶不同的帽子，两人都试戴帽子，对着镜子做鬼脸。

这是游戏治疗。

哈立德拿着几辆玩具小汽车和卡车走进一个房间。坐在房间桌子旁的一位女士让哈立德用汽车和卡车向她展示他和他的家人开车去商店时，一辆卡车从侧面和汽车发生碰撞的情形。

这是游戏治疗。

游戏治疗是一种对儿童进行心理治疗的方法，咨询师利用玩具、美术用品、游戏材料等作为媒介，用儿童的语言即游戏的语言与儿童进行交流。由于 12 岁以下的儿童表达情感和想法的能力相对有限，对使用抽象语言的推理能力也相对有限，他们中的大多数人都缺乏进入治疗室，坐下来用语言告诉治疗师他们的问题的能力。他们往往缺乏充分利用谈话疗法所需的内省和互动技巧，但可以借助玩具、美术用品、故事和其他有趣的工具与治疗师进行交流。

这种将游戏作为一种自然的推理和交流形式的能力使得游戏成为一种适合对儿童进行治疗性干预的方式（Landreth，2002）。在游戏治疗中，游戏可以成为与儿童建立融洽关系的一种手段；可以帮助治疗师了解儿童及其互动和关系；可以帮助儿童表达他们无法用语言表达的感情；可以帮助儿童积极地发泄焦虑、紧张或敌对情绪；可以向儿童传授社交技能；可以给儿童提供一种环境，在这种环境中，儿童可以测试极限，了解自己的行为和动机，探索替代方式，并了解后果（Thompson & Henderson，2006）。

·游戏的治疗作用·

游戏治疗是"系统性地运用一套理论模型建立人际互动过程，在这个过程中，训练有素的游戏治疗师利用游戏的治疗功效帮助儿童预防或解决心理问题，实现最优成长和发展"（Association for Play Therapy, 1997, p.4）。根据这一定义，游戏治疗是一种借助游戏的治疗功效对儿童进行治疗的方法（Reddy, Files-Hall, & Shchaefer, 2005, p.4）。谢弗（Schaefer, 1993）及德鲁斯（Drewes, 2009）生成了游戏的治疗功效清单，表明所有这些功效对儿童都有明显的益处。这些治疗功效包括：自我表达、表达无意识心理、直接或间接传授、感情发泄、预防压力、控制恐惧和抵消负面情感、宣泄、激发积极情绪、提升自信和自控力、转化情绪、建立感情上的联系、建立融洽关系及促进关系、促进道德判断和行为训练、培养共情能力和观点采择能力、培养适度的力量感和控制权、实现自我意识、创造性地解决问题、检验现实和幻想补偿。

自我表达

由于缺乏青少年和成年人的语言技能、词汇和抽象思维能力，儿童可能难以用语言表达自己。"在游戏中，儿童能够通过游戏活动，而不仅是通过语言更好地表达他们有意识的想法和感受"（Schaefer & Drewes, 2009, p.5）。因为游戏是儿童熟悉的交流方式，所以将游戏作为治疗方法有利于促进儿童的自我表达的能力。儿童可以使用游戏材料间接地与他人交流他们不敢直接交流的思想、感情和经历。此外，治疗师用儿童语言讲话的意向和能力可以传达出对儿童的尊重，这种尊重可能是这些儿童从未经历过的。治疗师通过观察儿童如何做游戏，选择什么玩具做游戏，什么时候从一项活动换成另一项活动，也可以从中获取多方面的信息。

下面的示例体现了儿童是如何通过游戏进行自我表达的：

> 列文的父母非常兴奋，因为他们即将有第二个宝宝。但他们有点儿担心4岁的列文，因为他对即将出生的弟弟或妹妹没有表现出丝毫的兴趣、好奇或热情。列文走进游戏室，拿起一个玩偶，把它扔进了垃圾桶。然后，他把所有与玩偶有关的用品——奶瓶、小衣服、小毯子都塞进了垃圾桶。他环顾四周，寻找与玩偶有关的其他物品，没有发现任何物品，他满意地笑了，开始玩积木。

表达无意识心理

儿童常常意识不到头脑中无意识的冲突和问题。因为游戏室里的玩具被用来作为儿童投射意义的中性载体，因此可以被儿童用于表达无意识心理。在与游戏治疗师互动的过程中，儿童可以使用玩具将无意识的欲望和冲动转化为有意识的想法，并象征性地表达出来。

下面的示例体现了儿童是如何通过游戏表达无意识心理的：

> 英格丽德（8岁）受到了她父亲的虐待。她正在玩一个看起来像成年男性的玩偶。她拿起玩偶，心不在焉地摆弄着它的四肢，突然把玩偶的头从脖子上扭了下来。一开始她很吃惊，但接着她笑着对治疗师说："我想这是他应得的下场。我甚至不知道我想这么做，但我做了。"

直接或间接传授

许多儿童缺乏在这个世界上生存所需要的技能。一种教给他们社交技能、解决问题的技能、协商技能和自信的方法是使用玩具、美术用品和游戏材料，以一种有趣的方式为他们提供直接指导，从而优化他们的学习效果（Kottman, 2003）。

隐喻或间接传授是指使用故事和游戏，让儿童了解新的见解、观点和应对策略，但不会引发他们的防御反应。隐喻或间接传授允许儿童间接地处理问题，而不必公开承认令他们感到威胁或压力的情况。通过使用故事、游戏和美术用品来探索问题，并呈现看待问题的不同方式，游戏治疗师可以巧妙地帮助儿童审视他们的认知和情感模式，并教会他们新的技能和态度。

下面的示例体现了游戏治疗师是如何使用游戏隐喻性地传授解决问题的技能的：

> 莫尼奇（4岁）和贾维斯（7岁）正在沙箱里玩一群塑料蜥蜴。贾维斯用一只个头较大的蜥蜴去打莫尼奇手中的一只小蜥蜴，说："闪开！我要从这里过去。"莫尼奇哭了起来，既是在假装她的蜥蜴哭泣，也是在抱怨她的哥哥欺负她。游戏治疗师对大蜥蜴（也就是贾维斯）说："你需要想出一个办法，既能让小蜥蜴们知道你的愿望，又不去打它们。"同时对小蜥蜴说："当大蜥蜴打你时，你能用话语告诉它你的感受，而不只是哭鼻子吗？"

感情发泄

感情发泄可以让儿童重温（象征性地）压力或创伤事件，并重新体验与这些事件相关的感受。感情发泄的目的是为儿童提供一个媒介，通过这个媒介，他们可以释放一些与痛苦经历有关的消极思想和情绪。在游戏治疗中，如果需要的话，儿童可以一遍又一遍地重复那些"糟糕的事情"。这个过程帮助他们获得对自己的负面经历和反应的掌控感，这可能会帮助他们适应过去的创伤。

下面的示例体现了游戏疗法是如何触发和促进儿童发泄情绪的：

卡米尔（7岁）在2岁时随父母从海地搬到了美国。当地震摧毁海地时，她的父母非常担心那里的亲戚和朋友。卡米尔连续几天不停地看电视上关于地震的报道，目睹了大规模的破坏。地震发生后的几个月里，尽管家人已经知道他们所有的朋友和亲戚都很安全，卡米尔还是做关于地震的噩梦，因为她一直担心家人的安全，茶饭不思，学习也不专心。在游戏治疗中，她会一遍又一遍地用积木搭建房子，然后把它们推倒。一开始这样做的时候，卡米尔会哭泣，会浑身颤抖。随着时间的推移（经过了几次治疗，每次都是以这项活动为主），她的情绪反应逐渐减弱。她的父母说，她的噩梦减少了，对仍住在海地的家人的担忧也减少了。

预防压力

儿童常常会对生活中的压力事件感到焦虑，比如开始一个新学年、搬家、看牙医或做手术。在这些压力事件发生之前，如果他们能通过游戏把这些事件模仿出来，作为一种"打预防针"的方式，他们就可以减少焦虑，并对将要发生的事情不再感到过于紧张。

下面的示例体现了游戏模拟在给儿童"接种应对压力的疫苗"时是多么有用：

但丁（5岁）不久将住院接受先天性心脏病手术，治疗师让他扮演医生和护士的角色来模拟手术过程。刚开始这么做时，他的情绪非常紧张激动，几乎要哭了。当他按照治疗师讲述的医院里将会发生的情景表演时，他似乎变得越来越放松，甚至笑着说出了医生和护士们可能说的话。

控制恐惧和抵消负面情感

作为成长的一个自然过程,儿童会经历对黑暗的恐惧,对孤独的恐惧,等等。在某些文化中,有些事物或观念容易引起个体的焦虑(例如,美国有几个土著部落,如纳瓦霍部落,认为不能谈论死者,担心邪恶的鬼魂或巫婆伤害他们)。对于其他地区的儿童来说,他们生活的环境可能会造成令他们感到害怕的情况。在游戏治疗中,儿童可以通过与玩具、美术用品和游戏媒介的互动来表达并控制这些恐惧,因为这样做可以让儿童体验恐惧,并认识到他们有应对恐惧和照顾自己的能力。谢弗、德鲁斯认为,"两种相互排斥的内在状态不能同时共存,如焦虑和放松,抑郁和嬉戏",因此游戏经历可以产生抵消负面情绪的作用。

下面的示例体现了游戏疗法是如何帮助儿童学会表达和应对他们的恐惧的:

> 约瑟夫·里格霍恩(8岁)看到一个鬼玩偶,哭了起来。他神情紧张地用一只泡沫球棒把这个玩偶推到了游戏室的门口。游戏治疗师说:"你好像真的很害怕,想把它弄出去。"又低声问道:"接下来你想做什么?"约瑟夫没有正面回答这个问题,他把球棒递给游戏治疗师,小声说:"我希望有人能把它拿走。"游戏治疗师知道,在约瑟夫的家乡,人们认为触摸死人可能会被"传染",他打开游戏室的门,用球棒把鬼玩偶推出门外,一直推到约瑟夫看不见的地方为止。游戏治疗师说:"我们不用碰它就把它处理掉了。"约瑟夫害羞地笑了笑,不好意思地说:"我们不想让它在这里,现在它不见了,我们就安全了。"

宣泄

宣泄意味着把强烈的感情表达出来,从而引起之前被阻止、被抑制或被中断的情感的释放或释放的完成。因为游戏治疗师是一个有爱心和同情心的成年人,不管儿童表达什么情绪,他们都会接受,许多儿童会利用游戏治疗环境的自由气氛来表达强烈的情绪（积极的和消极的），而这些情绪通常是他们正常情况下不愿意或无法与人表达的。表达强烈情绪之后的那种轻松感，尤其是那些其他人可能无法接受的情绪，对儿童来说是一种成长的体验。

下面的示例体现了游戏治疗过程是如何促进情绪宣泄的发生的：

> 基西（8岁）说她在学校又一次和校长发生了冲突。她抓起一把塑料剑，开始击打游戏室里一个比较大的玩偶，嘴里喊着："我讨厌她！我讨厌她！我讨厌她！"她哭着说："她不喜欢我，就因为我是黑人！她认为我的头发太乱，皮肤太黑了！我讨厌她。"

激发积极情绪

一起玩耍比独自玩耍快乐，游戏治疗可以让儿童在一个可以接受的环境中尽情地玩耍，尽情地欢笑。因为很多接受游戏治疗的儿童之前没有机会体验或表达积极的情绪，所以游戏治疗的过程给他们提供了一个表达积极情绪的机会。

下面的示例体现了治疗关系中的游戏是如何激发积极情绪的：

> 梅（6岁）正在为她的游戏治疗师表演木偶戏。她讲笑话，笑得前仰后合，在游戏室的地板上打滚。她告诉游戏治疗师："我祖母从来不让我做这些事情。她总是很忙或很烦躁，从来没有时间像你这样听我说话。"

提升自信和自控力

许多来接受游戏治疗的儿童缺乏自信，这对儿童自尊心的形成会产生负面影响。他们常常觉得自己无能，什么也做不好。这时游戏治疗师要做的就是为儿童提供机会，让他们向自己证明他们有成功的潜力。游戏是帮助儿童尝试去做他们能做好的事情的好方法。治疗师可以鼓励儿童尝试他们因为害怕失败而通常不会尝试的活动，并肯定他们所做的努力。当儿童付出努力并取得进步时，及时予以肯定，而不是等待百分之一的成功，这有助于建立他们的自信心（Kottman，

2003）。不替儿童做他们力所能及的事情，也有助于达到实现这个目标。把做决定和做事情的责任还给儿童，治疗师可以帮助他们培养自信和独立自主的精神。在玩游戏过程中，儿童也可以通过思考和实际行动来学会自我控制。

下面的示例体现了游戏治疗师是如何利用游戏来提高儿童的自信和自控力的：

> 路易斯（5岁）想玩玩具士兵，因为他认为这些玩具是给男孩玩的，男孩很强壮。他让游戏治疗师帮他打开装玩具士兵的罐子。游戏治疗师在之前的治疗中曾见过路易斯自己打开了这个罐子，所以就告诉他，她认为他可以自己动手打开。路易斯皱着眉头说："我还不是男子汉，没那么大的力气。"游戏治疗师向路易斯保证，他一定能打开，因为他以前也打开过。路易斯虽然看起来很无奈的样子，但也只好服从。他试了几次都没打开，就把罐子扔到地板上。他看看治疗师，有些不好意思，就捡起来继续尝试，这次终于打开了，他笑着说："原来我真的可以自己做这件事。看来我还是很有力气的，一定会成为一个强壮的男子汉。"

转化情绪

转化情绪有助于将社交场合下不被接受的冲动转移到能被接受的活动中去。例如，如果一个孩子总是想打破玩具或者攻击他人，游戏治疗师会让他参与竞争性游戏，假装打破一个玩具，或者用泡沫球棒击打地板（Kottman, 2003）。

下面的示例体现了游戏治疗师是如何利用游戏帮助儿童学会转移社交不当行为的：

> 乔治娅（4岁）总喜欢往别人身上和家具上涂抹口水或鼻涕之类的东西。当她的父母和幼儿园老师试图纠正她的这种行为时，不但毫无成效，反而使其变本加厉。在游戏治疗师和她在一起的前5分钟里，乔治娅把口水吐在手上，然后开始往游戏治疗师的衬衫上涂抹。游戏治疗师说："咱们

去找一些可以往上面抹口水的东西吧……这张光滑的纸怎么样，也许会很有趣。"乔治娅停了下来，盯着那张纸看了一会儿，看着她的手说："但是口水已经干了。"治疗师问："你现在想做什么？"乔治娅说："再吐一大口口水。"说着就往手上吐了一口口水，准备把它抹在纸上。游戏治疗师说："你知道更有趣的是什么吗？咱们把这些指画颜料涂在纸上吧。"乔治娅就把口水和颜料都涂抹在纸上。在这次治疗结束时，她说："这很好玩。我们能再玩一次吗？"治疗师说："当然可以。在这里你想什么时候玩就什么时候玩。我还会送一些这样的纸让你妈妈带回家，你也可以带一些去学校给老师。当你想涂抹东西时，就让你妈妈或老师给你一张纸。"

建立情感上的联系

一些来接受游戏治疗的儿童感受不到和他人之间的联系。游戏治疗过程提供了几种途径，用来促进儿童这方面的感受。在游戏治疗中，通过共同体验快乐，儿童往往会逐渐喜欢上游戏治疗师，并形成一种情感上的联系。借用角色扮演和幻想游戏，治疗师能够初步帮助儿童建立共情反应，这有望提升为一种对他人的更强烈的感情。有时，让父母或其他儿童参加几次治疗，或让有建立情感联系困难的儿童参加小组活动，以最大限度地增强他们与同龄人之间的情感联系，是很有帮助的。

下面的示例体现了游戏治疗是如何为治疗师和儿童之间建立情感联系奠定基础的：

> 希尔达（5岁）曾经被一连串的家庭收养，有时一年变动三四次。这些变动通常是由她自己的不当行为引发的，但有时是由她无法控制的外在环境引发的。她被送来接受游戏治疗，因为她在目前的寄养家庭里似乎表现得很漠然。希尔达在前17次的治疗中完全是一个人玩，很少看游戏治疗师，也从来没有眼神的交流。游戏治疗师使用各种方法锲而不舍地向希尔达传达接纳和温暖。在第18次治疗开始时，她把一个球扔给治疗师，并

对他微微一笑。当治疗师把球还给她时，她又笑了，但重新回到独自玩的状态。在第 19 次和第 20 次治疗中她做了同样的事情。在第 21 次治疗结束时，她用很认真的语气问治疗师："想玩球吗？"当治疗师同意后，希尔达一开始总是把球往高处扔，但渐渐地开始把球扔给他了。

建立融洽关系及促进关系

接受其他治疗方式的儿童通常会有抗拒心理。但游戏治疗很有趣，而且游戏治疗师是对他们感兴趣的、爱玩的成年人。这些因素有助于在儿童和治疗师之间建立融洽关系。由于许多来接受游戏治疗的儿童在与他人建立关系方面存在障碍，治疗过程中存在的机会非常难得。因为游戏治疗师总是对儿童表现出关心和支持的态度，儿童开始相信，也许他们自己值得被爱，值得被重视。一些游戏治疗师（Knell, 2009a, 2009b; Kottman, 2003）实际上是以小组的形式或者个人的形式向儿童传授帮助他们建立积极的社会关系的社交技巧和其他策略。

下面的示例体现了如何使用游戏来增强治疗师和儿童之间的关系：

> 基顿（4 岁）在前四次治疗中，对游戏治疗师颐指气使，与她对着干，并说出一些侮辱性的话语。治疗师使用了反射情绪，重述内容，追踪他的行为，归还责任并发表鼓励性点评等技巧。基顿在第五次治疗单元上说："你真奇怪。虽然我很刻薄，你却从来不生我的气。"

促进道德判断和行为训练

> "在儿童道德认识的早期阶段，规则被视为掌权的成年人任意施加的外部限制，而游戏体验帮助儿童超越这个阶段，进入基于平等合作和赞同原则的道德观念。"（Schaefer & Drewes, 2009, p. 8）

游戏还可以让儿童通过行为训练来提高社交技能，增加沟通策略，练习受规则制约的行为。不管玩的是投球和接球的休闲游戏——一种基于运气的简单游戏，还是需要高级技能的高度组织化的游戏（如下棋），都能产生这种效果。特别设计的游戏疗法，如"情感宾果游戏"和"说谈、感悟和行动游戏"（R. Gardner, 1973），可以为儿童提供这些机会，也可以扩展与他们的特定治疗目标相关的其他方面的技能和洞察力。

下面的示例体现了游戏治疗师如何使用游戏来帮助儿童提高道德判断、练习社交技能和强化受规则制约行为的：

> 露西（9岁）在教室里不遵守规则。她对老师感到不满，因为"他总是告诉我该做什么。他没有权利这么做。"她的朋友很少，因为当同学们在操场上玩耍时，在玩什么和如何玩的问题上她不愿向伙伴们妥协。游戏治疗师建议他们在游戏室里玩一个游戏，帮助她探索她对规则的想法以及规则是如何运作的。露西选择了"不要打破冰块"的游戏，他们用积木充当冰块，开始玩起来。为了赢得比赛，露西必须注意"冰块"的排列，以免使整个结构倒塌。她还必须交替把"冰块"从架子上敲下来，留意着下一次该轮到谁，以及冰块之间的连接位置。起初，她抗议说，这些规则只是治疗师定的，她不必遵守。治疗师就请她制定自己的游戏规则，露西拿起"冰块"放在架子上，然后再敲下来。这样做了几次之后，她对治疗师说："没有你不好玩。你愿意和我一起玩吗？"他们又回到原来的游戏规则，一段时间后，她说："还是这样玩更有趣。我现在明白了。要想玩好它，我们必须轮流来，必须遵守规则。"

培养共情能力和观点采择能力

共情能力，即理解他人感受的能力，以及观点采择能力都是重要的社交技能，是许多来参加游戏治疗的儿童所缺乏的。当儿童在游戏中扮演不同的角色时，他们可以学会从他人的情感和认知角度来看待问题。

下面的示例体现了游戏如何能培养儿童的共情能力和观点采择能力：

瓦伦丁（6岁）在学校很难交到朋友。他往往对同学们的感受不屑一顾，不愿意考虑他们的意见。他和游戏治疗师一起玩木偶戏，他当巫婆，治疗师当一只小猫。当猫做得不对的时候，巫婆就冲它耍威风，冲它破口大骂；当猫感到受了伤害，开始"以牙还牙"时，他就会冲着猫大喊大叫。这样玩了一会儿，治疗师建议他们互换角色，她当巫婆，瓦伦丁就变成了猫。治疗师模仿瓦伦丁之前的行为，对瓦伦丁扮演的猫很刻薄。过了一会儿，猫（即瓦伦丁）说："我不喜欢这么玩。你太差劲了。"因此游戏治疗师就对他说："看，别人要像这样对待你，就会伤害你的感情。"

培养适度的力量感和控制权

所有人都想（也需要）对自己的生活有一定程度的控制权。许多家庭中的儿童不具备与年龄相符的控制权；而一些家庭中的儿童可能享有太多的控制权；还有一些家庭中似乎没有当家作主的人（Kottman, 2003）。一些儿童经历过他们感到无助和脆弱的情况（Gil, 2006; Goodyear-Brown, 2010）。这些儿童要么会变得消极和缺乏安全感，要么选择去过度补偿这些感觉，试图压迫其他人。在游戏治疗中，游戏治疗师通过游戏赋予他们权力，又重新引导他们，儿童可以学会拥有自己的权力，并以健康的方式与他人分享权力和控制权。

下面的示例体现了游戏治疗师是如何帮助儿童学会与他人分享权力的：

玛丽莎（4岁）是家里唯一的孩子，她的所有事情父母都让她自己做决定。她自己决定吃什么饭，经常拒绝父母准备好的食物；她自己决定什么时候睡觉；她自己决定是否去上幼儿园，这意味着她妈妈经常不得不待在家里照看她。当玛丽莎不能随心所欲时，她就会大发脾气，哭闹两三个小时，直到她的父母屈服于她的要求为止。她在幼儿园里也不与人合作，专横跋扈，曾因态度和行为问题被两家幼儿园开除。一开始去游戏室接受治疗时，她给治疗师列出了一系列她制定的规则。游戏治疗师说："我知道你很想当老板。在这里，你可以做很多你想做的事情。不过，得有时候你当老板，有时候我当老板。"

而下面这个示例则体现了儿童是如何通过游戏获得力量感的：

埃文（7岁）的父母在驾车外出时遭遇枪杀，他非常焦虑，从来不敢做决定，如果他认为自己做得不够完美，就会哭。在第一次治疗中，他对治疗师说："哈利·波特的爸爸妈妈就像我的爸爸妈妈一样被杀害了。他是世界上最强大的魔术师，他拯救了全世界。"尽管他几乎每次都扮演哈利·波特，但在那之后，他再也没有提起自己的悲剧。然而，随着时间的推移，就像他所扮演的哈利·波特一样，他的焦虑减少，自信心增加，更愿意冒险，不再害怕犯错，无论在哪里都是这样。

实现自我意识

不管游戏治疗师遵循什么样的治疗方法，在游戏治疗领域有一个广为适用的核心理念，那就是治疗师必须无条件地接受儿童，同时需要设置一些限制，以确保儿童的身体和心理安全。当儿童玩耍时，治疗师就像一面镜子，儿童可以用自己的想象力去探索自己的不同方面，建立关系的不同方式，解决问题的不同方法，不同的态度和观点，不同的生活方式。他们可以探索自己的想法、感受和行为。他们可以把自己投入到许多不同的体验中，包括真实的和想象的。因为他们被接受了，他们有自由去体验他们是什么样的人，他们想成为什么样的人。

下面的示例体现了游戏治疗师是如何帮助儿童学会独立思考，独立做决定，实现自我发现的：

乌木（10岁）非常害羞和内向。她从不敢与人对视，很少笑，难以自己做决定，坚持让妈妈为她挑选衣服，并抱怨说她在社区或学校里都没有朋友。在游戏室里，她总是问游戏治疗师她该做什么，该涂什么颜色，如何给玩偶穿衣服，等等。她还要求游戏治疗师照顾她，让治疗师帮她拿玩具、系鞋带、为她画画。游戏治疗师总是把责任还给乌木，从不为她做任何决定，也不为她做任何她自己能做的事情。虽然乌木对此表现得很沮丧，但经过几次治疗后，她开始自己做决定，并开始学会自己照顾自己。6周后，她说："我可以自己做事情了。我其实很聪明。我真的喜欢自己做自己的事情。我以前从来不知道。"

创造性地解决问题

游戏本身就是一个创造性的过程。要把游戏玩好，儿童必须从自己的脑海中产生想法，以助力行动。在游戏治疗中，儿童不断地用创造性思维以创新和建设性的方式解决问题。治疗师不替他们做决定，不提供解决困难情况的方法，也不告诉他们如何做游戏。通过这种方式，治疗师可以激发儿童的创造性思维。

下面的示例体现了游戏治疗师是如何利用游戏来鼓励儿童创造性地解决问题的：

> 杰奎琳（6岁）很沮丧，因为上周她在治疗单元上玩"追逐"游戏时用的一些小汽车被另一个来游戏室的小男孩弄坏了。她把车扔到地板上，说："这里没有我想玩的东西。我只想玩追逐游戏，别的什么也不想玩。"游戏治疗师说："我知道你很失望，但我保证你能想出其他可以用来玩追逐游戏的办法。"杰奎琳环视一下房间，抓起几块积木，说："这些积木可以充当我的小汽车。这是我用来玩追逐游戏的新发明。它们比我上周玩的那些旧东西好多了。"

检验现实

在游戏中，儿童经常以隐喻的方式把生活中的事件表演出来。他们在真实的自我和决定扮演的角色之间来回切换。通过这个过程，他们可以检验某件事情是真实的还是想象的。使用角色扮演中幻想的一面，儿童也可以为生活中假想的问题寻找出解决方案，而不必真正经历这些问题。

下面的示例体现了游戏治疗师是如何使用角色扮演来帮助儿童的：

西沃恩（8岁）告诉游戏治疗师："你当宝宝，我当妈妈。我要喂你很难吃的东西。你要把它吐出来，但我会坚持让你吃下去。你不愿意吃——不愿意吃糟糕的食物，不管我怎么逼你。"她往盘子里放了一些沙子，试图让游戏治疗师"吃"下去。每当治疗师拒绝吃的时候，西沃恩都会假装生气，用气愤的声音对治疗师大喊："快吃东西，你这个讨厌的孩子！！如果你不吃，牧师就会来把你抓走，你就会在地狱里被烧死！"游戏结束后，西沃恩对治疗师说："有时候我妈妈就这么对我，但她并没有让我吃沙子。"

幻想补偿

很多时候，来接受游戏治疗的儿童并不认为他们的生活在未来会变得更好。他们在过去遭遇过消极的经历和互动，这对他们产生了负面影响，让他们对未来缺乏信心。在游戏治疗过程中，幻想可以帮助儿童去尝试改变自己的生活以及与他人互动的可能性。在游戏室里，游戏治疗师鼓励儿童通过幻想把自己想象成一个强大、有力量、积极主动的人，这可以给他们提供一种与他们的生活完全不同的体验。有些儿童可以凭借幻想释放他们在现实生活中无法表达的冲动。

下面的示例体现了儿童在游戏治疗过程中是如何利用幻想或想象的：

兰迪（5岁）拿起一根魔杖在头上挥舞。他戴上斗篷，边转动身体，边念念有词："这会让我的爸爸妈妈和其他孩子的爸爸妈妈一样——让他们的耳朵能听见，我不需要用手势和他们说话，用手势告诉他们别人在说什么，我的老师也不用再问我，爸爸妈妈打的手势是什么意思。"

· 游戏治疗师的个人因素 ·

游戏治疗师的个性特征和人格特质是游戏治疗过程中的关键要素（Landreth, 2002; Nalavany, Ryan, Gomory & lacasse, 2004; O'Connor, 2009; Schaefer & Greenber, 1997）。成功的治疗师需要具备以下素质：①喜欢儿童，用友善而尊重的态度对待他们；②有幽默感，乐于调侃自己；③开朗风趣；④有自信，不依赖他人的肯定获取自我价值感；⑤坦率真诚；⑥灵活，具有随机应变能力；⑦能接受别人对现实的看法，而不会感觉受到威胁或批判；⑧愿意使用游戏和隐喻进行交流；⑨和儿童相处融洽，有和儿童互动的经验；⑩能够坚定而友好地设置限制和维护个人界限；⑪具有自我意识，勇于承担人际风险和探索自己遇到的困惑。

那拉瓦尼（Nalavany et al., 2004）等人进行了一项研究，使用概念映射来确定一个合格的游戏治疗师需要具备的素质、能力和技能。他们对调查对象提出的一个问题是："说出一个合格的游戏治疗师具备的三个素质。"经过对各种答案的分析，他们发现了7组素质：能够顺应并反思儿童的语言及非语言行为和感情；对儿童的需求很敏感；热情，有同情心，真诚，能接受儿童；对个人意识和成长持开放态度；具备与父母和家庭合作的技能；对儿童的治疗过程有理论认识；有一套系统的、目的明确的治疗方法。

个性和阅历对游戏治疗师与儿童在游戏室的互动有着巨大影响。在学习游戏疗法的过程中，治疗师需要更多地了解自己——自己的个性特征、优缺点、好恶以及自己的心理和情感问题。这些知识可以帮助游戏治疗师了解他们自己在游戏室里对儿童的反应，避免让自己的个性或问题干扰与儿童有效互动的能力。

· 适合进行游戏治疗的来访者 ·

虽然也有和成年人打交道的游戏治疗师（Caldwell, 2003; Demanchick,

Cochran, 2003; Hutchinson, 2003; Kaufman, 2007; Mayers, 2003; Mitchell, Friedman, 2003; Roehrig, 2007），大部分接受游戏治疗的来访者都是3—11岁（取决于儿童的发展水平和抽象的语言推理能力）的儿童。这个范围最近扩大到了包括婴幼儿（Schaefer, Kelly-Zion, McCormick & Ohnogi, 2008）和青少年（Crenshaw, 2008; Dripchak & Marvasti, 2004; Gallo-Lopez & Schaefer, 2005; Goh, Ang & Tan, 2008; Karcher, 2002; Robertie, Weidenbenner, Barrett, Poole & 2007; Shen, 2007; Shen & Armstrong, 2008）。

对于许多青春期前的孩子和刚进入青春期的孩子来说，治疗师有必要询问他们是喜欢坐着和治疗师交谈呢，还是喜欢玩玩具和美术用品。通过在游戏室里添加一些针对大龄儿童的的玩具，如手工用品、贴纸、办公用品和设备、棋盘游戏和卡片、CD播放机和CD、乐器、数码相机和体育器材，治疗师通常可以扩大游戏治疗的正常年龄范围（Milgrom, 2005）。

安德森、里查兹（Anderson & Richards, 1995）总结了一套系统的方法来决定来访者是否适合通过游戏疗法进行干预。这套方法包括考虑与儿童来访者有关的问题以及与治疗师有关的问题。首先，治疗师应该考虑以下与儿童来访者有关的问题：

1. 该儿童能容忍／形成／利用与成年人的关系吗？
2. 该儿童能容忍／接受保护性环境吗？
3. 该儿童是否有能力学习处理难题的新方法？
4. 该儿童是否有能力洞察自己的行为和动机以及他人的行为和动机？
5. 该儿童是否有足够的注意力和／或认知组织能力参与治疗活动？
6. 游戏疗法是解决该儿童问题的有效且高效的方法吗？
7. 该儿童所处的环境中是否存在治疗师无法控制的对治疗过程产生负面影响的情况？

如果问题1—问题6的答案是否定的，那么游戏疗法可能不是该儿童的最佳干预策略。如果问题7的答案是肯定的，治疗师必须考虑如何限制可能对治疗过程产生负面影响的条件。如果他认为这些障碍会破坏这个过程，游戏疗法对该儿童来说也许不是最适合的干预措施。

安德森和里查兹进一步提出，是否对某个特定儿童使用游戏疗法还取决于以下和治疗师有关的问题：

1. 我有为该儿童提供治疗的必要技能吗？如果需要，有人能为我提供咨询或指导吗？

2. 就目前的条件，我能有效地治疗该儿童吗？（这些条件包括适当的空间、资金和父母同意的治疗期限。）

3. 如果对该儿童的有效治疗需要与其他专业人士合作，我是否能与他人很好地合作？

4. 我目前的精力／压力水平是否足以让我全身心地投入到该儿童的治疗中？

5. 我是否解决了任何会干扰我与该儿童以及父母相处的私人问题？

如果这些问题里任何一个问题的回答是否定的，治疗师都应该认真考虑避免采用游戏疗法作为那个儿童的干预策略。

查阅过去十年来的研究和案例报告，我们会发现，存在一些状况更适合采用游戏疗法进行干预。这些专业文献虽然浩繁，但根据儿童的具体问题和诊断结果，大致可以分为三种不同类别：①游戏疗法可以有效地进行干预；②游戏疗法与其他干预措施结合时，可以有效地进行干预；③游戏疗法不适合采用（见表1-1）。限于本书篇幅，不能对每一种类别进行透彻的讨论。要了解关于某类文献的更具体的信息，建议读者查阅与每个问题或诊断结果相关的书籍、文章。

根据过去10年的案例和实证研究，游戏疗法似乎对被诊断为焦虑、抑郁、发育迟缓、胎儿酒精综合征和选择性缄默的儿童是一种有效的治疗方法。游戏疗法也可以有效地干预儿童的攻击行为、焦虑／退缩行为、行为问题、悲伤问题、非适应性的完美主义和社交问题。经历虐待／忽视、慢性病或绝症、父母离异、家庭暴力和其他家庭问题、寄养或收养、无家可归、住院、自然灾害、父母酗酒、性虐待、创伤（如车祸、战争、绑架、移民/难民身份）以及目睹过暴力事件的儿童适合接受游戏疗法的干预。游戏疗法和亲子游戏疗法已经被证明可以减轻父母的压力。

已被诊断为依恋障碍、注意缺陷/多动障碍（ADHD）、自闭谱系障碍、情绪障碍、学习障碍、言语障碍的儿童，以及住院治疗中心的儿童，如果与其他治疗策略相结合，可能是游戏疗法的合适人选。这似乎也适用于有学习障碍或智力发育迟滞的儿童。针对这些症状，药物辅助下的游戏疗法配合其他干预策略，再加上父母和其他家庭成员的共同合作，是一个行之有效的治疗方案。

游戏疗法通常不适合患有严重品行障碍或表现出精神病症状的儿童（Anderson & Richards, 1995）。这些儿童需要的医疗、行为或系统性干预通常比一般游戏治疗师提供的要多。

无论儿童表现出什么问题，治疗师都必须明确自己通过游戏疗法所要达到的治疗目标，并将这些目标告诉父母。例如，虽然游戏疗法不能减少 ADHD 儿童的易冲动和注意力不集中问题，但确实能帮助他们应对沮丧感、失败感和自卑感。根据游戏疗法的理论取向，游戏治疗师可能会选择 ADHD 儿童在游戏治疗中应该学习的必要的技能（如社交技能和愤怒管理策略）。对于有较严重病理或器质性问题的儿童，游戏疗法不能消除这些症状。然而，这可能有助于改善他们的生命质量。游戏治疗师的基本任务是与父母明确游戏治疗的具体目标，以及游戏治疗能做什么和不能做什么。

表 1-1 对特定人群进行游戏治疗的轶事性证据和研究性证据

进行游戏治疗的问题类别	作者
单独使用游戏疗法产生治疗效果的情况	
受虐待/被忽视	Benoit, 2006；Hall, 1997 Kelly & Odenwalt, 2006；Knell & Ruma, 2003 Mullen, 2002 Palmer, Farrar, & Ghahary, 2002；Pelcovitz, 1999 Strand, 1999 Tonning, 1999

续表

进行游戏治疗的问题类别	作者
与收养及寄养相关的问题	Booth & Lindaman, 2000 Bruning, 2006 Kolos, 2009 Kottman, 1997 Rubin, 2007a VanFleet, 2009b
攻击性及外显性行为	Bay-Hinitz & Wilson, 2005* Crenshaw & Hardy, 2007 Crenshaw & Mordock, 2005 Davenport & Bourgeois, 2008 A. Levy, 2008 Ray, Blanco, Sullivan, & Holliman, 2009* Riviere, 2009 Schumann, 2005* Tyndall-Lind, Landreth, & Giordano, 2001*
焦虑／退缩行为	Brandt, 2001* Danger, 2003 Knell & Dasari, 2009b Ray, Schottelkorb, & Tsai, 2007* Shen, 2002* Tyndall-Lind et al., 2001*
行为问题	Cabe, 1997 Fall, Navelski, & Welch, 2002* Flahive, 2005* Garza & Bratton, 2005* Meany-Whalen, 2010* Packman & Bratton, 2003* Paone & Douma, 2009 Rennie, 2003* Riviere, 2009 Siu, 2009* Snow, Hudspeth, Gore, & Seale, 2007

续表

进行游戏治疗的问题类别	作者
慢性病或绝症	Boley, Ammen, O'Connor, & Miller, 1996 Boley, Peterson, Miller, & Ammen, 1996 Goodman, 2006 M. Johnson & Kreimer, 2005 Jones & Landreth, 2002* Kaplan, 1999 Ridder, 1999 VanFleet, 2000b
抑郁	Briesmeister, 1997 Tyndall-Lind et al., 2001*
发育迟缓	Garofano-Brown, 2007
父母离异	Cangelosi, 1997 Ludlow & Williams, 2009 Pedro-Carroll & Jones, 2005* Robinson, 1999 Siegel, 2006
家庭暴力和其他家庭问题	Green, 2006 Huth-Bocks, Schettini, & Shebroe, 2001 Kot & Tyndall-Lind, 2005* Malchiodi, 2008a Tyndall-Lind et al., 2001* VanFleet, Lilly, & Kaduson, 1999 Webb, 1999 Weinreb & Groves, 2006
胎儿酒精综合征	Liles & Packman, 2009
悲伤问题	Bluestone, 1999 Bullock, 2006 Griffin, 2001 Webb, 2006b

续表

进行游戏治疗的问题类别	作者
无家可归	Baggerly, 2003, 2004, 2006a Baggerly & Jenkins, 2009* Baggerly, Jenkins, & Drewes, 2005 Newton, 2008
住院	Kaplan, 1999 Li & Lopez, 2008* Rae & Sullivan, 2005
自然灾害	Baggerly, 2006b Felix, Bond, & Shelby, 2006 Green, 2006 See, 2006 Shelby, 1997 Shen, 2002*
父（母）酗酒	Emshoff & Jacobus, 2001
父（母）服兵役	Herzog & Everson, 2006 Solt & Balint-Bravo, 2008
育儿压力	Dougherty, 2006 Ray & Dougherty, 2007
完美主义	Ashby, Kottman, & Martin, 2004
选择性缄默	Cook, 1997 Knell, l993b
性虐待	Dripchak & Marvasti, 2004 Gallo-Lopez, 2009 Gil, 2002, 2006 Green, 2008 Reyes & Asbrand, 2005* Scott, Burlingame, Starling, Porter, & Lilly, 2003*

续表

进行游戏治疗的问题类别	作者
社会问题	Blundon & Schaefer, 2009 Fall, Navelski, & Welch, 2002* Hetzel-Riggin, Brausch, & Montgomery, 2007* Karcher, 2002 Lawrence, Condon, Jacobi, & Nicholson, 2006
精神创伤	Carden, 2005 Cattanach, 2006a Drewes, 2001a Fong & Earner, 2006 Frey, 2006 Kaduson, 2009a Martin, 2008 Morrison, 2009 Ogawa, 2004 Reyes & Asbrand, 2005* Ryan & Needham, 2001 Shelby & Felix, 2005 Webb, 1999, 2006a Williams-Gray, 1999
目击暴力经历	Nisivoccia & Lynn, 2006
游戏疗法和其他干预手段结合起来有疗效的情况	
依恋障碍	Benedict & Mongoven, 1997 Hough, 2008* Jernberg & Booth, 1999 Ryan, 2004 Wenger, 2007
注意缺陷/多动障碍	Gnaulati, 2008 Kaduson, 1997, 2009b Ray, 2007* Ray et al., 2007* Reddy, Spencer, Hall, & Rubel, 2001 Reddy et al., 2005* Schottelkorb, 2007*

续表

进行游戏治疗的问题类别	作者
自闭谱系障碍	Carden, 2009 Godinho, 2007 Kenny & Winick, 2000 Mastrangelo, 2009 S. Rogers, 2005 Scanlon, 2007 R. Solomon, 2008
情感障碍	Briesmeister, 1997 Newman, 2009
学习障碍	Kale & Landreth, 1999
语言障碍	Danger & Landreth, 2005*
康复中心	Crenshaw & Foreacre, 2001 Robertie, Weidenbenner, Barrett, & Poole, 2007
不适合使用游戏疗法的情况	
严重的品行障碍	Anderson & Richards, 1995
轻微精神病症状	Anderson & Richards, 1995

注：*代表实证性研究。

·从谈话到游戏的范式转变·

希望学习游戏疗法的治疗师必须在认知上跨越一道鸿沟。鸿沟的一边是使用对话、语言技能和"谈话疗法"作为交流和治疗过程中增加趣味性的主要手段。鸿沟的另一边是使用游戏、玩具、隐喻和艺术作为交流和治疗过程中增加趣味性的主要手段。

从表面上看，这种转变似乎很容易实现——只不过是不再把焦点放在语言交流上，而是放在游戏上而已。在现实中，从谈话疗法到游戏疗法的转变涉及一个极其复杂的概念范式转变，这对成年人来说是很难做到的。作为一名游戏治疗师，你将学会从不同于谈话疗法的角度看待自己、儿童和世界。如果你决定要成为一名游戏治疗师，在你开始学习使用游戏与儿童沟通的技巧之前，你必须学会用一种完全不同的方式去理解沟通。你必须学会把交流看作是一个象征性的、以行动为导向的世界，在这个世界里，玩偶和动物的行为都包含重要的信息，一个耸肩、一个微笑或一个转身都可以成为一段意义完整的"对话"。你需要学会从不同的角度来思考治疗过程，透过儿童在游戏室里的表面行为来挖掘深层含义。

游戏治疗的维度模型

这本书中多次提到了指导性的和非指导性的游戏治疗方法。这指的是一种传统的界定游戏治疗方法的手段。它把游戏治疗方法看成一个连续统一体，这个连续统一体的一端是完全非指导性的（完全由儿童做主，儿童决定玩什么，怎么玩，治疗师则服从儿童的领导），另一端是完全指导性的（完全由治疗师做主，包括选择游戏材料，决定玩什么，怎么玩）。虽然这个连续统一体经常被游戏治疗师讨论，但在专业文献中几乎没有深入探讨这个连续统一体的研究。亚谢尼克(Yasenik)、加德纳（Gardner）用他们的模型——游戏治疗维度模型纠正了这一情况，他们开发这个模型是为了整合应用于游戏治疗的各种模型、方法和理论。他们不仅解决了指导性/非指导性连续统一体的问题，而且提出了第二个连续统一体——意识/无意识连续统一体。

游戏治疗维度模型有两个维度：指导性和意识性。指导性维度指的是：

游戏治疗师参与程度和解释程度方面的活动。参与程度和治疗师进入并指导游戏的程度有关。指导性维度的最低端是治疗师通过观察和反思追踪游戏的进展，实际上并不参与和儿童的互动游戏。最高端是治疗师作为协作人进入游戏，并积极参与到游戏中去（Yasenik & Gardner, 2004, p.33）。

游戏治疗的各种方法分布在这个维度的连续统一体的不同位置。以儿童为中心的、心理动力的和荣格心理分析游戏疗法都位于这个维度的非指导性一端。认知行为游戏疗法、生态系统游戏疗法、体验游戏疗法、故事游戏疗法、游戏疗法都位于指导性一端。完形游戏治疗通常以指导的方式进行，但也可能涉及一些非指导性成分，这取决于接受治疗的儿童和治疗师。阿德勒式游戏治疗师一开始不是指导性的，在与儿童建立稳定的关系之后，他们开始向指导性方法转变。折衷取向游戏治疗师有时是指导性的，有时是非指导性的，这取决于他们对特定儿童的概念化及其治疗过程。

意识性维度指的是：

儿童的游戏活动和语言。对于许多儿童来说，他们需要在情感上与他们手头正在进行的活动保持距离。经常会有一个摇摆不定的过程，代表着在这个维度上上下浮动，从较高的意识水平降到较低的意识水平，或者从较低的意识水平升到较高的意识水平。儿童的游戏可以是非常直接的，伴随着语言的表达，这表明他们是带着一定程度的意识性在做游戏。在另外一些时候，儿童需要远离麻烦的想法或感觉的干扰，并以一种不那么有意识和更具象征意义的方式利用游戏场景和物体（Yasenik & Gardner, 2004, p.31-32）。

当儿童在较高的意识范围内做游戏时，他们会直接表达与问题相关的思想、情感和行为，而不需要借助隐喻性的沟通。当儿童在无意识的范围内做游戏时，他们会以象征性、隐喻性的方式使用游戏和游戏材料，通过想象的而不是"真实"的情境间接地表达他们的内心世界。

尽管所有的游戏治疗师都致力于尊重和支持儿童，一些人认为选择与儿童的意识水平相匹配的方法是必要的，另一些人则认为帮助儿童从无意识的过程过渡到更有意识的过程很重要。一些游戏治疗的理论性方法（例如以儿童为中心、完形、心理动力、荣格心理分析和故事疗法）相信儿童在治疗过程中可以一直保持无意识状态，不需要治疗师引导他们朝向更直接、更有意识的处理问题的方式转变。遵循这些方法的游戏治疗师很少作出解释，即使作出解释也是一种很"柔性"的解释，可以被儿童忽略或拒绝。其他方法（例如，认知行为、生态系统和游戏疗法）是基于以下前提：当儿童不再需要以间接或无意识的方式处理问题，而是愿意以有意识和直接的方式处理问题时，就会发生改变。使用这些理论方法的游戏治疗师经常会作出解释，目的是突出儿童意识不到的问题，使之成为他们关注的焦点。在阿德勒游戏疗法中，游戏治疗师依据儿童的个体情况，如发展水平、治疗阶段等诸多因素来决定是否需要在游戏过程中为其作出解释，使其从无意识的过程转变为意识过程。

根据亚谢尼克和加德纳的观点，两个维度的交集产生四个象限（见图1-1）：

I. 积极利用（非指导性/有意识）——治疗师服从儿童的引导，但偶尔进行解释性的点评，旨在激发儿童的有意识反应。

II. 公开讨论探索（指导性/有意识）——治疗师参与游戏，提供思路和方向，公开和直接讨论问题，作出解释，目的是引导儿童有意识地处理他们原先没意识到的事物。

III. 非介入性回应（非指导性/无意识）——治疗师保持一种非评判性接受的立场，并作为一个非介入的观察者，在儿童开始游戏和做出指示时服从儿童。

IV. 共同促进（指导性/无意识）——治疗师在平等的关系中与儿童共享权力，充当游戏的共同促进者，与儿童一起做游戏，进行解释和指导的同时刻意让在儿童保持无意识状态。

游戏力

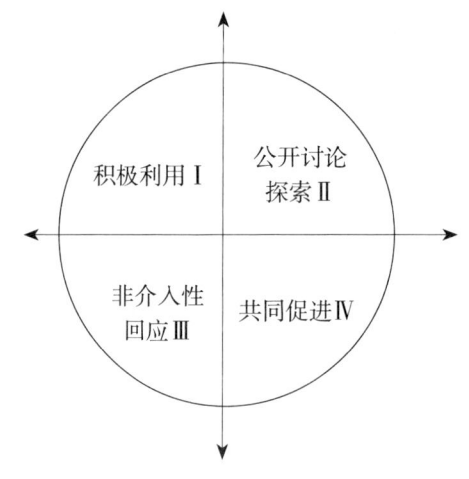

```
        ↑
  积极利用Ⅰ │ 公开讨论
           │ 探索Ⅱ
  ─────────┼─────────→
  非介入性  │ 共同促进Ⅳ
  回应Ⅲ    │
        ↓
```

图 1-1 游戏治疗维度图

注：引自《游戏治疗维度模型：治疗师的决策指南》（*Play Therapy Dimensions Model:A Decision Guide For Therapist*），第 44 页。经允许转载。

在一些游戏治疗方法中，游戏治疗师会始终停留在某一象限（例如，以儿童为中心的游戏治疗师停留在"非介入性回应"象限）；在其他方法中，游戏治疗师可能会根据各种因素从一个象限转到另一个象限（例如，阿德勒游戏疗法和折衷取向游戏疗法）。对想要了解各种理论方法的游戏治疗师来说，游戏疗法维度模型为他们制定治疗决策和方案提供了一个宝贵的工具。然而，若要对游戏疗法维度模型进行深入描述，则超出了本书的范围。要想进一步了解该模型的信息，请阅读《游戏治疗维度模型：治疗师的决策指南》（*Play Therapy Dimensions Model:A Decision Guide For Therapist*，Yasenik & Gardner，2004）。

· 实践练习 ·

要实现从谈话疗法到游戏疗法的范式转变，使游戏疗法成为治疗过程中的主要沟通工具，这个过程可能不容易。要开始这个转变，你需要考虑以下问题：

1. 你对人们交流思想和态度的方式有什么见解？你对人们表达感情的方式有什么见解？

2. 你对儿童交流思想和态度的方式有什么见解？你对儿童表达情感的方式有什么见解？儿童和成年人的沟通方式有什么不同？你认为与儿童沟通的最好方式是什么？

3. 你如何与成年人建立融洽的关系？你如何向成年人表达自己？

4. 你和成年人交流的优势是什么？你和成年人交流的薄弱环节是什么？

5. 你通常如何与儿童建立融洽的关系？这如何利用到游戏治疗中去？

6. 你通常如何向儿童表达自己的想法？儿童通常如何向你表达他们自己的想法？

7. 你和儿童交流的方式有哪些优点？你和儿童交流的薄弱环节是什么？

8. 思考一下如何实现从谈话作为交流方式的思维模式转变为游戏作为交流方式的思维模式。要开始改变这种模式，你认为你需要做些什么？

9. 现在开始观察儿童与他人的自然相处方式——包括同龄人和成年人。你注意到他们互动的方式和表达思想、态度和感受的方式有什么固定模式吗？

10. 当你观察儿童的时候，把注意力集中在游戏中的隐喻上。关于儿童游戏和交流中的隐喻，你观察到了什么？

11. 你认为对青少年进行游戏治疗的可能性如何？如果你要对青少年进行游戏治疗，你认为你会采取什么样的有别于儿童的治疗方式？

12. 你觉得对成年人使用游戏疗法的可能性有多大？如果你对成年人使用游戏疗法，你认为你会采取什么样的有别于儿童或青少年的治疗方式？

· 思考题 ·

1. 当你思考本章所描述的游戏的治疗功效时，哪些对你的生活有价值？你在其他成年人和儿童的生活中观察到了哪些功效？

2. 你认为在游戏的这些治疗功效中，哪一种对来访者最有帮助？解释一下原因。

3. 你认为游戏疗法的哪一种治疗功效会让你感觉最满意？解释你的想法。

4. 你认为游戏疗法的哪一种治疗功效会让你感觉最不满意？造成这种不满意的原因是什么？

5. 想想你过去治疗过的儿童以及其他你认识的儿童，有没有你想去解决的困难情况和病症？如果有，是什么？这些儿童有什么吸引你的地方？

6. 想想你过去治疗过的儿童以及其他你认识的儿童，有没有你不想去解决的困难情况和病症？如果有，是什么？原因在哪里？

7. 你如何向朋友或同事描述游戏治疗的过程？

第2章
游戏治疗的历史演变

游戏治疗的历史演变在许多方面与心理学的发展历史平行，反映了社会的时代思潮。然而，由于许多游戏疗法是同时发展的，所以很难以线性的方式呈现它们。尽管笔者试图遵循时间顺序，但游戏疗法最近的发展几乎是同时发生的，没有形成明确的发展模型。

既然本书不是一部关于游戏治疗历史的书籍，所以本章对每种游戏疗法的描述都力求简洁。第3章"游戏治疗的理论方法"，将更详细地介绍优选的各种当代游戏疗法。笔者鼓励读者去阅读出自该领域的那些先驱型专家的原始资料，深入探索各种理论取向。

·精神分析/精神动力游戏疗法·

关于游戏在心理干预中发挥作用的专业文献，最早的报告是对西格蒙德·弗洛伊德（S.Freud，1909/1955）治疗"小汉斯"的工作的描述。"小汉斯"是一个患有恐惧症的儿童。弗洛伊德没有直接对汉斯进行治疗，而是让汉斯的父亲描述儿子做的游戏。弗洛伊德根据他从汉斯的父亲那里收集到的信息，对潜在的冲突进行了解释，并给了汉斯的父亲关于如何进行直接干预的建议。弗洛伊德认为，游戏是儿童在无意识地重复内心的忧虑和冲突。他认为游戏在控制和发泄情绪的过程中起着一定的作用。

赫米妮·胡格-赫尔姆斯（H.Hug-Hellmuth，1921）是第一个在治疗中直接使用儿童游戏的精神分析治疗师。她参观了儿童之家，在不给予任何指导的情况下观看和参与他们的自发性游戏。虽然在她的文章中没有提到具体的游戏技巧，赫米妮·胡格相信治疗师可以利用儿童在游戏中呈现出的信息来理解儿童，就像在成年人分析中利用幻想和梦一样。她把游戏看作是治疗师和儿童之间沟通的桥梁（CarMichael, 2006b）。

安娜·弗洛伊德（Anna Freud）也是一位直接与儿童打交道的治疗师。她利用对儿童游戏的观察作为与这些儿童建立关系的工具。虽然她认为游戏是一种与儿童建立关系的合适方式，但她实际上并没有将游戏作为一种治疗方式，因为她认为游戏中的行为不一定具有象征或隐喻意义。在利用游戏建立融洽关系之后，她转向了更为传统的谈话治疗形式，如生活史采集、梦的解析、自由联想和绘画。

梅勒妮·克莱茵（Melanie Klein）也是一位心理动力治疗师，她对游戏在治疗中的作用有着完全不同的理解。她认为游戏是儿童表达的自然媒介，应该被看作成年人治疗中语言表达的直接替代品。克莱茵认为，自发的游戏等同于成年人进行的自由联想，充满了关于无意识过程的重要信息。克莱茵提倡用心理动力学的概念向儿童解释他们的游戏行为，而不是简单地将游戏中收集到的信息储存起来，对父母进行解释，或者仅仅是为了治疗师的理解而对来访者形成某种概念化。

温尼科特（Winnicott, 1965）探索了对象关系的概念——儿童与其看护人之间的关系。根据对象关系理论，当看护人表现得友好而有教养时，儿童往往会认为其他人都友好；当看护人表现得冷漠和疏远时，儿童往往会认为其他人都冷漠。

· 结构化游戏疗法 ·

在对儿童形成心理动力学概念化的基础上，结合更结构化的，以目标为导向的，与儿童互动的实践，结构化游戏疗法源于对游戏的宣泄价值的信念（James, 1997）。在游戏治疗的所有结构化方法中，治疗师在确定治疗的重点和目标方面发挥着积极的作用。大卫·利维（Levy, 1938）、约瑟夫·所罗门

（Solomon, 1938）和戈夫·汉布里奇（Hambridge, 1955）是著名的结构化游戏疗法治疗师。

大卫·利维开发了释放疗法来治疗经历过某种特定创伤的10岁以下儿童。他提供了特别挑选的玩具，他相信这些玩具将引起儿童对创伤性事件的关注。他没有指导他们怎么玩，也没有解释他们的游戏。以弗洛伊德的强迫性重复理论为基础，利维认为，如果给予合适的环境和玩具，儿童会通过宣泄来解决问题。利维建议儿童将各种情景表演出来，帮助他们释放痛苦的记忆、想法和情感，这样他们的精神或心理健康将不再受到威胁。

约瑟夫·所罗门开发了一种积极的游戏疗法，用于治疗易冲动、行为出轨的儿童。基于弗洛伊德的"发泄效应"概念，他主张鼓励儿童在游戏治疗过程中表达他们的负面情绪、不当冲动和倒退倾向，在这个过程中，治疗师将不会对他们做出通常的负面或评判性的"成年人"反应。所罗门认为，经历了一种来自成年人的、不带评判的、认可的态度，即使这些儿童经常以引发消极反应的方式表达自己，这种经历对他们来说也是一种转变。通过将他们的冲动外化，并在游戏治疗过程中释放他们的挫败感，儿童可以放弃他们在其他情况和关系中的胡作非为行为，为尝试更适合社交的行为留下空间（Carmichael, 2006b）。

戈夫·汉布里奇在利维的思想基础上，使用了一种更直接的方法来进行游戏治疗。在与儿童建立关系后，他要求他们表演出与生活中感到压力的经历或关系类似的特定情境。基于"重复首先提供了一个宣泄机会，然后帮助儿童解决与创伤相关的任何问题"的理论，汉布里奇相信，真切地重演创伤经历，儿童将学会更有效地应对一场事件过后留下的余波。

·关系游戏疗法·

兰克（Rank, 1936）抛开了心理动力理论，认为治疗师和来访者之间在当下的关系是来访者发生改变的主要媒介。塔夫脱（Taft, 1933）、艾伦（Allen, 1942）和穆斯塔克斯（Moustakas, 1959）的关于儿童的研究都是基于这个概念。

塔夫脱认为，儿童治疗的本质是考查治疗师与儿童之间的真实关系以及儿童当下的举动。他强调了与儿童建立关系的过程和治疗过程中时间的使用。因为他相信每次治疗的结束和治疗过程的结案都与出生的过程平行——经历的创伤是相似的——塔夫脱在治疗开始时就设定了结案的日期。他将儿童与治疗师的成功分离与成功解决儿童最初与母亲分离所造成的创伤联系了起来。

艾伦也关注儿童与治疗师之间的关系，强调儿童的自主性和自我实现能力。艾伦认为，治疗的首要任务是让儿童学会应对人际关系和日常生活。

穆斯塔克斯发展了这个理论，开发了一些技巧，已经被许多当前的游戏治疗方法所利用（James, 1997）。他专注于使用稳固的治疗关系作为儿童探索人际交往和走向个性化的基础。他强调成长过程必须是相互的，即治疗师必须在自我意识和对他人的意识中和儿童一起成长。治疗师必须无条件地接受并相信儿童有能力在没有指导或干预的情况下朝积极的方向发展。与儿童互动的重点是儿童的感受，而不是治疗师的解释。穆斯塔克斯还认为，如果受到儿童的邀请，治疗师必须积极参与游戏。

一种更现代的、主要基于儿童与治疗师关系的治疗功效的疗法是体验式游戏疗法（Norton, 2006/2008）。体验式游戏疗法的一个基本前提是坚信"儿童以体验的方式，而不是认知的方式接触他们的世界。也就是说，儿童不会去思考他们的体验；相反，他们将感觉作为一种整合来自于环境的信息的手段。"诺顿认为，通过与游戏治疗师的关系，儿童将获得一种超越他们的源发情感的自主感。

· 非指导性的、以儿童为中心的游戏疗法 ·

亚瑟兰（Axline, 1947/1969/1971）将卡尔·罗杰斯（Carl Rogers, 1951）针对成年人的以来访者为中心的治疗方法与许多来自关系游戏疗法的想法结合起来，开发了非指导性的、以儿童为中心的游戏疗法。她认为，如果给儿童提供一种他们在其中能感受到无条件接纳和安全的关系，他们自然会朝着积极的方向成长。亚瑟兰假设儿童的变化是因为与治疗师的关系，而不是特定技巧的应用。她认为，解释儿童的游戏或表扬他们的行为是不恰当的。

兰德雷斯（Landreth, 2002）、L. 格尼（L.Guerney, 1983/2001）、范弗利特（VanFleet, 2010）、威尔逊和瑞恩（Wilson & Ryan, 2005）在亚瑟兰的基础上进行了扩展，将她的想法与其他治疗师强调与儿童治疗关系的观点结合起来（Ginott, 1959; Moustakas, 1953/1959）。在以儿童为中心的游戏治疗中，治疗师创造了一种治疗关系，在这种关系中，治疗师无条件地接纳和理解儿童。通过这种关系，儿童与生俱来的发展和成长潜力开始激发出来。兰德雷斯（Landreth, 2002）提出治疗师必须充当儿童和儿童情绪的一面镜子。

伯纳德·格尼（B.Guerney, 1964）和 L. 格尼（L.Guerney, 1983）采用了许多非指导性的、以儿童为中心的游戏疗法的概念和策略，教导父母使用亲子游戏疗法直接参与儿童的治疗。在亲子治疗中，父母接受非指导性的游戏治疗技巧培训，他们可以在专门设计的"游戏治疗单元"中使用这些技巧，以建立亲子关系，增强儿童的自尊心（VanFleet, 2009a/2009b）。亲子游戏治疗训练的主要技巧有追踪进展、重述内容、反射情绪和设限。

· 设限治疗 ·

比克斯勒（Bixler, 1949）和吉诺（Ginott, 1959）认为限制的设置和实施是治疗过程中引起改变的手段。比克斯勒认为"限制就是治疗"，他认为治疗师必须在游戏室中设置限制，以保持对儿童无条件接纳的态度，并确保这种关系不同于其他关系。比克斯勒认为，在游戏室里设置限制可以向儿童传达这样一条信息：这种关系是建立在诚实和责任感的基础上的。他界定了游戏治疗中所必需的限制的基本类型，即那些确保人、物和游戏的安全的限制。

吉诺认为，限制是对以下类型的儿童进行游戏治疗的一个关键组成部分：这些儿童经历了来自成年人的前后不一的反应，因此觉得必须通过外显性行为反复测试他们与成年人的关系。他建议，治疗师通过小心谨慎、坚持不懈地施加限制，可以重建这些儿童对自己的看法，即他们是受到成年人保护和支持的人。吉诺表示，通过限制攻击性或外显性行为，治疗师更有可能在治疗中对儿童保持积极的态度。

· 针对有依恋问题的儿童的理论 ·

在 20 世纪 70 年代，治疗师们对帮助那些与依恋问题作斗争的儿童很感兴趣。耶恩贝里（Jernberg, 1979）开发了游戏疗法，布洛迪（Brody, 1978）设计了发展性游戏治疗理论，本尼迪克特（Benedict, 2006）开发了客体关系游戏治疗理论，作为使用游戏治疗该类儿童的策略。

游戏疗法

游戏疗法治疗师使用指导性的方法重复亲子互动中常见的互动，以改善受损的亲子关系（Bundy-Myrow & Booth, 2009; Jernberg, 1979; Jernber, Booth, 1999; Munns, 2000）。他们为每套数量有限的单元设计了以下几个方面：结构、挑战、侵入和关爱。在游戏疗法中，有一两个治疗师专心陪着儿童，而在治疗室的另一边，有一个治疗师在帮助父母——首先给他们解释儿童在做什么，然后帮助他们融入到治疗过程中，成为合作治疗师。

发展性游戏疗法

在另一种旨在改善亲子关系中依恋关系的指导性方法——发展性游戏治疗中，重点是发展过程（Brody,1978/1997; Short, 2008）。发展性游戏疗法的治疗师评估儿童的发展阶段，调整治疗方法，以提供儿童在对父母的早期依恋中错过的关爱要素。布洛迪强调，当儿童变得对父母的形象有足够的依恋时，他们有必要体验触摸。发展性游戏治疗师拥抱、抚摸和轻轻摇晃儿童，试图为他们提供对婴儿发展至关重要的体验，希望这种补救性的关爱能帮助他们在发展过程中取得进步。

对象关系游戏疗法

对象关系游戏疗法种基于对象关系理论的游戏治疗方法，对有依恋障碍的儿童尤其有效（Benedict, 2006; Benedit & Mongoven, 1997）。在对象关系游戏治疗中，治疗师首先要与儿童建立信任关系。通过提供一种完全不同于儿童以往经历的游戏疗法，变儿童概念化世界的方式——改变儿童对世界和人际关系的内在分析模型。当儿童的世界观发生了足够大的变化，相信某些人是可以信任的时候，治疗师就会教儿童如何区分哪些人值得信任，哪些人不值得信任。

· 基于为成年人开发的理论的游戏治疗 ·

近年来游戏疗法个发展趋势是，治疗师从传统上重点针对成年治疗对象的理论取向获得启发，开发出游戏治疗的方法。这些方法包括阿德勒游戏疗法、认知行为游戏疗法、完形游戏疗法、荣格游戏疗法和故事游戏疗法。

阿德勒游戏疗法

阿德勒游戏疗法是将个体心理学（Adler, 1956）的理论原理和策略与游戏疗法的治疗手段相结合的一种游戏疗法（Kottman, 1993/1994/2003/2010）。治疗师根据特定来访者的需求和游戏治疗过程展开，整合了与来访者的非指导性和指导性互动。阿德勒游戏治疗师使用游戏、绘画、故事、沙盘、音乐、舞蹈以及其他积极干预手段与儿童建立关系，探索儿童的内心和人际动力学、帮助儿童深入探索自己，并为儿童提供更具建设性的指导学习和实践的思维方式、感觉和行为环境。在阿德勒疗法中，治疗师与父母合作，帮助他们转变看待儿童的方式，学习更多的养育策略；在适当时候与老师合作，帮助他们学习与儿童互动的新方法，以便减少可能会干扰儿童学习的情感和行为问题。

认知行为游戏疗法

从认知行为学家的理论出发（A.Beck, 1976; J.Beck, 1995），苏珊·克内尔（Knell, 1993/2009）将认知和行为干预纳入认知行为游戏治疗范式。这种方法是结构化的、指导性的和目标导向式的。认知行为游戏治疗师使用游戏中的行为技巧和认知策略来教儿童思考自己、人际关系和问题情境的新方法。他们设置了与儿童所经历的行为和情感困境一致的游戏场景，以帮助他们学习新的应对技能，并练习其他合适的行为。

完形游戏疗法

奥克兰德（Oaklander, 1978/1992/1993/1994）以完形疗法之父波尔斯（Perls, 1973）的观点为基础，对儿童来访者和她在游戏室的工作进行概念化。她专注于治疗师和儿童之间的关系，有机体的自我调节的概念，儿童的界限和自我意识，以及意识、体验和对抗的治疗作用。

完形游戏疗法结合了指导性游戏疗法和非指导性游戏疗法。有时，治疗师通过让儿童参与体验和试验来控制治疗过程，有时治疗师在游戏室里跟随儿童进行引导。

荣格游戏疗法

有几位治疗师根据荣格理论开发了他们自己的游戏疗法和沙盘游戏疗法。勒文费尔德（Lowenfeld, 1950）让儿童选择代表他们世界各个方面的微缩模型。她开发了一个名为"世界"的系统，用来理解儿童可获得的每件物品的象征意义。卡尔夫（Kalff, 1971）扩展了勒文费尔德的工作，治疗师为每位儿童选择特殊的微缩模型，并要求儿童将这些微缩模型摆放在沙盘中，并对以这种方式创造的场景进行口头描述。布拉德韦（Bradway, 1979）使用了沙盘和微缩模型，但并不鼓励儿童进行大量的语言表达。她拍摄了每一个沙盘场景，寻找儿童世界观中的模型和主题。凯里（Carey, 1990）在她关于沙盘疗法的研究中提出，这个游戏最重要的元素是探索儿童集体无意识的表达——包括儿童的语言交流和非语言交流。

艾伦（Allan, 1988/1997）、格林（Green, 2008/2009）和莉莉（Lilly, 2006）将荣格的概念和技巧应用于荣格分析性游戏疗法中的儿童。除了沙盘工作，他们还使用美术用品和游戏策略来帮助儿童探索自我和集体无意识。艾伦提出，通过与儿童建立一种非指导性的关系，治疗师可以提供一种让儿童感到安全的环境，让他们去做向个体化和治愈自然发展所必需的工作。

故事式游戏疗法

故事式游戏疗法（Cattanach, 2006/2008）是基于迈克尔·怀特的故事疗法（White, 2005; White & Epstein, 1990）。在故事游戏治疗中，治疗过程的重点是讲述和重述儿童充满问题的故事，目的是为他们的故事创造新的可能。通过使用故事作为治疗关系的载体，探索儿童的生活、过去和问题，游戏治疗师可以与儿童共同构建一个空间，在这个空间中，儿童可以将他们的问题外化，并产生一种与这些问题的距离感。这种距离可以让儿童开始想象关于他们自己和他们的问题的新故事。在故事游戏治疗中，治疗师和儿童大部分的互动是，治疗师倾听儿童的故事，并且给他们讲故事，其间几乎不做任何解释。

· 基于不同理论整合的游戏治疗方法 ·

过去的 10—20 年里发展出的另一个趋势是，新的游戏治疗方法融合了多种理论依据，并广泛用于成年人和家庭的治疗策略。这些治疗方法包括生态系统游戏疗法和家庭游戏疗法。

生态系统游戏疗法

在生态系统游戏疗法中，奥康纳（O'Connor, 2000/2009）提出游戏治疗师应将他们的注意力从儿童生活的各个方面转移开来，需要关注对他们产生影响的多个子系统的多个领域。这些子系统包括家庭、学校和同伴。根据这种方法，只有考虑到儿童参与其中的每个系统的影响，治疗师才能真正理解治疗对象和他们的问题。

生态系统游戏治疗师系统地使用多种评估工具来评估儿童在以下各个领域的发展水平：认知、身体、社会、情感和生活经历。在这一评估的基础上，治疗师设计群体或个人背景下的治疗方案，旨在纠正儿童发展中的缺陷。治疗过程是极其结构化和具有指导性的，由治疗师控制环境、材料和活动。

家庭游戏疗法

与家庭治疗过程类似，家庭游戏治疗师必须转变思维模式，将困难概念化为系统问题，而不是特定个体的问题。家庭游戏治疗师应当以整个家庭而不是家庭的某个个体为来访者（Ariel, 1997/2005; Gil, 1994/2003; Kottman, 1997; Shaefer & Carey, 1994; Sori, 2006）。通过把游戏治疗技术的各种元素与家庭治疗概念和策略相结合，家庭游戏治疗师扮演教育家、游戏促进者和指导性治疗师的作用，帮助父母和儿童在看待自己和看待彼此的方式以及互动的方式上作出改变。

哈维（Harvey, 1993/1994/2006）将家庭治疗、表现艺术治疗（包括美术治疗、舞蹈治疗、戏剧治疗）和游戏治疗整合到动态游戏治疗中，这是一种家庭游戏治疗形式，可能包括运动、戏剧表演、艺术和视频表达。哈维建议治疗师使用游戏过程来识别家庭互动模型和隐喻。治疗师利用对这些主题和隐喻的理解来发展和规定新的家庭隐喻的创造，并指导家庭练习彼此互动，寻找解决冲突的更合适的方式。

短程游戏疗法

鉴于目前在精神健康领域对短程疗法的关注，开发短程游戏疗法的兴起就不足为奇了（Kaduson & Schaefer, 2009）。其中一个模型是由史洛斯和彼得林（Sloves & Peterlin, 1993/1994）开发的，这个模型是基于来访者问题的心理动力学概念化，但有一个用于组织治疗过程的中心主题。限时游戏治疗师使用一种高度结构化、高度指导性的方法与儿童互动，帮助他们朝着中心主题努力，这个中心主题就是"分离－个体化"过程的再现。治疗师的工作是最大限度地发展儿童的积极共情和控制力，同时尽量减少倒退、依赖和无助感。限时游戏治疗师需要：①评估来访者和来访者的家人是否适合采用这种方法；②努力建立积极的共情；③帮助儿童理解和解决"分离－个体化"这一中心主题；④帮助儿童"将治疗师内化为早期矛盾对象的积极替代品，从而使'分离'成为真正的成熟事件"（Sloves & Peterlin, 1994, p.54）。治疗师还为儿童的其他家庭成员上几次家庭治疗单元，帮助他们学习新方法，以支持儿童在治疗室以外的其他关系中的"分离－个体化"过程。

一些治疗师描述了短程的认知行为游戏疗法（Knell, 2000/2009a/2009b; Knell & Dasari, 2009a/2009b）、完形游戏疗法（Oaklander, 2000）以及以儿童为中心的游戏疗法（Mader, 2000）在儿童个案身上的应用。还有一些针对特定人群的短程游戏治疗干预，如创伤后应激障碍儿童（Kaduson, 2009a）、破坏性行为障碍儿童（Riviere, 2009）、情感障碍儿童（Newman, 2009）和注意缺陷／多动障碍儿童（Kaduson, 2009b）。范弗利特（VanFleet, 2000b），迈克尼尔、巴尔和赫舍尔（McNeil, Bahl, & Herschell, 2009）描述了游戏治疗师在家庭游戏治疗中使用短程治疗模型与儿童及其父母合作的方法。范弗利特描述了使用亲子疗法对收养家庭进行短期干预的过程。

折衷取向游戏疗法

最近兴起的另一种游戏疗法是折衷取向游戏疗法。卡杜逊、甘吉洛西和谢弗（Cangelosi & Schaefer, 1997），吉尔和肖（Gil & Shaw, 2009）以及古德伊尔－布朗（Goodyear-Brown, 2010）都认为严格坚持一种特定疗法的做法已经过时了。这些学者认为，治疗儿童的更合适的方法是让治疗师根据来访者及其当前所面临的问题、特定的人格特征和特定的情况，从一系列的理论和技巧中进行选择适合的游戏疗法。他们还认为，如果治疗师愿意根据来访者个体和他们的家庭量身定制治疗方案，游戏治疗将成为一种更有效的干预策略。尽管折衷取向游戏疗法的支持者承认，这种方法需要治疗师具有广博的知识，在许多不同的治疗模型和概念化问题的方法方面受过培训，具有丰富的经验，但他们相信，这种个性化治疗方法将为来访者提供最好的服务。

·思考题·

1. 你怎样看待社会的时代思潮对心理学/游戏治疗的影响？当前的社会形势对这个职业有什么影响？你对未来20年有什么规划？

2. 西格蒙德·弗洛伊德运用汉斯父亲的报告作为他制定干预汉斯的技巧的依据，你对此有何看法？直接和父母而不是和儿童打交道有什么好处？缺点是什么？

3. 胡格-赫尔姆斯的方法是让儿童在自己家里而不是在办公室接受治疗，类似于上门治疗的做法。你对这种提供游戏治疗服务的方式有何看法？

4. 克莱茵的策略是直接对儿童进行心理动力学解释，以帮助他们了解自己的问题，你对此有何看法？

5. 如果你要用一种结构化的游戏治疗方法来进行游戏治疗，你是更喜欢利维的方法，即给儿童提供他们需要的玩具，让他们重现创伤性事件，还是汉布里奇的方法，即指导儿童重现创伤性事件？解释你的理由。

6. 塔夫脱认为，在终止日期已经确定的前提下，让儿童进入治疗更有疗效。你对此有何看法？这种做法对治疗过程会有何影响？

7. 穆斯塔克斯认为，如果受到儿童的邀请，治疗师必须积极参与游戏。你对此有何看法？

8. 亚瑟兰认为，如果儿童在一种关系中能获得无条件的接纳和安全感，他们自然会朝着积极的方向发展。你对此有何看法？你认为提供这些核心条件是否足以让儿童向功能正常化和努力解决问题的方向发展？解释你的理由。

9. 你对比克斯勒的"限制就是治疗"的观点有何看法？

10. 布洛迪认为，要使治疗有效，必须对儿童进行身体上的接触。你对此有何看法？

11. 使用家庭游戏疗法的治疗师主张，来访者不只是需要治疗的儿童，而是儿童生活的整个家庭。你对此有何看法？

12. 你对短程游戏疗法有何看法？

13. 如果你要实践折衷取向游戏疗法，为了应对广大来访者的需求，你打算做什么样的准备？什么因素会限制你使用折衷取向游戏疗法？

第3章
游戏治疗的理论方法

因为本书只是对游戏治疗的介绍，而不是对不同方法的深入研究，所以不可能对每一种理论取向都逐一探讨。为了让读者对治疗师目前所使用的游戏治疗方法有一个总体印象，笔者选择概述了阿德勒游戏疗法、以儿童为中心的游戏疗法、认知行为游戏疗法、生态系统游戏疗法、完形游戏疗法、荣格心理分析游戏疗法、心理动力学游戏疗法、游戏疗法和折衷取向游戏疗法。

对于本章中出现的每一种理论取向（除了折衷取向疗法以外，这种理论从本质上需要特殊处理），笔者简要概括了如下主题：①重要的理论依据；②治疗过程的各个阶段；③治疗师的角色；④治疗目标；⑤父母和老师的合作方法；⑥区别性特征。这些主题在每种方法中不是同等重要的，因此有些主题的某方面论述要比其他主题长得多。由于本章内容篇幅有限，建议读者对感兴趣的方向进行更深入的研究（推荐阅读书目见附录C）。

笔者决定本章纳入这些方法介绍是基于以下三个因素：①关于游戏治疗师的理论取向的调查（Kranz, Kottman, & Lund, 1998; Philips & Landreth, 1995）；②近期游戏治疗文献中某些理论的主导地位（文章、书籍和书籍章节）；③游戏治疗会议上关于特定方向的论文数量。这并不意味着没被选中的方法不如被选中的方法有价值。除了从游戏治疗文献中收集的资料外，笔者还参考了所进行的一项调查中获取的信息，以收集该领域专家对当前不同的游戏治疗法实践的意见。

阿德勒游戏疗法

阿德勒游戏疗法（Kottman, 1993/1994/1999a/2003/2009/2010）将个体心理学的概念和策略与游戏治疗的基本理念和技巧相结合。治疗师从阿德勒理论的角度来概念化来访者，同时使用玩具和玩具材料与来访者沟通。阿德勒游戏疗法可以用于各种各样的来访者，特别适合有控制问题、外化行为问题、焦虑、抑郁、ADHD、悲痛和丧亲问题、不适应型完美主义倾向和自我形象问题的来访者（D.Holtz，私人交流，2010年2月；Kottman, 2003）。它也适用于在学校里有行为或学业困难的儿童，以及家庭正经历离婚、家庭暴力、虐待和忽视以及父母酗酒等问题的儿童，但不是治疗反应性依恋障碍、自闭症、有限的认知功能或精神病的首选疗法。

重要的理论概念

阿德勒的理论实用且乐观，强调所有人的创造力（Adler, 1956; Carmichael, 2006b; Kottman, 2003）。阿德勒学派相信人是独特的、社会性的、目标导向的存在，通过主观的筛选程序来感知和解释他们的经历，这种筛选程序可以是积极的，也可以是消极的。在游戏治疗的过程中，阿德勒式游戏治疗师寻找每个儿童的特殊品质和优点，这样他们就可以赞赏每个儿童固有的独特性和创造性。因为阿德勒派认为人们会重新证明自己已经相信的东西，游戏疗法的一个重要部分是探索来访者如何看待他们自己、他人和世界。当他们对这些解释做出改变时，来访者可以对他们的思维、他们的感觉和行为模式、他们的态度、他们建立和维持关系的方法以及他们解决问题的策略做出新的选择。

根据阿德勒理论，人天生具有与他人联系的能力（社会兴趣），但必须学会如何以建设性和有效的方式建立这些联系（Adler, 1956; Kottman, 2003）。教导儿童重视与他人的联系，学习建立关系和培养社会兴趣的技能，是阿德勒游戏疗法过程中不可或缺的一部分（Kottman, 2003）。治疗师和儿童之间的关系被认为是阿德勒式游戏治疗过程的基础，治疗过程中发生的一切都建立在这个基础之上。通过创造这种联系的体验,治疗师能够向儿童证明联系可以是积极的,然后鼓励他们从家庭成员开始与他人建立积极的关系。

阿德勒注意到,年幼的儿童往往把他们不如生活中的年长者强壮、博学或能干的事实看成是他们软弱、低人一等和无能的证据——他们"能力不足"。他认为,由于这些自卑的感觉,人们总是在努力摆脱这种自卑的状态,走向自信的状态。在处理自卑情感时,有些人过度补偿,走向优越感,试图超越别人,证明自己比别人好;另一些人因为自卑的感觉变得特别沮丧,被挫败感和绝望压倒,放弃了获得能力的尝试;还有一些人则利用他们的自卑感作为动力,努力实现所有他们能做到的,变得更强大,更有知识,更有能力,但不一定非要超过别人。在阿德勒游戏疗法中,治疗师的责任是探索来访者的自卑情感,帮助他们摆脱过度补偿和沮丧,培养应对自卑情感的健康策略。

阿德勒派相信所有的行为都是有目的的。阿德勒游戏治疗师不断寻找所有行为的目的,无论是在游戏室内还是游戏室外。德瑞克斯和绍尔茨(Dreikurs & Soltz, 1964)认为,儿童的不良偏差行为涉及四个基本目标:获得注意力、获得权力、寻求报复和克服无助感。在考虑儿童可能追求的不良偏差行为目的时,治疗师想到了四个因素:①行为;②儿童加强行为的想法和感受;③成年人面对儿童行为的反应和感受;④行为被纠正时儿童的反应。当发现儿童不良偏差行为的目标时,游戏治疗师会帮助儿童深入了解这个目标,探索是否要继续当前的模式,并帮助他们转向更合适的目标。卢和贝特纳(Lew & Bettner, 2000)描述了几个积极的目标——"四个关键C":感觉与他人有连接(Connection)、感觉有能力(Capability)、感觉自己有价值(Counting)和感觉自己有勇气(Courage)。治疗师可以帮助来访者靠近这些目标。科特曼(Kottman,1999b/2003)提出了几种不同的方法来帮助儿童在游戏治疗中提高他们的这"4C"。

生活风格是阿德勒理论中一个重要的理论概念,它是个体对生活的独特认知(Adler, 1956; Kottman, 2003)。阿德勒派认为家庭排行(家庭中儿童的出生顺序)和家庭氛围(家庭的情绪基调)是一个人生活风格形成的重要因素。每个人都在8岁之前就形成了自己的生活风格,这是建立在对他人的观察、与他们的互动和关系、别人对待自己的态度和方式等的基础上。从这些观察中，个体形成了对自我、他人和世界的认知，而他们的行为是建立在认为这些认知是准确的想法之上的。然而，由于儿童虽然善于观察他人，但可能会误解情况和关系，因此得出的结论和形成的看法可能是不准确的。那么，治疗师的工作就是在治疗过程中收集足够的信息来理解来访者的生活风格是什么；了解来访者早年得出的结论；开始探讨这些结论的准确性和功效；帮助来访者对自己、他人和世界做出新的判断，为解决问题和与他人互动制定新的策略。对幼儿进行游戏治疗的好处之一是，游戏治疗师有机会对儿童如何看待自己、世界和他人产生积极的影响。

治疗过程的各个阶段

阿德勒游戏疗法分为四个阶段：①与儿童建立平等关系；②探索儿童的生活风格；③帮助儿童了解自己的生活风格；④在必要时为儿童提供重新适应和再教育（Kottman, 1993/1994/2003）。在第一阶段，游戏治疗师追踪、重述内容、反射情绪、将责任还给儿童、鼓励、设置限制、回答问题、提问，并让儿童一起打扫房间，以便和他们之间建立起伙伴关系。在第二阶段，治疗师通过观察儿童的行为（包括在游戏室和等候区）、绘画技巧、提问策略（向儿童、父母，有时还有儿童的老师提问）、调查行为目的、"四个关键C"、家庭排行、家庭氛围以及唤起早期记忆等手段，收集足够的信息，形成关于儿童生活风格的假设。在第三阶段，阿德勒治疗师使用后设沟通、隐喻和讲故事、"往来访者汤里吐痰"（治疗师使用的一种技巧，意在向儿童指出他们信以为真的那些关于自己、他人和世界的自我挫败的信念）和绘画技巧（Watts & Garza, 2008），帮助儿童更好地了解他们的生活风格以及做出是否开始进行改变的决定。在第四阶段，重新适应和再教育，包括向儿童传授新的技能和态度，帮助他们练习这些新技能，使这些新技能在游戏治疗环境之外的人际关系和情况中发挥作用。鼓励儿童做出改进和努力、传授新的技能和态度是这个阶段使用的关键性方法。

这四个阶段之间的边界不是一成不变的。例如，阿德勒式游戏治疗师一直在研究这种关系，他们可能会决定在结束探索儿童对自我、他人和世界的看法之前，帮助儿童获得对他们的生活风格的部分了解。

治疗师的角色

阿德勒游戏疗法在技巧上是折衷的，因为他们可以自由地选择各种技巧来达到他们的目的。这促进了阿德勒游戏疗法的灵活性，类似于折衷取向游戏疗法。在阿德勒游戏疗法中，治疗师的角色会根据治疗的阶段、治疗师的个人喜好和经验以及儿童的需求而变化（Kottman, 2003; Morrison, 2009）。阿德勒游戏治疗师一贯以系统的方式对来访者进行概念化，但他们会根据每个儿童的需要调整治疗过程。某些方法他们对每个儿童都使用，还有些方法只是对某些特定儿童使用（Kottman, 2010）。治疗师的角色至少部分地随着治疗阶段的变化而变化。

在第一阶段，治疗师既是伙伴又是鼓励者。治疗师通常是相对非指导性的，在大多数治疗过程中与儿童分享权力。在这个阶段，治疗师工作的其中一个方面就是使用鼓励来帮助儿童获得自信和能力。

在第二阶段，治疗师是一个活跃的、相对指导性的"侦探"，找出关于儿童的态度、感知、思维过程、感觉等信息。这个过程很重要，因为所有后续的干预都取决于治疗师对儿童生活风格的假设的形成，而这种假设的形成是基于第二阶段的调查收集的数据。

在第三阶段，治疗师又恢复了合作伙伴的角色，但需要进行必要的信息交流。在这一阶段，治疗师有时会表现出非指导性和支持性，有时会挑战来访者长期以来持有的对自我、他人和世界的自我挫败信念。这也是治疗师发出最初的邀请，让儿童决定在他们的观念、态度、情感、思维模型和行为上做出一些改变。在这个阶段，特别强调使用阿德勒游戏疗法对潜意识的概念化作为来访者意识之外的信息和阐释，帮助儿童接近他们的潜意识过程。

重新适应和再教育阶段要求治疗师成为一个积极的老师和鼓励者，帮助儿童学习和实践新的技能，并将新的认知、态度、情感和思维模式融入他们看待自我、他人和生活的方式中。治疗师可以提供自信技巧、沟通技巧、社交技巧或其他有用的策略方面的培训和经验，以帮助儿童改变自己的行为方式，与他人和睦相处，成功应对问题情境。

治疗目标

阿德勒游戏疗法的目标与治疗过程的各个阶段是平行的。第一个目标是让儿童与治疗师建立一种关系，分享权力并成为一起工作的伙伴（Kottman, 2003/2009）。第二个目标是让治疗师充分了解儿童的生活风格，从而理解与当前问题相关的潜在问题。第三个目标是让儿童逐渐获得对个人生活风格的正确意识和理解，并决定做出必要的改变——情感的、态度的、认知的和行为的。第四个目标是帮助儿童尝试这些改变，并在游戏室内外进行练习。第五个目标是帮助儿童学习必要的新技能，以使这些改变在游戏室外也能实现。作为这个过程的一部分，治疗师希望把儿童从破坏性的目标和不良行为引向建设性的目标；培养"四个关键C"；增加儿童的社会兴趣；调整任何关于自我、他人和世界的自我挫败信念；减少受挫；帮助儿童认识到他们个人的优点。

与父母和老师合作的方法

阿德勒游戏疗法特别强调与父母和老师的合作（Kottman, 2003）。因为阿德勒派相信所有的人都是社会性的，如果不理解他们的社会系统（从家庭开始），就无法理解他们，所以只要有可能，他们就会与儿童和儿童父母一起合作。大多数阿德勒治疗师将治疗单元分为儿童参加的游戏治疗课和父母参加的咨询课；有些治疗师即使不这么做，至少也在治疗过程中进行一些针对家庭成员的治疗活动。如果儿童正经受与学校相关的问题的折磨，游戏治疗师也经常与老师合作。

至于对父母的咨询，其过程经历了与游戏治疗过程非常相似的阶段（Kottman, 2003）。首先，阿德勒的游戏治疗师使用基本的咨询技巧与父母建立关系。接下来，治疗师使用阿德勒式的探索策略深入了解父母及他们与儿童的关系。治疗师从父母那里收集关于儿童的生活风格、社会兴趣、行为目的等方面的信息，并收集关于父母自己的生活风格、社会兴趣、行为目的等方面的信息。治疗师在了解父母的个性优先和生活风格的其他方面的基础上，为父母量身定制建议，以避免引发防御性反应（Kottman, 2003; Kottman & Ashby, 1999）。在第三阶段，治疗师的工作是帮助父母了解儿童和他们自己，这样他们就有更好的基础来决定使用哪种教养策略以及如何实施这些策略。传授教养技能是第四阶段至关重要的内容之一——使用阿德勒教养资源，如《父母的手册：有效教养的系统化培训》（*The Parent's Handbook：Systematic Training for Effective Parenting*）、《培养能干的孩子》（*Raising Kids Who Can*）、《如何理解和激励儿童》（*A Parent's Guide to Understanding and Motivating Children*）和《正面管教》（*Positive Discipline*）。针对老师的咨询遵循同样的模型，构建与老师的关系，探索老师的生活风格和班级管理风格，探索老师对学生的态度以及对学生的生活风格感知，帮助老师更好地了解儿童的生活风格、了解他们自己的生活风格以及与儿童的生活风格的互动。对于一些老师来说，这个过程足以改变他们与治疗者的关系；对于另外一些老师，游戏治疗师可能需要传授一些阿德勒式的技巧，比如鼓励，错误行为目的的识别、关键C的评估、个性优先动态、逻辑后果，等等。

区别性特征

根据治疗的阶段和儿童的生活风格，阿德勒治疗可以是非指导性的，也可以是指导性的，指导性和非指导性的选择既不是固定的，也不是随意的。这种灵活性是阿德勒游戏疗法的显著特点之一。

阿德勒治疗师们通过使用一个包括四步骤的过程来设置限制，这有别于其他理论取向，在这个过程中，治疗师不去改变儿童的行为，而是引导儿童参与改变自己的行为（Kottman, 2003）。它们还将逻辑后果设置为设立限制过程的一个组成部分（有关阿德勒设置限制的更多信息，请参见第8章）。

阿德勒游戏疗法比大多数其他游戏疗法更强调收集信息，因为治疗过程的开展取决于治疗师在探索过程中形成的概念。治疗师的目的是了解儿童如何做出决定，并将感知融入自己的生活风格中，从而能够量身定制干预方案。治疗师提出问题，观察游戏，并让儿童参与艺术活动、木偶戏和讲故事，旨在收集有关家庭排行、家庭氛围、不良行为目的、"四个关键C"、个性优先和错误信念方面的信息。治疗师也可能要求儿童画出或描述一系列早期记忆，这些记忆将提供有关儿童生活风格的线索。

团队打扫房间的过程（Kottman, 2003/2010）在游戏治疗文献中似乎独树一帜。虽然其他派别的游戏治疗师确实要求儿童去拿玩具和材料，但阿德勒疗法是非常结构化和具体化的，旨在促进团队合作（参见第4章，"游戏治疗的准备工作"）。

尽管其他游戏治疗方法也使用鼓励，而阿德勒游戏治疗师特别强调把鼓励作为游戏治疗过程的一个重要组成部分（Kottman, 2003）。他们使用的策略旨在指出儿童的优点，并注重努力和改进，以增强儿童的自我效能感和减少挫败感。

· 以儿童为中心的游戏疗法 ·

弗吉尼亚·亚瑟兰（Axline, 1947/1969/1971）将以来访者为中心的治疗的基本概念（C.Rogers, 1959）应用于儿童治疗，开发了非指导性的、以儿童为中心的游戏疗法。当代专家如加里·兰德雷斯（Landreth, 2002）、丹尼尔·斯威尼（Sweeney, 2009）、路易丝·格尼（Guerney, 2001）、莱斯·范弗利特（VanFleet, 2010）,威尔逊、雷恩（Wilson & Ryan, 2005）等人在他们的儿童治疗工作中不断完善以儿童为中心的游戏疗法的理念和策略。通过研究调查，克兰兹等人（Kranz, 1998）与菲利普斯和兰德雷斯（Philips & Landreth, 1995/1998）发现，大多数使用游戏疗法作为治疗方式的治疗师都赞同非指导性的以儿童为中心的方法。

根据迪伊·雷（Ray, 2010）和莱斯·范弗利特（VanFleet, 2010）的研究，以儿童为中心的游戏疗法适用于大多数需要接受游戏治疗的儿童。迪伊·雷在回应调查时写道："因为我们关心的是人，而不是问题，所以CCPT（以儿童为中心的游戏疗法）对大多数儿童都是有效的。"最明显、最快的变化通常发生在具有破坏性/侵略性/外化问题的儿童身上。她认为，大多数以儿童为中心的游戏疗法的从业者不太可能将来访者介绍给其他人，除非他们不熟悉来访者所表现的问题。

重要的理论概念

以儿童为中心的游戏治疗师认为，人类的人格结构包括：①人；②现象学场；③自我（C.Rogers, 1951; Sweeney & Landreth, 2009）。人由个人的思想、情感、行为和身体构成，所有这些都在不断地变化和发展。人是一个平衡的系统，所以当一个人的某一方面发生变化时，其他方面也会发生变化，朝着实现自我的方向发展（Sweeney & Landreth, 2009）。相信所有人都有朝着积极方向前进、努力争取自我实现和建设性成长的内在倾向，这是以儿童为中心的游戏疗法的一个关键概念。

作为自我实现过程的一部分，每个人都必须努力满足个人在现象学场所经历的需求，这指的是一个人所有体验的总和（Perry, 1993; Sweeney & Landreth, 2009）。每个人对自己所经历的感知就是那个人的现实。由于现象学的现实观点，以儿童为中心的游戏治疗师必须试着从儿童的角度去理解每一个儿童来访者（Landreth, 2002）。

随着儿童的成长，他们开始将自己的一些认知组织成一个"我"的概念——自我。最初，这些认知是通过儿童的有机体的评价体系过滤出来的，这是一个内在的过程，在这个过程中，儿童对自我提升的经历赋予积极的意义，而对威胁或自我挫败的经历赋予消极的意义（D.Ray, 2010; C.Rogers, 1951; Sweeney & Landreth, 2009）。

然而，随着时间的推移，由于被他人有条件地接纳和评价的经历，儿童开始吸取他人的想法和评价，并低估自己的有机体评价。儿童把这些经历融入他们对自我的认知中，导致自我怀疑和不安全感。他们也可能开始扭曲他们理解现象学场的方式，开始以与自己真实感知不一致的方式体验现实。他们的"真实"自我（基于他们的有机体评价的自我）和"理想"自我（基于他们对他人的态度和价值的吸取）之间可能会出现偏差。这种偏差常常导致不良适应。

为了纠正这一问题，并使儿童重新走上自我实现的道路，亚瑟兰（Axline, 1969）概述了非指导性、以儿童为中心的游戏疗法的八个基本原则：

1. 治疗师必须与儿童来访者建立一种温暖、友好、真诚的关系，这将促进一种牢固而融洽的治疗关系。
2. 治疗师必须完全接纳儿童，不期望儿童以任何方式改变自己。
3. 治疗师必须创造并保持一种宽容的环境，这样儿童才能完全自由地探索和表达自己的感受。
4. 治疗师必须持续关注儿童的感受，并以一种有利于鼓励儿童获得领悟力、增强对自我的理解的方式来反映这些感受。
5. 如果儿童拥有必要的机会和资源，治疗师必须始终尊重儿童解决自己问题的能力。儿童必须对自己的决定完全负责，并且必须能够自由地选择是否以及何时做出改变。
6. 治疗师不能在治疗中起主导作用，责任和特权属于儿童。治疗师应该服从儿童的领导。
7. 治疗师绝不能试图加快治疗的进程。游戏治疗是一个缓慢而渐进的过程，取决于儿童的节奏，而非治疗师的节奏。
8. 在治疗过程中，治疗师设置限制的目的只是为使治疗过程不脱离现实或者把责任归还给儿童。

治疗过程的各个阶段

一些以儿童为中心的游戏治疗专家（如 Landreth, Ray, Sweeney）赞同穆斯塔克斯提出的阶段（Moustakeas, 1955）。穆斯塔克斯认为，以儿童为中心的游戏疗法的治疗过程有五个不同阶段。对这些阶段的描述关注的是儿童的感受和态度，而不是治疗师和儿童之间的互动以及儿童的行为。

在穆斯塔克斯的模型中，在第一阶段，儿童在游戏的各个方面都表现出了弥漫性的负面情绪。在第二阶段，他们主要表现出矛盾的情绪，通常是焦虑或敌意。第三阶段的主要特征仍是负面情绪，但在这个阶段，他们会直接向父母、兄弟姐妹或治疗师表达这些情绪，或者通过倒退行为表达。在第四阶段，矛盾的情绪（积极的和消极的）会重新出现，但在这个阶段，这些情绪主要集中在父母、兄弟姐妹、治疗师和其他人身上。在游戏治疗的最后阶段，儿童主要表达积极情绪，同时适当表达现实的消极态度，矛盾情绪不复存在。

其他以儿童为中心的游戏治疗专家（Guerney, Nordling, VanFleet）坚持 L. 格尼（L.Guerney, 1983）提出的阶段模型：①热身/探索阶段；②攻击阶段；③倒退阶段；④掌控阶段（R.VanFleet, 2010）。因为这个模型的重点是儿童的行为，所以在每个阶段发生的事情是相当明显的。在热身/探索阶段，儿童探索房间，并开始与治疗师建立融洽的关系。当儿童体验到这种游戏治疗中不可或缺的无条件的积极关注时，他们会更容易在攻击阶段表现出攻击性，在倒退阶段表现出倒退倾向。因为儿童感受到了被接纳，他们就可以顺利度过攻击和倒退阶段，迈向掌控阶段，展示自己的能力。

治疗师的角色

> 对于以儿童为中心的游戏疗法，如果一个人真的相信儿童自己完全有能力迈向更健康的人格，那么就没有必要"干预"这个过程。治疗师的工作是创造一种安全与接纳的氛围（实际上，这不是一件小事），以便儿童个人的恢复能力和治愈能力显现出来（R.VanFleet，私人交流，2010 年 3 月）。

在以儿童为中心的游戏治疗中，治疗师的主要任务是为儿童提供无条件的积极关注、共情和真诚的核心条件。以儿童为中心的治疗师认为，这些核心条件是带来改变的必要条件和充分条件。他们相信，通过向儿童表达接纳态度，并且把一种信念传递给儿童，即他们有能力解决自己的问题，并做出最佳生活所需的任何改变，治疗师能让儿童自由地朝积极的方向成长。

以儿童为中心的游戏治疗师通过使用非指导性的策略来完成这一任务——追踪、重述内容、反射情绪、将责任还给儿童，并设置必要的限制。他们不借用任何对儿童起主导作用的策略，为避免把儿童带向儿童自己无法自然实现的目标，他们避免使用解释、设计治疗隐喻以及使用书籍治疗和其他可能导致这种结果的技巧。

治疗目标

以儿童为中心的游戏治疗目标非常宽泛。治疗师不会为每个儿童设定具体的个人目标，而是努力提供一种积极的体验，让儿童朝着积极的方向前进，发现自己的个人优势（Landreth, 2002; Sweeney & Landreth, 2003/2009）。兰德雷斯（Landreth, 2002）列出了以儿童为中心的游戏疗法的以下目标：

1. 帮助儿童增强积极的自我概念。
2. 帮助儿童对自己承担更多的责任。
3. 帮助儿童达到自我接纳、自力更生和自我指导的更高水平。
4. 帮助儿童练习自主决策。
5. 帮助儿童更好地控制自己。
6. 帮助儿童提高应对意识。
7. 帮助儿童形成一个内化的判断是非的观念。
8. 帮助儿童学会更加信赖自己。

在这个框架内，儿童可以选择处理特定的问题。然而，治疗师不会引导或指挥儿童把注意力或精力放在解决特定问题上，比如父母或老师描述的问题。以儿童为中心的游戏治疗师甚至不会真正尝试去探究（通过对话或猜测游戏的意义）儿童想要确立的目标是什么，甚至可能并不真正知道儿童的目标是什么。怀着对儿童有能力设定自己的目标和方向的信念，治疗师坚信儿童在致力于解决任何他们需要解决的事情。

与父母合作的方法

在以儿童为中心的游戏治疗中，与父母合作的最为广泛采纳的方法是"亲子疗法"（Glazer, 2008; L.Guerney, 1997; Landreth & Bratton, 2006; Ryan & Bratton, 2008; VanFleet, 1994/2000a/2009a）。亲子疗法是一种向父母传授以儿童为中心的游戏疗法所涉及技能的方法。范弗利特（VanFleet, 1994/2000a/2009a）将这些技能定义为：结构化技能、共情倾听技能、以儿童为中心的想象游戏技能和设置限制的技能。通过讲座、示范、模仿、角色扮演、技能练习、反馈、有指导的游戏治疗单元和强化，治疗师教父母如何在每周半小时的亲子治疗单元中使用这些技能。亲子治疗的目标是减少儿童的问题行为，帮助父母学习他们可以应用于日常与儿童互动的技能，并改善亲子关系（L.Guerney, 1997; VanFleet, 2009a）。这种训练可以在团体环境中或单个家庭中进行。治疗师可以将培训作为正式的结构化项目开展，也可以根据不同父母的需要传授个人技能。

并非所有以儿童为中心的游戏治疗师都接受过使用亲子疗法的培训，所以他们并不都采用亲子疗法。在这种情况下，"父母直接参与治疗的程度取决于游戏治疗师做出的临床决定"（Sweeney & Landreth, 2003）。一些以儿童为中心的游戏治疗师根本不与父母合作，只专注于与儿童个人或小组相处。还有一些治疗师往往在每次治疗单元上花一部分时间和父母就教养技巧、家庭关系和互动模型进行交流（L.Perry, 1997）。他们也可能与父母就可能妨碍父母最有效地运用教养技巧的个人问题、影响儿童的学校问题以及更好地理解儿童的方法进行交流（D.Ray, 2010）。

区别性特征

以儿童为中心的游戏疗法的主要特点是坚信儿童可以在成年人干预或干涉最少的情况下解决自己的问题。在大多数其他游戏疗法（以及其他针对儿童的咨询）中，有一种潜在的信念是，一个或多个成年人必须介入儿童的生活，帮助他们回到正轨。那些专注于以儿童为中心的游戏治疗师并不相信这一点。他们坚信，每个儿童都有自我治愈和自我实现的能力。他们相信"被给予成长条件时儿童与生俱来的发展进程"（D.Ray, 2010），这个信念是他们对儿童治疗领域的独特贡献。

· 认知行为游戏疗法 ·

由苏珊·克内尔（Knell, 1993a/1994/2000/2009a/2009b）开发的认知行为游戏疗法将认知和行为策略整合到游戏治疗传递系统中。它是基于情感发展和精神机能障碍的认知和行为理论。认知行为游戏治疗师使用来自这两种理论的干预，将游戏活动与语言和非语言沟通结合起来。似乎最适合认知行为疗法干预的问题是如厕问题、创伤、对离婚的反应、焦虑、恐惧和恐惧症、抑郁、对立违抗行为和选择性缄默（Knell, 2003; Knell，私人交流，2010年3月）。

重要的理论概念

认知行为游戏疗法融合了行为疗法、认知疗法和认知行为疗法的观点。克内尔（Knell, 1993a/2009a/2009b）借鉴了这些学派的理论，构建了认知行为游戏疗法的理论基础。

克内尔从行为疗法中吸收的概念是，所有的行为都是习得的。行为治疗的一个关键组成部分是，发现那些会强化和维持不恰当行为的因素。通过改变这些因素，治疗师可以改变儿童的行为。认知行为治疗师可能直接对儿童来访者使用行为技巧，也可能教父母或老师行为干预策略。

认知疗法和认知行为疗法都没有关于人格发展的理论。相反，其重点是精神机能障碍和导致情感发展困难的因素。根据这种情感障碍模型，行为是通过语言和认知过程来调节的。认知治疗的三个重要观点是：①思想影响情感和行为；②信念和设想影响对事件的看法和解释；③大多数有心理问题的人都有非理性思维、认知扭曲或逻辑方面的错误（A.Beck, 1976; Knell, 2009a/2009b）。

克内尔（Knell, 1994）列出了认知行为游戏疗法的六个重要特性：

1. 在认知行为游戏疗法中，儿童通过游戏参与治疗。儿童是治疗过程中的积极参与者。

2. 在认知行为游戏疗法中，治疗师关注的是儿童的思想、情感、幻想和环境。治疗是以问题为中心，而不是以来访者为中心。

3. 在认知行为游戏疗法中，重点是开发新的、更具适应性的思维和行为，以及开发更有效地处理问题的应对策略。

4. 认知行为游戏治疗过程是结构化的、指导性的、目标导向的。

5. 在认知行为游戏疗法中，治疗师使用的行为和认知技巧有经验证据支持其有效性。

6. 在认知行为游戏疗法中，治疗师有很多机会对特定问题的具体治疗效果进行实证检验。

治疗过程的各个阶段

认知行为游戏疗法的过程有几个不同的阶段：①评估；②游戏治疗的介绍/适应；③中间阶段；④终止（Knell, 1993a/2009a/2009b）。在评估阶段，治疗师使用各种评估工具来收集关于儿童目前的功能水平、发育情况、当前问题、儿童对其问题的感知或理解、父母对儿童和及儿童自身问题的看法等信息。治疗师可以使用父母报告清单、临床访谈、游戏观察、正式的认知/发展工具、投射测验、绘图和治疗师发明的措施来收集关于儿童及其思想、情感、态度、感知和行为的信息。

在游戏治疗的介绍/适应阶段，治疗师和父母需要就他们对儿童当前问题的看法给予一个清晰的、非评判性的解释，并描述治疗过程。在这一阶段，治疗师会与儿童的父母见面，给出对儿童初步评估的反馈，并制定治疗计划，包括治疗方式和治疗目标。这个过程的一部分是决定父母在这个过程中的角色。

在治疗的中间阶段，治疗师专注于使用特定的认知和行为干预策略，向儿童传授新的适应性反应，以应对特定的情况、问题或压力（Knell, 1993a/1994）。行为干预包括示范、塑造/积极强化、系统脱敏、刺激消退、其他行为的消退/

差异强化、超时、自我监控和活动安排（Knell, 2003）。认知干预包括记录功能失调性想法、对抗不合理的信念，发展应对自我陈述，以及使用书籍进行阅读治疗。治疗师还试图帮助儿童把他们在游戏室里和治疗师一起学到的东西转移到其他情境和场景中。在这一阶段，他们的互动中包含了一些干预措施，旨在教给儿童应对策略，以避免治疗结束后的复发。

在最后阶段，治疗师通过在一段时间内逐步停止治疗，为结案做好准备（Knell, 2009a/2009b）。在这个阶段，治疗师会和儿童谈论关于结案后的安排，对儿童在思想、情感和行为上的改变进行强化，并安排有关的练习，以便儿童将游戏治疗中学到的东西应用到其他环境中。

治疗师的角色

治疗师在认知行为游戏治疗中的作用是极其主动的，指导性的（Knell, 2003/2009a）。首先，治疗师使用正式和非正式的工具来评估儿童及其父母当前的功能。在基线测量完成后，治疗师积极地让父母（有时是儿童，取决于认知能力和发育年龄）参与制定治疗计划，为行为、情感、态度和信念的变化制定具体的、可测量的目标。这个治疗计划的一部分内容是考虑各种各样可用的认知和行为干预策略，并决定这些策略中哪一种可能对某个特定儿童和他的特定困难最为有效。接着治疗师开始实施计划，通常使用某种形式的示范、角色扮演或行为奖励来实现儿童的变化（Knell, 1993a）。这些干预措施可以直接用于儿童，也可以传授给老师或父母，然后由他们直接用于儿童。治疗师不断地监测变化，比较儿童当前的功能和治疗过程开始时的功能，并检查在治疗的初始阶段所描述的目标的实现情况。治疗的终止主要是由这些目标的实现决定的。

治疗目标

在认知行为游戏治疗中，除了儿童以及儿童家庭的具体和特定目标外，还有一些普遍性目标（Knell, 2009a/2009b）。一般来说，治疗师试图提高儿童应对问题情境和压力源的能力；帮助儿童掌握曾经让他们感到困难的任务；减少儿童的非理性的、错误的思维模式；帮助儿童达到因某种原因而停滞的发展里程碑（Knell, 2010）。

具体说来，每个儿童都有自己的行为目的和认知目标，这些目标是根据他们的特定情况量身定制的。这些目标可能包括增加儿童表达情感的能力，减少适应不良的想法和感知，增加对关系的适应性和现实性评估，增加积极的自我对话，增加解决问题技能的适当使用，等等。父母也可能有专门为他们设计的特定目标，这些目标通常与教养问题或干扰他们养育子女的个人问题有关。

与父母合作的方法

在认知行为游戏疗法中，一个明确的任务是让父母参与到这个过程中来，无论是作为变化的积极参与者，还是作为支持儿童变化的助手（Knell, 1993a/2009a）。在制定治疗计划时，父母始终是积极的合作伙伴。制定计划过程中的一部分内容是决定父母的直接参与是否和针对儿童的认知行为游戏治疗相结合。如果儿童在治疗室以外需要最小的帮助来实施治疗计划，首要的重点是直接与儿童合作。如果父母需要做大量的工作来改变他们与儿童的互动和关系，那么重点主要是与父母合作。如果儿童在治疗室以外需要大量的帮助来实施治疗计划，那么既要注重与儿童合作，又要注重与父母合作。当儿童在游戏治疗过程中表现得不合作时，认知行为游戏治疗师可能会从直接与儿童合作转为专注于与父母合作。

认知行为疗法与父母的合作通常采取向父母咨询的形式。治疗师可能会与父母一起研究教养技巧和约束策略、家庭动态、可能会干扰父母与儿童积极互动的能力的个人、婚姻或学校问题（Knell, 2010）。治疗师和父母合作时使用的技巧与针对儿童所使用的技巧相似，可以使用示范、角色扮演、奖励式管理（例如，积极强化、塑造、刺激消退、消除和其他行为的差异强化以及暂停）、自我监控、认知改变策略，积极应对自我陈述，和父母一起进行阅读治疗。

即使父母不需要很多帮助，认知行为游戏治疗师也必须定期与他们见面（Knell, 2009）。治疗师利用这些会面收集关于儿童的信息，监控父母和儿童之间的互动，帮助父母学习新的技能为儿童提供支持，并为父母的努力提供支持。

区别性特征

在认知行为游戏疗法中，大部分的干预是通过以下技巧实现的：示范（使用木偶、毛绒玩具或玩偶向儿童展示正确行为），角色扮演（借助儿童与治疗师之间的互动练习特定行为）以及行为奖励（当儿童获得新技能时给予奖励）。认知行为治疗师在游戏治疗过程中有各种行为和认知策略可供实施（Knell, 1993/2003/2009）。根据儿童的发展水平，这些策略也适合于使用更多的玩具和游戏媒介或使用更多的语言交流。

认知行为游戏疗法的另一个独特之处在于，它强调经验数据的收集——为特定的干预策略以及为普通的认知行为游戏治疗（Knell, 1994/2003/2009）。最初的基线评估过程鼓励游戏治疗师收集关于当前功能的具体信息，明确的治疗目标使密切监控进展和变化得以实现。

· 生态系统游戏疗法 ·

生态系统游戏疗法是一种"融合了生物科学概念、儿童心理治疗多重模型和发展理论的混合模型"（O'Connor, 1994）。生态系统游戏治疗师的主要关注点不是儿童的功能，而是试图在儿童的生态系统或世界背景下优化儿童的功能（O'Connor, 1994/2000/2003/2009; O'Connor & Ammen, 1997; O'Connor & New, 2003）。治疗是非常结构化和指导性的，主要由治疗师决定在任何一次治疗单元中使用的材料和活动。奥康纳和纽提出，生态系统游戏疗法可以有效地帮助所有问题儿童。

重要的理论概念

奥康纳强调，生态系统游戏治疗理论的某些方面是"结构"（这个方法中所包含的那些对所有生态系统游戏治疗师来说一致和稳定的元素），另一些方面是"填充"（即可变的元素，其变化取决于不同的治疗师）。由于奥康纳有意将结构性元素保持在最低水平，以优化理论适应性和灵活性，有时很难依据生态系统模型来描述概念化来访者或进行游戏治疗的"典型"方法。每个生态系统游戏治疗师需要开发自己的填充元素来完成理论。

这些填充元素中最重要的元素是一套符合治疗师世界观和经验的个人咨询理论。奥康纳认为治疗师个人理论的实际内容并不重要，因为没有证据表明任何一种理论比其他理论更有帮助。然而，理论的内在一致性是至关重要的。治疗师必须充分理解自己的理论，使其能够提供一种媒介，以便清晰而持续地解读每个来访者的功能和他们与世界的互动。

在这样的背景下，仍然有一些理论概念可以帮助读者理解生态系统游戏疗法。这些概念包括生态系统模型和奥康纳的个人心理治疗理论。

生态系统模型。生态系统游戏治疗中最重要的理论概念可能是生态系统及其功能（O'Connor, 2000/2009; O'Connor & Ammen, 1997）。要了解任何一个特定儿童的问题，治疗师必须考虑到生态系统中可以同时对儿童及其世界产生影响的各个层次。

> 游戏治疗师将使用这种生态系统观点来概念化儿童正在经历的困难，预测当儿童随着治疗进程开始发生改变时，每个系统将产生的支持和干扰，并促进这些变化长期的泛化和维持。与此同时，游戏治疗师应该致力于保持和重视儿童的差异（O'Connor, 1994）。

奥康纳的个人理论。奥康纳的个人理论为生态系统游戏疗法提供了基础。根据他（O'Connor, 1994/2000）的说法，他的个人理论包括了来自精神分析游戏治疗的元素（A.Freud, 1928; M.Klein, 1932）、人本主义游戏疗法的元素（Axline, 1947; Landreth, 2002）、游戏疗法的元素（Jernberg, 1979）和现实疗法的元素（Glasser, 1975）。他将这些模型与儿童发展的几种不同方法相结合，包括皮亚杰（Piaget, 1952）、安娜·弗洛伊德（A.Freud, 1965）、西格蒙德·弗洛伊德（S.Freud, 1938）、埃里克森（Erickson, 1950）和发展疗法（Wood, Combs, Gun, & Weller, 1986）。

奥康纳认为，人们受生物驱动力的驱动，努力去寻求奖励，获得最大的满足感，同时力求避免惩罚。最初，这些驱动力所产生的行为是极其以自我为中心的，但随着个体的成熟，人们的行为会受到与他人互动的影响，变得更加社会化，而不再以自我为中心。根据这一理论，人格是个体经验和发展性进步（在社会、情感和行为领域）相互作用的结果。

在生态系统游戏疗法中，精神机能障碍起源于三方面（O'Connor, 1994/2000/2009; O'Connor & New, 2003）：

1. 个人。当这种情况发生时，病理的起源在本质上可能是遗传的、生物学的、神经学的、认知的，甚至是体质的。

2. 个体之间的互动。当这种情况发生时，无论是相关的个体还是环境都不会触发这种病理。相反，精神机能障碍似乎植根于特定环境中特定个体之间的互动。

3. 病态的或致病的系统。当这种情况发生时，环境就会触发病理。

在这一理论中，无论起源为何，精神机能障碍都被视为个体应对其内部或外部环境的最佳尝试，而不是一种异常反应或无法弥补的缺陷。奥康纳认为，来接受游戏治疗的儿童和父母都困在了他们的消极行为模式中，无法参与问题的合理解决，以考虑替代行为。游戏治疗师的作用是帮助他们从新的角度看待自己和他们的世界，帮助他们开始参与解决问题和考虑新的行为。

治疗过程的各个阶段

奥康纳（O'Connor, 1994/2000/2009）采用耶恩贝里（Jernberg, 1979）在游戏疗法中提出的阶段来描述生态系统治疗的各个阶段。奥康纳将这些阶段描述为：①介绍和探索；②尝试接受；③消极反应；④成长和信任；⑤终止。

在介绍和探索阶段，治疗师对儿童进行全面的评估，利用评估数据与父母和儿童制定治疗合约。当游戏治疗师和儿童进入探索阶段后，互动包括对游戏治疗过程的解释和对游戏治疗过程参数的明确探索等活动。儿童试探性地探索游戏室和游戏材料，并与游戏治疗师互动。他们会逐渐变得更加活跃，并可能温和地试探极限。在这段时间里，他们主要收集关于游戏室里发生的事情以及治疗师行为方面的信息。

尝试接受阶段是儿童在游戏室里以及游戏治疗师的陪伴下开始感到放松的时候。他们可能暂时屈服于治疗师的控制，试探性地相信游戏室是一个安全的地方。

生态系统游戏治疗师在治疗过程中保持很大的控制力。许多来接受游戏治疗的儿童通过控制来满足他们的需求。控制是生态系统疗法的指导性所必需的，当这些儿童失去治疗师的支持时，他们往往会产生消极反应，因为他们试图继续已经习惯的行为来满足自己的需求。在消极反应阶段，儿童可能会认为他们不喜欢治疗师、游戏室或治疗的其他方面。

当儿童意识到生态系统游戏治疗师是为他们的福祉而使用控制时，他们就进入了游戏治疗的成长和信任阶段。通过游戏治疗过程的纠正体验，儿童开始摆脱原先看待自己和世界的方式。通过更好地理解他们的经历，他们开始尝试新的、更合适的行为。

当在治疗的成长和信任阶段发生的变化得到巩固，学习被转移到其他情境和关系中时，儿童就准备终止游戏治疗了。在结案阶段，许多儿童将重新体验最初使他们来接受治疗的问题。治疗师再次帮助他们理解正在发生的事情，并在不侵犯他人权利的情况下满足他们的需求。结案阶段的一项重要内容是有意识地帮助儿童把他们在治疗中取得的成果应用到治疗室以外的地方。

治疗师的角色

治疗师在生态系统游戏治疗中的作用是非常积极、非常具有指导性的（Limberg & Ammen, 2008; O'Connor, 1994/2000/2009; O'Connor & Ammen, 1997）。治疗师选择在特定的治疗过程中使用的玩具，并决定活动及其顺序。治疗师在治疗过程中的主要功能是保持儿童处于"一个最佳的唤醒水平，以便学习和改变可以发生"（O'Connor, 2009）。治疗师通过游戏疗法中首创的几种干预行为来做到这一点（Jerberg & Booth, 1999）。这些干预行为包括：

1. **组织行为**——治疗师为降低儿童的唤醒水平和保证儿童的安全而实施的行为。组织行为包括治疗师为一次治疗单元选择合适的玩具和设置限制。

2. **挑战行为**——治疗师为提升儿童的唤醒水平而对儿童提出略高于当前发展水平的要求的行为。挑战行为包括解决问题的干预和治疗师的解释。

3. **侵入行为**——治疗师通过要求儿童解决令他们感到棘手的问题而提升儿童的唤醒水平的行为。这些行为可能包括进入儿童的物理空间或使用语言使儿童专注于特定的行为或问题。

4. **关爱行为**——使儿童保持在当前的唤醒水平的行为。关爱行为包括口头上的鼓励、爱抚、拥抱和亲吻。

一旦治疗师在适于学习的范围内确立了儿童的唤醒水平，接下来就是通过以下途径让儿童参与解决问题：①让儿童参与替代／纠正体验；②为儿童提供对特定问题或他们感到被困在其中的情况的认知理解力。治疗师还可以在儿童生态系统的各种系统中为儿童充当倡导者。

替代／纠正体验可以发生在游戏治疗中，也可以发生在儿童在游戏治疗之外的互动中。它可以是象征性的体验（如通过玩"过家家"游戏来体验，儿童在玩游戏时使用木偶或玩偶表现问题情境，寻找新的，比以前更合适的解决方案），也可以是实际的体验（如通过有效地解决与游戏治疗师之间的真实情境和冲突）。

治疗师可以通过解决问题的过程或通过使用解释，带来对特定问题的替代性认知理解。奥康纳（O'Connor, 2000）提出了一个用于生态系统游戏治疗的五阶段解释模型：①反射型；②模式型；③简单动态型；④广义动态型；⑤起源型。反射型解释模型是指治疗师解释儿童没有直接表达的想法、感觉或动机。模式型解释模型是指治疗师指出在一段时间内儿童行为中出现的相似性或一致性。在简单动态型解释模型中，治疗师识别出了一种关系，一种将儿童未表达的想法、情感或动机与他们的行为模式联系起来的关系。广义动态型解释模型意味着治疗师指出这种模型是如何在不同的环境和互动中转移的。在起源型解释模型中，治疗师试图找出这种模式的历史根源，强调根源事件和似乎触发这种行为的当前情况之间的差异。使用解释的目的是帮助儿童开始以不同的方式看待情境和关系，并帮助他们学习新的行为反应，以满足他们自己的需求。

治疗目标

生态系统游戏疗法的主要目标是"最大限度地提高儿童的能力，使其需求得到有效满足，并在不干扰他人能力的条件下，使他人的需求得到满足"（O'Connor, 2000）。为了实现这一主要目标，对于某一特定儿童，生态系统治疗师必须实现几个过度性的个性化目标，包括：①收集信息以促进对儿童的精神机能障碍根源的理解；②基于此理解制定治疗计划；③执行治疗计划；④评估治疗计划的有效性（O'Connor, 2009）。

根据评估结果，包括与儿童及父母的访谈、标准化工具、发展评估工具、行为测评工具、投射评估工具、游戏观察和游戏访谈（O'Connor & Ammen, 1997），治疗师为每个儿童制定具体的治疗目标。在收集到的所有数据的基础上，治疗师对儿童在认知、情感、行为、身体和运动发育、家庭和社会互动等方面的功能进行总结。利用这个总结，治疗师提出关于儿童精神机能障碍方面的假设——儿童没有得到满足的需求、无效的反应储备、病理发展中的病因因素、与病理相关的生态系统因素等。根据这些假设，治疗师决定具体的目标，计划治疗目标和治疗方式。治疗计划包括阶段目标（基于治疗阶段）、所需材料、经验要素、语言要素和协作要素（宣传、咨询、教育和评估）。

与父母合作的方法

奥康纳（O'Connor, 2000/2009）与林贝格、安曼（Limberg & Ammen, 2008）强调了在生态系统游戏治疗中与父母合作的重要性。生态系统游戏治疗师与父母的典型互动可能包括：①信息交换——治疗师获取关于儿童生活中的表现的信息，然后融入到治疗单元上；②向父母咨询有关行为管理策略或一般的教养技能；③解决问题式见面，用来设计父母可以帮助儿童做出改变的方法。在生态系统游戏治疗中，一次治疗单元通常分为两部分：父母与治疗师见面约20分钟，儿童游戏约30分钟。

在某些情况下，治疗师会希望向父母传授游戏治疗技能，父母可以在治疗单元以外使用这些技能，以促进亲子关系。在另外一些情况下，治疗师进行父母和儿童都参加的亲子治疗单元可能会有所帮助，以便能够观察亲子互动，并模拟设置适当限制和其他重要概念。有时可能需要一位父母在个人问题方面单独与治疗师交流，有时可能需要夫妻双方都参与咨询。生态系统游戏治疗师一般不与老师合作（O'Connor, 2010）。

区别性特征

从对理论概念的描述、治疗师的角色以及治疗过程的目标可以明显看出，生态系统游戏疗法有许多独特之处。对理论的结构要素的有意限制是独特的。通过要求每个治疗师提供理论的填充要素，包括设计他们自己的心理治疗理论，奥康纳提高了其方法的灵活性，并使生态系统游戏疗法应用于每个来访者时都不同于其他来访者。

与其他方法相比，生态系统治疗师的作用定义得更加精确，也更加个性化。治疗师有一个特定的框架，必须在这个框架内进行操作，该框架对治疗师必须提供的控制量和组织管理设置了严格的参数。然而，在这个框架中，每个治疗师都有选择如何与儿童和他们的家庭合作的自由。治疗师必须坚持那个理论依据，同时关注每个儿童的生态系统，帮助儿童以更合适的方式满足各自的需求。只要满足了这些条件，治疗师就可以以任何适合自己性格或环境的方式发挥治疗师的作用。

达到治疗目标所需步骤的复杂性也是生态系统游戏疗法的一个独特之处。数据的收集必须广泛。部分原因是由于必须了解每个儿童生态系统的各种要素，另一部分原因是由于治疗师的那种潜在信念：为了能够帮助儿童，治疗师必须了解儿童的精神机能障碍，作为概念化儿童和制定治疗方案的基础。

生态系统游戏疗法的治疗方案比其他任何一种游戏疗法的方案都要复杂和全面得多。每次治疗单元都要经过详细规划：治疗师希望完成什么，这些目标如何契合来访者的总体概念化情况，使用的特定材料和活动，可能有帮助的解释，等等。干预策略设计的细节和意图在程度上有别于其他游戏治疗。

· 完形游戏疗法 ·

完形游戏疗法是基于完形疗法的概念，这是一种人文主义的、以过程为导向的治疗方法，关注有机体整体（包括感官、身体、情感和智力）的健康功能（Carroll, 2009; Carrol & Oaklander, 1997; Oaklander, 1978/1992/1993/1994/2000/2003/2006）。"对儿童进行完形治疗的理论方法在解决几乎所有可能导致儿童寻求治疗的问题方面都是有效的……假定所有的生理性疾病都已经得到医治。"（F.Carroll, 2010）。L. 斯塔德勒（L.Stadler, 2010）认为完形游戏疗法对那些存在焦虑、抑郁、排泄性疾病、家庭变故、悲伤和丧亲、愤怒和攻击、创伤和虐待、创伤后应激障碍、叛逆、社交孤立、躯体主诉和疾病问题的儿童尤其有效。

重要的理论概念

完形游戏疗法的重要理论概念是"你-我"关系、机体自我调节、接触边界干扰、意识和经验（Carroll, 2009; Oaklander, 1978/1992/1994/2000/2006）。所有这些理论概念虽然都起源于对成年人的完形治疗方法，但在对儿童的治疗中具有特殊的重要性。

"你-我"关系。根据布伯（Buber, 1958），"你-我"关系涉及两个在权力和权利上平等的人的会面。在完形游戏疗法中，"你-我"关系的特征是双方都愿意完全投入互动，完全诚实，没有任何障碍或伪装（Oaklander, 1994/2000/2003）。这种关系充满了相互的信任和尊重，真诚和和谐。虽然治疗师比儿童来访者拥有更多的知识和更高的地位，但重要的是，他们永远不会认为自己在这段关系中比儿童更重要或更强大。作为治疗过程的一部分，治疗师坚守个人的社交边界和种种限制，不迷失在儿童的环境中，但也不惧怕儿童的环境。每次治疗都是一种"不期而遇"，治疗师有目标或计划，但对儿童或儿童的行为没有任何期望，也没有必要强迫儿童做超出他们能力之外的事情。

机体自我调节。完形游戏治疗师认为，每个有机体都在寻求一种保持健康的方式来保持体内平衡（Carroll, 2009; Carroll & Oaklander, 1997; Oaklander, 1994）。当环境发生变化，生物体的需求因发展而变化时，生物体就会寻求满足需求和达到平衡的方法。人类利用有机体的自我调节过程来满足自己的需求，并整合自己的经验。这个过程的结果是"学习、成长并实现儿童的潜力"。

当儿童遇到困难，如丧亲、家庭问题或创伤时，他们会以不同的方式做出反应，试图满足他们的需求并保持体内平衡（Oaklander, 1994）。他们选择的应对策略可能无法恢复平衡，但他们将继续寻求恢复平衡的方法。

接触界限的干扰。人们在自我的边界与他人及其环境进行接触（Carroll, 2009; Oaklander, 2000）。很多时候，人们害怕接触，觉得有必要保护自己不受他人和环境的伤害，并且担心如果发生接触，他们的需求将无法得到满足。在试图保护自己的过程中，儿童可能会抑制、阻碍、压抑或限制有机体的各个方面——感官、身体、情感或智力。

当有机体的任何方面受到阻碍时，就会引起接触界限障碍，从而导致敌对行为和心理上、情感上或身体上的症状的出现（Carroll, 2009; Carrol & Oaklander, 1997）。接触界限的干扰包括：①内摄（retroflection，把想对别人做的事情转回到自身）；②解离（deflection，避开悲伤或愤怒的感觉）；③混淆（confluence，与他人融合到否定自我和需要个性化和分离的程度）；④投射（projection，否认个人体验和责任，将个人感受投射到他人身上）；⑤内化（introjection，将来自他人的关于自我的负面或有条件的信息融入自我形象）。

虽然所有的儿童都可能遭受某种形式的接触界限的干扰，但那些来寻求治疗的儿童表现得尤为严重，以至于他们的自我意识非常薄弱（Oaklander, 1994/2003）。在寻求有机体内平衡的过程中，儿童可能会使自己变得迟钝，限制自己的身体感受和功能，抑制自己的情感和/或智力。完形治疗师试图让儿童恢复到最初的有机体自我调节状态，改善与他人和环境的接触水平，并灌输一种强烈而积极的自我意识。

意识和经验。自我意识薄弱的儿童对自身经验的意识有限（Carroll, 2009; Oaklander, 1994）。完形游戏治疗师通过游戏治疗过程中的体验和试验，帮助儿童在游戏过程中更加了解自己，从而提高他们对自己、他人和周围世界的整体认知水平。

治疗过程的各个阶段

完形游戏治疗过程没有规定的步骤或阶段。然而，为了达到治疗目标，大多数游戏治疗师努力做到以下几点：①培养一种"你-我"关系；②评估和建立联系；③加强儿童的自我意识和自立；④鼓励情感表达；⑤帮助儿童学习提供自我关爱；⑥关注儿童的治疗过程；⑦完成治疗（Carroll, 2009; Oaklander, 1994/2006; L.Stadler, 2010）。

完形游戏治疗的第一个要素是治疗师和来访者之间的"你-我"关系的发展。建立这种关系的主要途径是真诚的尊重和耐心。治疗师放下对关系和儿童来访者的所有期望，带着一种探险心理和共情与儿童进入互动。

联系包括与环境和他人建立联系（Oaklander, 1993/1994）。在游戏治疗中，这种联系意味着与游戏材料和游戏治疗师互动。有许多儿童不喜欢与他人保持接触，使用接触界限的干扰来减少他们在接触中感知到的"危险"。在最初的几次与儿童的谈话中，完形游戏治疗师通过观察儿童的行为来评估儿童建立和保持联系的能力。对于难以建立和维持联系的儿童，治疗师将计划游戏和艺术体验，鼓励儿童与游戏治疗环境和游戏治疗师建立联系。

在第一次治疗单元，完形游戏治疗师也在评估儿童的自我意识和提供自我支持的能力。大多数来接受游戏治疗的儿童自我意识较弱，自我支持能力有限。他们可能会压抑自己的情感，为自己的创伤经历而自责，并对自己灌输负面信息。为了帮助儿童加强他们的自我意识，治疗师设计活动来刺激他们感官的使用；增加他们对自己身体的意识；通过谈论他们的态度、想法和观点来帮助他们认识自己。

鼓励情感表达的过程包括利用积极的能量和学习表达情感。在完形术语中，攻击性能量是促进行动所需要的能量。大多数来接受游戏治疗的儿童对自己的攻击性能量感到困惑。他们可能过多地使用这种能量，导致外显性行为，或者可能完全抑制它，导致消极和恐惧。完形游戏治疗师通过教导儿童挖掘自己的攻击性能量并恰当地使用它，帮助他们把自己的内在力量释放出来，从而变得轻松。治疗师也希望帮助儿童学会表达内心的感受。通过使用不同种类的游戏、讲故事、音乐、美术、身体运动、摄影和感觉觉察活动，治疗师可以帮助儿童更多地意识到自己的情感，并学会表达它们。

儿童需要学会接受自己不喜欢的那部分自我。自我关爱帮助他们实现这种接受，并教会他们照顾自己和善待自己的技巧。当许多儿童增加了自我意识和自我关爱的能力时，就不再表现出消极的行为和其他症状。但仍有一些儿童继续使用消极行为和其他症状来满足他们的需求。对于这部分儿童，完形游戏治疗师开始关注负面过程。在不做判断或暗示他们可能想要改变的情况下，治疗师要求儿童在表现这些行为时注意他们的行为以及感受。

当儿童在他们的发展水平允许的范围内解决了他们的问题后，治疗师通常准备终止当前的治疗。接下来治疗师会利用几次治疗单元的时间邀请来访者总结进步，庆祝治疗成果，并表达对结束这一重要关系的复杂感受。

治疗师的角色

治疗师在完形游戏疗法中的作用是双重的———一部分是非指导性的，一部分是指导性的（Oaklander, 1994）。在治疗角色的非指导性成分中，游戏治疗师致力于建立"你－我"关系，并鼓励儿童在治疗过程中与他们保持联系。这是通过传达不带期许的接纳，仅仅保持相处完成的。完形游戏治疗师不使用追踪和重述内容的基本游戏治疗技巧（F.Carrol, 2010; L.Stadler, 2010）。这些技巧对于建立一种"你－我"关系是不必要的，而且在完形游戏治疗的更直接的组成部分中也不是特别有用。但他们确实反射情绪，并可能将责任还给儿童，帮助他们通过做出选择来加强自我（L.Stadler, 2010）。

在治疗角色的指导性成分中，完形游戏治疗师预先选择游戏媒介和美术材料，设计活动和试验，为儿童提供不同于他们在其他环境和其他关系中遇到的体验（V.Oaklander, 1997）。治疗师指导儿童使用游戏室的材料，增加他们与环境的接触，增强他们的自我意识，表达他们的情感，学习自我关爱的技能。完形游戏治疗师在进行指导性治疗时，运用了许多先进的游戏治疗技巧，包括创造性戏剧、角色扮演、视频表演、互说故事、治疗性隐喻、艺术项目、对抗、引导意象等。

治疗目标

"患有精神障碍的儿童需要帮助，以恢复健康的机体自我调节，重新唤醒对内部和外部事件的意识，并能够利用环境中可用的资源来满足自己的需求"（Carroll & Oaklander, 1997）。完形游戏治疗的一般目标如下：①恢复自我意识；②接受以前不能接受的自我部分；③学会自我支持；④能够并愿意体验痛苦和不适。治疗师还必须主动与儿童参与的各种社会系统合作，以增强对儿童及其情感、身体和智力功能的系统支持。此外，治疗师为每个接受治疗的儿童制定了与这些一般目标和治疗过程的组成部分相关的具体目标。这些目标致力于形成一种治疗关系，恢复感觉和运动功能，发展自我支持，组织攻击能量，表达情感，整合机体功能，减少接触界限的干扰（Carroll, 2009; Carroll & Oaklander, 1997）。

与父母合作的方法

父母是完形游戏治疗过程中不可或缺的一部分（Carroll, 2009）。完形游戏治疗师通常至少在每次游戏治疗的部分时间与父母合作。治疗师坚信让父母了解治疗过程，并让他们通过家庭作业参与支持儿童的改变是有好处的。奥克兰德认为父母是了解儿童在家里和学校里的情况的重要信息来源。她为父母提供教养建议，这样他们就可以避免加剧儿童的接触界限的干扰。通过鼓励父母提高他们自己的意识水平，并表达他们的情感，完形游戏治疗师可以优化父母的功能，从而使儿童得到解放，走上他们自己的"合法的、健康的成长道路"（Oaklander, 1994）。

区别性特征

完形游戏疗法是一种结合了非指导性和指导性元素的独特疗法。建立"你－我"关系是极端非指导性的，几乎不使用任何游戏治疗技巧来建立儿童来访者和治疗师之间的融洽关系。相比之下，治疗师在随后的治疗中使用许多先进的指导性技巧，以促进感觉觉察的提高和情感的表达。完形游戏疗法中的许多理论概念（如接触、接触边界、边界干扰）都是这种游戏治疗方法所特有的。完形游戏治疗师也可以与老师合作，支持儿童在学校的最佳功能（F.Carroll，私人交流，2010年2月）。

· 荣格心理分析游戏疗法 ·

荣格心理分析游戏疗法是基于卡尔·荣格（Carl Jung, 1963）的研究成果。它基于这样的假设："心理具有自我治愈的潜力，原型有助于组织儿童的行为，而游戏、艺术、戏剧和写作的创造性过程会干预并改变儿童的行为，使其朝着治愈的方向发展"（Carmichael, 2006b）。这种游戏治疗可用于任何环境和任何来访者群体，包括青少年、成年人和发育迟缓的个体（Peery, 2003）。最适合用荣格心理分析游戏疗法干预的问题包括创伤和情感障碍（J.P.Lilly，私人交流，2010年2月）和儿童性虐待、慢性人际虐待、丧亲之痛、忽视、父母离异、缺乏自尊心或抑郁（E.Green，私人交流，2010年3月）。

重要的理论概念

荣格心理分析游戏治疗师认为儿童：

> 拥有解决所有问题的答案。在他们心灵中嵌入了整个人类历史。只需要在适当的场所就能激活体内的治疗师，以恢复生活的秩序（J.P.Lilly，私人交流，2010年2月）。

在荣格理论中，心灵被描述为个人思想的中心。它调节有意识的体验，包括行为和情感（Green, 2009）。心灵有三个部分：自我、个人无意识和集体无意识（Green, 2009; Peery, 2003）。

自我是意识的核心，包含对现实、思想、感觉、幻想和感觉的意识。它是一种在无意识的需求和世界其余部分——父母、老师、同龄人和文化——的需求之间进行调和的工具（Allan & Bertoia, 1992; Carmichael, 2006b）。婴儿刚出生时是没有自我意识的，因为自我（ego）嵌入在个体（self）之中（Green, 2009）。自我在出生时分解，只有当儿童得到足够的照顾时自我才会被重新整合。当自我从无意识中浮现时，自我意识的岛屿就通过一个分解和重新整合的过程被创造出来（Peery, 2003），创造出一种个体意识。

在荣格心理学中，无意识是个体，由两部分组成：个人无意识和集体无意识。前者类似于弗洛伊德版本的无意识——包含了一切被压抑或遗忘的思想、记忆、幻想、愿望、欲望和感觉（Green, 2009）。阴影存在于个人无意识中，承载着人格的积极和消极方面。阴影只有在产生破坏性行为时才被认为是病态的（Green, 2008）。荣格派相信，当个体通过分析的过程，把阴影的积极方面和消极方面融合在一起时，治愈就会发生。

集体无意识"由超越个人（或意识）体验的普遍意象组成……一个原型的虚拟仓库——在那里意象、符号和神话从原始人类传播到现代人类"（Green, 2009）。原型是"形成人类人格基本结构矩阵的普遍组织原则"（Peery, 2003）。它们由在不同文化中具有相同含义的符号或意象表示，包括英雄、慈母、恶棍、圣子、智者，等等。

当儿童经历了积极的教养，基本需求得到了满足，他们就形成正面的父母意象或内心形象，这创造了一种稳固的依恋。当儿童的基本需求没有得到满足时，他们将内化出不怎么好的父母形象（Allan, 1997）。因为从父母那里满足不了基本需求，儿童就会产生严格的自我防御机制来对抗被遗弃和拒绝的感觉。儿童也可能认为自己不够好，无法得到父母的保护或爱。

在这个模型中，前来寻求治疗的儿童大致分为两种不同的自我防御结构模型：过度或不存在。当儿童拥有一套过度的自我防御机制，包括一个发展过度的自我和个体之间的界限，他们就会表现得过度控制或冷漠，但会发脾气和实施暴力行为。相反，一个不存在防御机制的儿童往往对冲动的控制力较低，可能过度活跃或社会化不足，因为自我和个体之间存在一堵厚厚的墙，儿童无法控制自己的冲动（Carmichael, 2006b）。因此，用荣格心理分析游戏疗法的术语来说，当自我和个体关系紊乱，破坏了通向个性化和社会化的进程时，精神机能障碍就会发生。

治疗过程的各个阶段

在荣格心理分析游戏疗法中，似乎没有对治疗过程的各个阶段进行明确的界定，部分原因是治疗过程是螺旋式的，而不是线性的。荣格心理分析游戏疗法的大多数治疗师对于治疗展开的过程有自己的见解。笔者选择使用 J.P. 莉莉（J.P.Lilly, 2010）所描述的四个阶段：适应阶段、探索阶段、工作阶段和解决阶段。在适应阶段，儿童只是在适应环境（如适应地点、治疗师和玩具），并没有开始游戏治疗。在探索阶段，儿童开始与游戏治疗师和游戏治疗材料建立关系。随着这种关系的发展，儿童会把注意力和精力转移到与他们正在经历的困难相关的问题上；这个修复受伤的过程将治疗过程推进到工作阶段。对一些儿童来说，这项工作主要是象征性的和隐喻性的，儿童在整个解决问题的过程中不用对治疗师说出自己的担忧或问题；而对另外一些儿童来说，这个过程可能包括与治疗师就特定的问题或困难进行对话。是否需要和治疗师谈论自己的问题，选择权完全在于儿童。在解决阶段，儿童通过参与游戏活动解决了自己的问题，症状得到减轻，恢复了自我功能的健康水平。

治疗师的角色

荣格心理分析游戏治疗师的角色是充当观察者兼参与者，使用非指导性或半指导性的技巧，通过自发的绘画、戏剧表演或沙盘疗法来激发儿童的创造力，以此来提升可用的自我能量（Green, 2008）。游戏治疗师有三个职责：①营造安全、接纳和信任的气氛；②作为证人及同伴和来访者相处；③赋予游戏意义，理解其意义，偶尔参与和解释游戏（Peery, 2003）。通过创造一个安全、接纳和信任的空间，游戏治疗师提供了一种关于忒默诺斯（temanos, "贵族之地"）的体验，"一个可以带来转变的神圣地方，因为在那里是安全的"（J.P.lilly, 2010）。在忒默诺斯的安全氛围中，游戏治疗师建立并维持限制，强调与个人安全、房间完整性和时间相关的规则。治疗师表现出一种容忍儿童来访者"分解"的能力，并创造一种接纳的氛围，可以让原始的、恐怖的和不舒服的材料被呈现（Perry, 2003）。作为证人和伙伴，治疗师加入儿童的游戏中去，验证儿童的体验，保持儿童的"感觉水平"，而不是试图改变儿童的任何想法、感觉或行为。荣格心理分析游戏治疗师一直在努力赋予游戏以意义并理解其意义，但他们很少与来访者分享这些解释。当治疗师觉得解释可能对来访者有帮助时，他们就使用与儿童的自我力量和分解程度协调的温和假设（Perry, 2003）。

在荣格心理分析游戏治疗中，"移情"是必不可少的（Green, 2010）。尽管荣格派通常认为"移情"是"来访者将过去关系中的材料和经历投射到治疗师身上"，他们也将"移情"定义为"治疗师和患者之间产生的独特的人际关系场，两者都经历了这种关系场，也都为其做出了贡献"（Peery, 2003）。当治疗师目睹游戏过程时，他们会分析他们认为发生了什么，为什么会发生，以及他们的内部反应（反移情）能传达出关于来访者的内心世界的什么信息。

治疗目标

荣格心理分析游戏疗法的主要目标是通过促进自我发展和改善个体意识和无意识之间的沟通，激活个体化过程（Green, 2009）。这允许来访者将困难的情感融入意识（Green, 2010）。治疗师尊重意象，以便儿童能控制冲动，保持内心和外部世界之间能量流动的平衡。鉴于他们的心理分析立场，治疗师把激烈的冲突性情感，包括愤怒，视为游戏治疗过程中的一个重要部分。他们能识别愤怒，并通过纵容鼓励儿童通过他们的行为、情感和象征来表达愤怒。

允许儿童所有阴暗面的心理整合，以便他们最终认可自己是独特和完整的。儿童逐渐意识到他们人格中的阴暗面是他们心理要素的组成部分，但不允许它支配他们的心理要素（Green, 2010）。

与父母合作的方法

因为大多数荣格派认为儿童的困难往往是由父母未解决的问题引起的，所以他们经常鼓励父母为自己寻求治疗（Allen, 1997）。通过解决自己的问题，父母可以为儿童创造一个空间，让他们以最佳方式继续自己的个体化过程。

许多荣格派学者也提倡向父母咨询关于教养的问题。初次与父母见面后，治疗师每隔两三次治疗单元与他们见一次面，这样他们就可以回顾儿童的进步，父母也有机会给治疗师反馈并提出问题（Perry, 2003）。佩里利用这些父母咨询治疗单元作为提供父母支持和父母教育的一种方式，同时也可以就源于父母和儿童关系的问题提供一些咨询。格林要求父母每一至两周参加一次亲子游戏或家庭游戏。他还主张对一个由学校和社区专业人员组成的多学科团队进行咨询，齐心协力为儿童提供全面的护理网络。J.P. 莉莉和 E. 格林都认为，在咨询父母时，以下话题非常重要：父母的教养技巧和管教策略、可能影响教养能力的父母个人问题、家庭动态、可能影响儿童的婚姻问题、学校问题、父母更好地了解儿童的方法，以及父母更好地了解自己和儿童之间关系的方法。

区别性特征

荣格心理分析游戏疗法有许多独特之处。这个理论本身比这个有限的篇幅所能描述得要复杂得多，它非常丰富，有许多独特的理论概念。"集体无意识"和"阴暗自我"是两个没有出现在任何其他理论中的概念。荣格学派通过沙盘作品、讲故事和隐喻、创造性的戏剧和绘画技巧来处理无意识的原型。虽然其他的游戏治疗师也可能使用同样的技巧，但荣格游戏疗法的重点和目的与其他方法不同。基于心理分析的立场，荣格学派游戏治疗师常常对游戏的意义有自己的想法，但往往不像阿德勒派、完形派或认知行为游戏治疗师那样与来访者分享这些想法。尽管荣格派游戏治疗师很少使用指导性策略，但他们会随意地问一些关于绘画和其他艺术作品、沙盘和创造性戏剧的问题。

·心理动力学游戏疗法·

虽然有几个不同流派的心理动力学游戏疗法（A.Freud, 1968; Klein, 1932; Winnicott, 1971），在心理动力学游戏治疗理论和实践中，安娜·弗洛伊德的研究成果似乎占据了主导地位。因此，本节集中描述安娜·弗洛伊德的游戏治疗方法中所阐述的思想。根据布罗姆菲尔德（Bromfield, 2003）和 T. 提斯德尔（T.Tisdell，私人交流，2010 年 3 月）的研究，心理动力学游戏疗法对经历过创伤的儿童以及正在与焦虑、抑郁、大便失禁、叛逆、自我憎恨、愤怒调节不良、自我概念不良、情感失调、恐惧症、过度抑制和早期自恋症状作斗争的儿童尤其有效。它也可以有效地治疗边缘性人格障碍和精神障碍儿童。提斯德尔认为，对于强迫症、对无意识解释没有反应的焦虑症、自闭症和明显的广泛性发育障碍以及感觉整合障碍的儿童来说，心理动力游戏疗法可能不是他们的治疗选择。

重要的理论概念

所有心理动力学理论都起源于西格蒙德·弗洛伊德（S.Freud, 1938）的著作中。由于大多数学习咨询和心理学的学生都接触过大量与弗洛伊德理论相关的信息，所以本书不会深入探讨这种方法的理论概念。

弗洛伊德（S.Freud, 1938）认为，人的个性是由追求满足的生理驱动力发展而来的。他认为人类的发展经历几个可预测的性心理阶段：口腔期、肛门期、性器期和两性期。这个发展过程的一部分内容是解决恋母情结和对异性父母的性吸引力。

根据李（Lee, 2009）的总结，弗洛伊德描述了几种不同的心理机制功能模型。对心理动力学游戏治疗有意义的模型包括结构模型（本我、自我和超我）、经济模型（本能能量朝向释放和达到体内平衡的运动）和动力模型（意识从无意识到潜意识再到意识的运动）。

尽管安娜·弗洛伊德将她父亲的结构模型和性心理阶段融入到她对儿童的研究中，但她强调的是自我的功能；她认为分析的目的是通过扩大意识来增加自我控制（Cangelosi, 1993; A.Levy, 2008）。她特别感兴趣的是对防御机制和自我控制力的研究（A.Freud, 1968）。

安娜·弗洛伊德（A.Freud, 1968）认为儿童在经历以下情况时可以从精神分析中受益：

1. 本我、自我和超我之间的冲突限制了完成生活任务所需的能量。
2. 不合适或不恰当的防御限制了自我功能的效率。
3. 极度的焦虑限制了自我功能。
4. 大量性能量的固着阻碍了正常发育进程。
5. 强烈的压抑或对攻击的否认，限制了维持有益活动水平的能力。

心理动力学游戏治疗师也考虑性心理发展、无意识冲突和共情问题（T.Tisdell，私人交流，2010年3月）。

治疗过程的各个阶段

李（Lee, 2009）将心理动力学游戏疗法的治疗阶段描述为：①介绍/适应；②负性治疗反应；③修通；④结案。介绍/适应阶段包括与儿童和父母的互动。治疗师向父母介绍课程安排、出勤的必要性以及如何应对错过的治疗单元。治疗师向儿童解释治疗的原因、游戏室的行为规则，并描述治疗师的治疗程序。治疗师也可以向儿童介绍"语言治疗"（Lee, 2009），包括感觉词汇。在这个阶段，治疗师使用基本的游戏治疗技巧，如追踪和重述内容，努力与儿童结成治疗同盟。

在负性治疗反应阶段，儿童可能对治疗过程表现出敌意和抗拒（Cangelosi, 1993; Lee, 2009）。这种敌意和抗拒可能发生在共情关系的背景下，导致儿童（至少最初）拒绝治疗师和游戏治疗过程。治疗师必须接受儿童的负性反应，并对敌意和抗拒的潜在动力学做出解释。然而，重要的是要以一种温和、非对抗的方式来做这件事，以避免加剧负性反应。

在游戏治疗的修通阶段，治疗师阐述和扩展对不同的背景、情况和方向的解释，使来访者"撤回对特定的精神活动或行为模型的投入"（Lee, 2009）。治疗师不得不一遍又一遍地重复解释，以帮助儿童放弃目前无效的防御和应对策略，进入下一个发展阶段。

由于爱的对象的丧失是心理动力理论的核心问题，结案被认为是心理动力学游戏治疗的一个重要阶段。治疗师必须集中精力帮助儿童解决任何移情关系，并准备接受即将失去另一个重要对象（治疗师）的痛苦。

治疗师的角色

对于大多数心理动力学游戏治疗师来说，治疗师的角色相对来说是非指导性的。治疗师跟随儿童行为的引导，允许儿童主导游戏，选择玩具等（Bromfield, 2003; Cangelosi, 1993; Gaensbauer & Kelsay, 2008; Lee, 2009）。与此同时，治疗师使用四种干预手段——对抗、澄清、解释和教育——它们具有一定的指导性和解释性（Cangelosi, 1993）。

治疗师用对抗来指出行为、游戏主题和其他重要的可观察到的现象。这种干预的目的是使问题对儿童变得明确，以加强自我控制。治疗师也可以在这个过程中使用澄清手段，提出详细的问题，明确各种行为，提高儿童的防御意识，并探索相关情感因素。

治疗师从强调对抗和澄清的意识过程转向对无意识内容的解释（Cangelosi, 1993）。对心理动力学游戏治疗师来说，这个手段能提供关于防御和欲望的根源、历史，和意义的解释。解释是一种帮助儿童进一步意识到他们使用的防御、面临的阻抗和共情问题的方法（A.Levy, 2008）。治疗师不断地评估儿童对解释的耐受性，以确定解释的深度和焦点（T.Tisdell，私人交流，2010年3月）。

对于许多年幼的儿童，治疗师也可能承担教育功能，以加强自我功能和鼓励自我控制（Cangelosi, 1993; T.Tisdell，私人交流，2010年3月）。治疗师可以使用治疗隐喻帮助儿童探索有意识和无意识的问题，并参与教学、角色扮演或解决问题，以帮助儿童用更合适的防御和行为取代不合适的防御和行为。

治疗目标

心理动力学游戏疗法的最终目标是"探索、理解和解决发育停滞、固着、倒退、防御行为等的病因，这些问题束缚了帮助儿童恢复正常发展的重要精神能量来源"（Lee, 2009）。根据安娜·弗洛伊德（A.Freud, 1946）对接受精神分析治疗的儿童的病因的描述，治疗师希望帮助儿童完成以下目标：

1. 解决本我、自我和超我之间的冲突，增加生活任务所需的能量。
2. 消除可能限制自我功能效率的不当防御，用更有效的防御取而代之。
3. 减少干扰功能的焦虑水平。
4. 消除对性能量的固着，让儿童获得解放，取得适当的发展性进步。
5. 承认并适当疏导攻击性，以优化有益活动的水平。

与父母合作的方法

虽然对于与父母合作似乎没有一个普遍的指导方针，但大多数心理动力学游戏治疗师似乎偏爱父母参与做一些辅助工作（Bromfield, 2003; Cangelosi, 1993; Lee, 2009）。这可能包括：①父母咨询活动，讨论行为管理；②收集资料活动，收集关于儿童发展、目前功能等方面的数据；③单独的治疗，以协助父母处理他们自己的问题。

区别性特征

虽然治疗师在治疗的最初阶段的角色听起来很像以儿童为中心的治疗，但心理动力学游戏疗法的治疗师会不断分析和储存他们对儿童在游戏中表现出的潜在问题的印象。随着关系的发展，治疗师与儿童分享他们关于儿童行为和动机的潜意识动力的思想。这种类型的解释的运用是心理动力学游戏疗法的独特之处，强调在治疗过程中表现出的共情和反共情问题的分析。心理动力学游戏疗法的另一个显著特点是愿意治疗有功能性精神病的儿童。

治疗性游戏

治疗性游戏（thra-play）是一种模仿父母和儿童之间的健康互动，充满乐趣的治疗方法（Bundy-Myrow & Booth, 2009; Jernberg & Booth, 1999; Munns, 2000/2003/2008）。这是一种短期的、集中治疗的方法，让父母积极参与进来——首先作为观察者，然后作为合作治疗师。其目标是增强依恋、自尊、信任和愉快的参与，并使父母能够在治疗过程中独自进行促进健康的互动。虽然治疗性游戏最初是为有依恋问题的儿童设计的，但治疗师已经将治疗范围扩大到包括关系困难、行为障碍、焦虑、抑郁、不安全感、自卑、缺乏信任、退缩、创伤和自闭症（E.Munns，私人交流，2010年2月）。

重要的理论概念

治疗性游戏基于健康的亲子互动模型，因为安·耶恩贝里认为，"父母和儿童之间的早期互动是自我和个性发展的熔炉。"（Koller & Booth, 1997）。耶恩贝里关于人格发展的观点起源于人类发展的几种相互作用理论，尤其是自体心理学（Kohut, 1971/1977）和客体关系理论（Winnicott, 1971）。治疗性游戏治疗师认为，来自看护人的有趣、共情、快乐的反应会使儿童生发强烈的自我意识、自我价值感和牢固而安全的依恋（Bundy-Myrow & Booth, 2009; Jernberg & Booth, 1999）。根据这一理论，当儿童与看护人的互动中没有包含这些因素时，儿童很容易生发个人以及人际关系方面的困难。

耶恩贝里认为，当儿童在幼年时期得到看护人的安慰和鼓励时，他们就从中学会了自我安慰和鼓励（Jernberg & Booth, 1999）。没有从看护人那里得到这种安慰的儿童长大后很难应对生死离别等需要自我安慰的情况。

耶恩贝里还认为，那些与看护人之间有着牢固、充满爱和共情关系的儿童，会形成一种自我肯定的观念，并且认为他人友好、值得信赖，将世界视为一个安全而令人兴奋的探索之地（Bundy-Myrow & Booth, 2009）。没有这些经历的儿童倾向于认为自己不值得爱，他人冷酷无情，不值得信任，这个世界充满威胁和丑恶。

治疗性游戏利用健康的亲子互动的元素构成的四个维度，来修复依恋过程中的缺陷，正是这些缺陷导致了孩子的问题（Bundy-Myrow & Booth, 2009; Jernberg, 1993; Munns, 2003/2008）。这四个维度是：结构、挑战、侵入／参与和关爱。

当父母提供规则和响应以确保儿童感到安全和舒适时，亲子关系中的结构就会发生。在治疗性游戏中，结构层面通过明确规定的安全规则、有始有终的经历（如唱歌游戏）、旨在界定身体边界的活动来实现。

亲子关系中的挑战发生在父母要求儿童超越其通常的舒适区。这些经历帮助儿童学会处理引起焦虑的经历，增加掌控感和能力。在治疗性游戏中，挑战层面表现在治疗师鼓励儿童冒一些与年龄相适应的小风险——尝试他们通常不会尝试的行为——来建立掌控感和自信。

当父母做一些事情来吸引儿童与他人互动时，亲子关系中的侵入／参与就会发生。在治疗性游戏中，当治疗师邀请儿童以一种有趣的、自发的方式互动时，侵入／参与特征就表现出来了。这方面的治疗目的是教导儿童，这个世界是一个充满乐趣、令人兴奋的世界，他人可能很有趣、值得信赖。

当父母做一些事情来抚慰儿童，让他们平静下来，感到安全时，亲子关系中的关爱就会发生。父母参与旨在满足儿童情感需求的活动。在治疗性游戏中，当治疗师参与旨在抚慰儿童心灵的活动，以满足儿童早期未满足的情感需求时，就会表现出这种特征。具体做法包括喂食，玩"摁手印"游戏，或者把儿童包裹在毯子里晃动等活动。

治疗过程的各个阶段

治疗性游戏是短期的集中式治疗。对大多数儿童来说，与父母的初次面谈和评估，以及最初的 8 至 12 次治疗，足以对儿童、父母以及他们之间的关系做出必要的改变，使家庭能够在没有外部干预的情况下进行治疗。这 8 至 12 次治疗单元遵循一个标准模式：①介绍/定向；②消极反应；③修通；④结案（Bundy-Myrow & Booth, 2009）。

在开始对儿童进行治疗之前，首先要对父母进行一次初步的访谈，并使用马尔沙克互动方法评估亲子关系（Marschak, 1960）。下一次治疗是与父母工作，治疗师向父母解释治疗性游戏的理念，开始与父母建立融洽的关系，从最初的评估中给出反馈，并制定治疗计划。治疗师还解释治疗过程的组织安排。这些安排包括，每次治疗通常有两个治疗师参与——直接与儿童打交道的游戏治疗师和直接与父母打交道的解释治疗师。在前四次治疗和第二阶段的四次治疗的前 15 分钟，解释治疗师和父母在一面单面镜后面观看治疗单元，并为父母解释游戏治疗师和儿童之间的互动。在第二阶段每次治疗的最后 15 分钟，解释治疗师和父母加入到儿童和游戏治疗师的游戏中来。

在儿童的第一次治疗中，游戏治疗师不向儿童解释治疗性游戏过程，而是通过演示或解释来传达游戏规则（Koller, 1994）。这些规则如下：

1. 治疗师掌控治疗。
2. 治疗很有趣。
3. 治疗很活跃。
4. 治疗是结构化和可预测的。
5. 治疗不会造成身体方面的伤害。

第一次治疗（以及所有后续治疗）的部分时间致力于探索治疗师和儿童之间的相似和不同之处（例如，身高、最喜欢的颜色和眼睛的颜色）。在每次与儿童相处的过程中，都会体现出上面提到的四个层面。

在治疗性游戏的前几次治疗中，儿童会在某个时候（治疗过程中或治疗之后）对治疗过程表现出消极反应（Bundy-Myrow & Booth, 2009）。这种消极反应被认为是正常的和有益的——父母和治疗师可以利用这个机会向儿童表明，他们将继续致力于与儿童建立关系，继续照顾他，即使他表现出敌意和愤怒。

在治疗性游戏的修通阶段，儿童开始接受治疗师的控制，并乐于被关爱和抚慰（Bundy-Myrow & Booth, 2009）。这个过程经常导致倒退行为，即儿童表现出比实际年龄小得多的行为。这些放松和倒退的行为可能会转变为敌对、愤怒的行为和其他形式的消极反应，直到儿童变得乐于信任成年人，并感到更加自信和更有能力。

修通阶段的一个主要部分是帮助父母学会与儿童恰当地互动（Bundy-Myrow & Booth, 2009）。在这个过程中，父母们的每次治疗都要花费15分钟的时间，在游戏治疗师的示范和解释治疗师的指导下，从治疗性游戏的四个维度参与互动。

当父母获得技能和信心，有能力正确应对儿童的问题时，治疗师设定结案日期（Jernberg, 1993）。为了确保父母在与儿童的互动中继续融入上述四个游戏维度，治疗师安排了几次后续治疗。在后续治疗中，治疗师会提供帮助及建议，让父母继续发展健康的亲子关系。

治疗师的角色

治疗性游戏的治疗师的角色是积极的，指导性的（Munns, 2003/2008）。他们不会花太多时间说话——"做"是所有治疗的重点。在每次治疗开始之前，治疗师都会为治疗如何进行制定计划，并选择具体的活动和材料来促进不同维度的实现。每次治疗都是根据每个儿童的具体需要而定，并根据该特定家庭的问题划分在每个维度上花费的时间。随着治疗的展开，治疗师可能会改变或调整一些活动，这取决于儿童的情感或儿童对互动或活动的反应。对于许多基本的游戏治疗技能，治疗师并不使用，包括追踪、重述内容或将责任交还给儿童，也不使用解释、隐喻性的故事或艺术活动（E.Munns，私人交流，2010年2月）。

治疗师的角色是口头的和指导性的，主要包括：①解释儿童和游戏治疗师之间的过程；②描述可以帮助儿童的不同活动；③阐述在亲子关系中所需要的各种游戏治疗维度；④当父母进入游戏治疗过程并参与活动时给予指导；⑤为父母在与儿童的互动中发生的改变提供支持和鼓励。

治疗目标

"治疗性游戏的目的是增强儿童的自我认知，增加他们的幸福感"（Jernberg，1993）。治疗性游戏治疗师认为，促进儿童对自己、他人和世界的积极看法的最好方法是模仿父母和婴儿之间健康的依恋行为。通过努力改善父母和儿童之间的依恋关系，游戏治疗师们相信可以增加儿童对他人的信任感，拥有更高的自我价值和自信，更愿意在适合自己年龄的情况下服从他人的监管。他们针对父母的目标是引导并支持父母增强对儿童的适应力和应变力，更能满足儿童的需要，更能帮助儿童获得健康的自我调节能力（E.Munns，私人交流，2010年2月）。

针对每位儿童及父母，游戏治疗师根据马尔沙克互动方法的结果、家庭历史信息，以及对父母和儿童之间互动的观察，为治疗过程制定了具体的目标。这些目标通常包括形成一种更安全的依恋，把儿童对自我和他人的消极看法转变成积极看法，教会儿童自我抚慰行为，改变亲子互动中固有的模式，以便父母可以在治疗以外的亲子关系中适当提供上面提到治疗性游戏的四个维度的。治疗师也可能致力于解决学校问题、婚姻问题、兄弟姐妹问题以及父母的个人问题。

与父母合作的方法

正如前几节中所指出的，在治疗性游戏中与父母合作的方法是集中式的。父母积极参与每半小时一次的治疗单元。他们经常有一个单独的治疗师（解释治疗师）专门解释这个过程，并让父母参与。治疗师"引导父母意识到儿童的暗示和需求，帮助调节儿童的情感；在儿童需要的时候给予抚慰，但也要在其他时间分享游戏的乐趣和快乐。"（E.Munns，私人交流，2010年2月）。

区别性特征

治疗性游戏有许多独具一格的特点，使得它与其他疗法有显著的不同。治疗师很少使用任何标准的游戏治疗干预策略（如追踪、重述内容、反射情绪、解释、角色扮演或互说故事）。在一个地板上铺着垫子的空房间里，他们用有限的材料让儿童参与有趣的活动和游戏。一次治疗时间很短，只有半个小时，而且非常紧张，有两名治疗师积极参与治疗过程，一名和儿童在一起，另一名和父母在一起。

父母的广泛参与也是治疗性游戏所独有的。虽然其他游戏治疗方法可能包括父母的参与，但在治疗性游戏中，让父母参与的主要目标是向父母传授技能，使他们能够承担起为儿童提供一种养育关系的主要责任。

· 折衷取向游戏疗法 ·

"折衷取向游戏疗法即针对某种问题和症状，选择和实施一种被认为最有效的特定游戏疗法"，这是一种"儿童主导，治疗师通晓"的方法（Gil & Shaw 2009）。和其他游戏治疗方法相比，由于它具有处方性本质，本书不可能像描述其他游戏治疗方法那样详细地对其进行描述。折衷取向游戏治疗师（Gil & Shaw, 2009; Goodyear-Brown, 2010; Schaefer, 1993/2001/2003; Yasenik & Gardner, 2004）为每个儿童量身定制干预措施。要以一种理论上一致的方式做到这一点，他们必须对游戏治疗的各种理论取向都有深入的了解，包括概念上的和实践上的，这样才能恰如其分地概念化来访者和来访者的问题。折衷取向游戏治疗师也必须具有丰富的工作经验，懂得如何与儿童和父母合作，以便可以运用特定的干预策略与技巧。

折衷取向治疗模式的美妙之处在于，儿童的症状可以引导治疗师在诊断中做出理论和临床选择。因此，虽然没有一种临床干预策略可以适用于所有儿童，但这种模式会对所有儿童有所帮助（P.Goodyear- Brown，私人交流，2010 年 3 月）。

根据吉尔和肖（Gil & Shaw, 2009）的研究，为了找到儿童和计划的治疗过程之间的最佳契合度，折衷取向游戏治疗师必须考虑三个问题：①与治疗变化相关的来访者和治疗变量及特征是什么？②来访者和治疗方法之间什么样的特征组合最能预测和促成成功结果？③来访者、治疗方法、治疗师与来访者之间的关系，以及来访者与治疗方法的匹配度，各自的相对贡献是什么？

谢弗（Schaefer, 2003）提出了折衷取向游戏疗法的 10 条基本原则：

1. 鉴别疗法。针对某个特定问题，折衷取向游戏治疗师能够识别一些干预措施比其他干预措施更有效。对来访者来说，如果用一种游戏治疗方法进行治疗没有效果，换成另一种方法治疗可能会取得明显效果。

2. 折衷主义。折衷取向游戏治疗师会从不同的理论和技巧中选择一种他们认为最适合特定来访者的治疗策略。

3. 以证据为基础。折衷取向游戏治疗师会寻求被经验证明具有有效性的治疗方案。如果缺乏这种治疗方案，他们会根据自己的临床经验和同事的临床经验选择他们认为有效的治疗方案。

4. 了解促成变化的治疗机制。折衷取向游戏治疗师会考虑游戏的哪一种治疗效力能解决特定来访者所需的潜在变化，并选择旨在激活这些变化的干预措施。

5. 治疗目标明确。折衷取向游戏治疗师为治疗制定明确的目标，然后制定具体的计划，让来访者朝着这些目标前进。

6. 全面的评估。折衷取向游戏治疗师在开始治疗前，使用多种资源和评估方法对问题进行广泛评估。在此评估的基础上，他们为来访者制定个性化的病例描述，包括对问题、有利条件、问题的可能原因、治疗目标和计划、预测的进展障碍，以及评估进展的方法的描述。

7. 多重成分。折衷取向游戏治疗师通常会将各种理论和技巧结合起来，形成一种针对某特定来访者的治疗干预策略。

8. 务实。折衷取向游戏治疗师很务实，寻找最有效的治疗策略。

9. 现实。折衷取向游戏治疗师在评估心理治疗取得的效果时尽量现实，目标是取得进步，而不是完全的"治愈"。

10. 以实践手册为指南。折衷取向游戏治疗师利用实践手册作为选择治疗方法的指南，手册中列出了对特定的儿童疾病被实践证明有效的治疗方法。

根据卡杜逊、甘吉洛西和谢弗（Kaduson, Cangelosi, Schaefer, 1997）的研究，折衷取向游戏治疗师必须：

1. 熟悉游戏治疗的每一种方法，包括理论概念和主要治疗策略；
2. 善于运用各种理论概念和治疗策略；
3. 将众多关于人、人的动机、变化过程、治疗师的角色的哲学思想，以及心理学理论体系的无数其他方面，整合成一个内在一致的人格发展和治疗过程模型；
4. 了解与常见的儿童心理疾病有关的各种心理和情感问题；
5. 充分了解有特定诊断性问题和当前问题的儿童的短期和长期需求，以便能够根据这些需求制定治疗计划；
6. 善于发现儿童个体特有的特定的生物心理社会变量；
7. 充分了解每一种常见的儿童期心理疾病及当前问题的相关研究，以评估针对特定人群的各种干预策略的有效性。

开发一种有效的折衷取向方法的一个基本要素是关注来访者潜在的理论概

念化的内部一致性。这意味着临床医生必须对每一种理论以及理论所依据的哲学概念了如指掌。卡杜逊等人（Kaduson, 1997）提倡"综合折衷主义"，强调将各种理论应用于"一种互动和协调的治疗方式"。他们提醒游戏治疗师避免"激进现实主义折衷主义"——一种滥用技巧，忽视隐含在技巧中的理论的错误方法。

正是由于这种折衷方法的本质，用文字描述折衷取向游戏疗法，并试图综合本章可用的信息一直是个难题。这有点像"牧猫"！因为以这种方式进行游戏治疗时，理论的一致性不是特别重要，所以每一个游戏治疗师对每个儿童的治疗方法都是独特的。也就是说，折衷取向游戏治疗师有一个明确的任务——为每位来访者精心定制一个全面、系统的计划，旨在有效地满足来访者的需求（A.Drewes，私人交流，2010年3月；P.Goodyear-Brown，私人交流，2010年3月；C.Schaefer，私人交流，2010年2月）。游戏治疗维度模型（K.Gardner & Yasenik, 2008; Yasenik & Gardner, 2004）可以作为这个过程的指南（参见第1章，图1-1）。作为一种决策和治疗计划工具，该模型旨在帮助游戏治疗师"回答游戏治疗过程中何人、何事、何时、何因及如何进行的问题"（Yasenik & Gardner, 2004）。这个模型可以用作一种用来考虑游戏治疗中所涉及的复杂性变化机制的方法，它还可以帮助临床医生做出如何利用各种理论方法和技巧的决定，允许游戏治疗师针对个体来访者调整干预措施。

帕里斯·古德伊尔-布朗（P.Goodyear-Brown，私人交流，2010年3月）在下面一段话中对这种折衷的方法做了解释：

> 所有的儿童都是不同的，把我们自己限定在一种狭隘的治疗模型内，只会缩小我们对需要帮助的儿童的治疗范围。如果我们的注意力过于关注某种特定的治疗方法，一旦这种方法被证明是失败的，我们可能会认为治疗对象"无可救药"，而不会认为我们还没有找到最佳的治疗方法。折衷取向游戏疗法的理念是，服从儿童的需求比被儿童引导更重要。

· 思考题 ·

1. "游戏治疗在形式上可能是指导性的,也就是说,治疗师可能承担指导和解释的责任,也可能是非指导性的;治疗师可能会把责任和方向留给儿童"(Axline, 1947)。你如何理解这种说法?

2. 你如何看待阿德勒式的观点,即治疗师的角色应该根据治疗的阶段或儿童的需要而改变?

3. 以儿童为中心的原则认为所有人都有朝着积极方向发展的内在倾向,努力实现自我和建设性的成长,你对此有何看法?

4. 你是否同意以儿童为中心的有机体评价观念?解释你的理由。

5. 你怎么看待亚瑟兰的游戏治疗原则?你同意哪些观点?不同意哪些观点?解释你的理由。

6. 认知行为强调发展更多的适应性思维和行为,这与你对游戏治疗的看法有多契合?

7. 在认知行为评估阶段,治疗师使用正式和非正式的工具来评估儿童和父母的当前功能,你赞成这样的评估吗?

8. 如果你正在对来访者进行完形游戏疗法,有时你必须是指导性的,有时必须是非指导性的,你将如何判断该采取哪种方式?

9. 在荣格分析游戏疗法中,治疗师必须处理他们自己的问题,以免这些问题干扰治疗过程。你必须对情感的、行为的和象征性的愤怒表达持宽容态度,对你而言,这个要求可能会引发哪些问题?

10. 你想在你的游戏治疗方法中"填充"什么(根据奥康纳的观点,每个治疗师都应该为他们的游戏治疗方法"填充"很多)?

11. 你对生态系统游戏治疗师在一次治疗单元中维持的控制水平有什么看法?

12. 游戏疗法非常有指导意义,由治疗师来决定玩什么游戏。你对此有何看法?

13. 为了成功进行折衷取向游戏疗法,治疗师必须熟知游戏治疗的所有不同理论方法,所有不同的治疗技术,知道如何"对症下药"。你对此有何看法?

14. 本章描述的方法中,哪一种最适合你?解释你的理由。

第二部分

基本技能

第4章 游戏治疗的准备工作

本章涵盖了游戏治疗的重要准备工作，包括：①为治疗建立一个场所；②选择和摆放玩具；③向父母和儿童解释游戏治疗过程（包括保密性）；④安排初始治疗；⑤每次治疗如何结束；⑥评估儿童在游戏室里的行为模式；⑦写治疗报告；⑧终止游戏治疗。尽管每种游戏治疗和每个治疗师都可能有各自独特的方法来决定如何处理这些后勤工作，但笔者尝试提出与之相关的重要问题，以帮助读者了解决策过程。

本章中包含的许多描述都是基于"理想"的状况，当然，这种理想状况事实上并不存在——拥有一个漂亮、舒适、安全、宽大、隔音的空间；有足够的资金购买任何你需要的玩具、材料和家具；来访者问题不大，聪明伶俐；父母很合作；有理解并支持你的同事；还有为你的服务提供无限补偿的保险公司。但是，你必须记住，在现实世界中，你可能永远不会拥有这些理想条件中的任何一个。实际上，你所做的大部分后勤方面的决定都是基于你的专业职位、你所服务的来访者和你的工作环境的实际考虑。

· 布置治疗场地 ·

兰德雷斯（Landreth, 2002）描述了一个"理想的"游戏室。他的描述中包括游戏室大小、位置和条件等信息。

1. 房间尺寸大体应该是4.5米乘以3.6米，面积为14—22平米。这么大的面积会给儿童提供足够的活动空间，但不至于让他们感到不知所措，也不会让儿童躲开游戏治疗师的注意。

2. 房间须能保护来访者隐私，这样儿童才可以放心地敞开心扉，而不用担心别人偷听。如果房间有窗户，应该安装窗帘，如果儿童愿意，他们可以把窗帘拉下来。

3. 墙面应该使用可擦洗材料，这样儿童就可以随意地在上面涂画。最好的办法是刷上一层中性色的、可清洗的涂料。

4. 如果可能的话，地板应该铺上乙烯基瓷砖，这种地面易于清洗，必要时也可更换。

5. 应该有足够的置物架摆放玩具和材料，这样房间就不会显得拥挤而凌乱。为了确保个头较小的儿童能够到最上层的架子，置物架的高度最好不超过1米。置物架应该固定在墙上，这样不会被推倒或撞倒。

6. 应该有一个能放冷水的小水槽，但不需要有热水，因为热水可能会烫伤儿童。

7. 如果可能的话，在水槽附近摆放一张台面，这可以为儿童提供一个摆放艺术品或"学校"作业的地方。一个带抽屉的儿童书桌也可以满足这个目的。

8. 一个用来存放颜料、粘土和多余纸张等材料的柜子是非常实用的。

9. 标记板或黑板（钉在墙上或画架上）可以供儿童写出心中的想法。

10. 一个和游戏室相连的小洗手间可以为儿童免去到处找洗手间的麻烦。

11. 为游戏室选择地点时，要考虑噪音问题，确保不会对同一建筑物内的其他住户或过路人产生噪声干扰。

12. 如果可能的话，房间的天花板应该安装隔音瓷砖以减少噪声。因为墙壁上的隔音瓷砖对儿童来说是一个诱人的目标（在上面画画、扣下碎片等等），所以最好不要把隔音瓷砖安装在天花板以外的任何地方。

13. 家具（例如小桌子或椅子）应选择木头或塑料材质，并按照适合儿童使用的标准设计。如果治疗师需要父母的参与，游戏室里要有适合他们使用的家具。

14. 治疗师要有坐的地方。椅子或坐垫应该符合治疗师的舒适标准，但又不能太放松，否则容易分散注意力。

15. 安装单向镜和设备用来听课或进行治疗单元录像，这有助于治疗师接受指导、培训和进行自我监控。

这些要求是针对一位治疗师进行单独游戏治疗时使用的房间。如果治疗师是和小组或几个家庭一起工作，工作空间应该更大，而且应该有足够的家具供所有参加治疗的人使用。奥康纳（O'Connor, 2000）建议小组式游戏治疗使用的房间应该有35平米左右。

显然，即使你没有符合上述要求的空间，也不意味着无法使用游戏治疗。我曾经在一所小学的一个小房间里进行过游戏治疗，现在我的房子里有了我自己的定制游戏室，由于可用空间的限制，游戏室尚不具备我刚才描述的所有理想功能。我发现，在这两种环境下，治疗的质量以及我与儿童的互动并没有什么显著差异。

在为游戏治疗布置场地时，最重要的因素是你自己的舒适感，因为如果你在这个空间里感到安全、快乐和受欢迎，儿童也会这样。你的游戏治疗环境应该符合你与儿童以及他们的父母互动的风格。你需要考虑将如何给儿童治疗，以及在为游戏治疗设计环境时对空间安排的个人偏好。例如，如果你喜欢坐在地板上，可以把一些松软的大坐垫摆放在地板上；如果你不喜欢到处堆放杂物，有必要为玩具准备很多嵌入式架子和箱子。

· 选择和摆放玩具 ·

虽然大多数游戏治疗方法对最适合实现该方法治疗目标的玩具类型有不同的分类，但关于玩具的选择有几个共同观点。大多数游戏治疗师会同意兰德雷斯（Landreth, 2002）的建议，即，用于游戏治疗的玩具和游戏材料应该：①促进儿童的情感和创造性表达；②在某种程度上吸引儿童的兴趣；③鼓励儿童语言和非语言形式的探究和表达；④提供成功经验，儿童不需要遵循某些使用规则就可以体验成功；⑤安全，结实耐用。为游戏室选择玩具时还必须考虑不同的种族和文化因素，包括玩偶娃娃和玩偶家庭的各种种族身份。

在玩具、微缩模型和艺术材料的选择上，有两种基本的趋势。有些游戏治疗师的游戏室里没有或只有很少的游戏材料（生态系统游戏治疗师和游戏疗法治疗师），而有些治疗师的游戏室里则有各种各样的游戏材料（如阿德勒、以儿童为中心、认知行为、折衷取向，荣格、故事式和心理动力治疗师）。

游戏疗法和生态系统游戏治疗师在一个相对空旷的房间里进行治疗，只介绍一些专为特定儿童、特定干预或达到特定目标而选择的游戏材料。例如，游戏治疗师可以使用简单的道具，如婴儿爽身粉、乳液、棉球、羽毛和旧报纸。

与此相反，阿德勒、以儿童为中心、认知行为、折衷取向、荣格、故事式和心理动力游戏治疗师倾向于拥有包含大量玩具的游戏室，以便最大限度地为每个儿童提供"合适"的玩具。所谓合适，就是对儿童有足够的吸引力，鼓励他们使用它，具有一些象征意义，可以用来解决儿童目前面临的特定问题。在这些游戏室里，儿童有自由去选择他们想在那个特定时刻使用的玩具或游戏材料。一些折衷取向游戏治疗师可能既有设备齐全的游戏室，又有一个额外的房间，用来放置某个特定儿童需要的特定材料（P.Goodyear-Brown, 私人交流，2010年3月）。几种更倾向于指导性的游戏治疗方法（阿德勒和折衷取向）的游戏室里通常有游戏材料，如优诺牌、宝石棋、糖果乐园、层层叠等。

如果用大量的玩具、微缩模型和其他游戏材料，游戏治疗师要尽量确保摆放位置的可预测性和一致性。每次治疗结束后，游戏材料应该被放回原位。这一策略的目的是把游戏室建成一个儿童熟悉其惯例和结构的场所，不会让他们感到不知所措。

方便玩具和游戏材料归还到原位的其中一种方法是根据特定的类别来摆放。例如，在我的游戏室里，蛇、恐龙、运输玩具各自占用一个架子，所有的木偶都放在一棵木偶树上。这样的安排使儿童在治疗结束时更容易把玩具放回原处，也使他们更容易记住玩具的位置。在我的游戏室里，儿童有时会说："好吧，这就是蛇要去的地方，所以绿蛇一定在这个架子上的某个地方。"

如果治疗师没有固定的游戏室，而是去不同的场所或在家里给儿童进行游戏治疗，他们仍然可以保持这样的玩具摆放标准。无论是在什么样的环境中，可以通过把玩具按一定顺序放在地板上或桌子上做到这一点。

一些游戏治疗师的游戏室里有特定种类的玩具，而另一些治疗师只是摆放他们喜欢使用的玩具。譬如在我的游戏室里，我使用的玩具和游戏材料分别代表了五个不同的类别：家庭/养育类玩具、恐怖类玩具、攻击性玩具、表现性玩具和假扮类/幻想类玩具（Kottman, 2003）。虽然每个类别里包括各种各样的玩具和玩具材料，但没必要拥有上面列出的所有玩具。更重要的是每种类别里都有几个代表性玩具。

在游戏室里摆放家庭/关爱类玩具的目的是为儿童提供与治疗师建立关系的机会，探索家庭关系，并代表游戏室外发生的情况。这些玩具包括一个玩具屋、玩具娃娃、摇篮、动物家庭、一张柔软毛毯、木偶人、婴儿衣服、奶瓶、毛绒玩具、沙箱、几组玩偶家庭（玩偶的衣服最好可以脱下，躯干不怕折断）、玩具厨具（锅、碗、盘、水槽、炉子等）。玩偶和木偶人应该包括多个种族。

摆放恐怖玩具的目的是为儿童提供消除恐惧的机会。这些玩具包括蛇、老鼠、塑料怪兽、恐龙、鲨鱼、昆虫、龙、短吻鳄和凶猛的动物，如狼、熊或鳄鱼。对经历过创伤事件的儿童来说，那些通常不会被认为特别可怕的玩具（例如汽车、卡车或载着在事故中受伤的儿童的救护车）可能被认定为恐怖玩具。如果治疗师知道什么事情可能会令某个儿童感到害怕，那么在游戏室里放一些能够代表创伤的不同方面的玩具会很有帮助。

摆放攻击性玩具的目的是为儿童提供机会，象征性地表达愤怒和攻击性，保护自己免于恐惧，并探索掌控问题。这些玩具包括沙袋、武器（如玩具枪、剑和刀）、玩具士兵和军车、枕头大战用的小枕头、泡沫球棒、塑料盾牌和手铐。

摆放表达性玩具的目的是为儿童提供表达情感、增强掌控感、练习解决问题的技能和表达创造力的机会。这些材料包括画架和颜料、水彩画、蜡笔、记号笔、胶水、新闻纸、橡皮泥、手指画、剪刀、胶带、蛋盒、羽毛、面具材料等。

摆放假扮类/幻想类玩具的目的是为儿童提供机会来表达情感，探索各种角色，尝试不同的行为和态度，并表演游戏室外的情景和关系。这些玩具包括面具、服装、魔杖、帽子、珠宝、钱包、急救包、电话、积木和其他建筑材料、人物、动物园和家畜、木偶和木偶剧场、沙箱、卡车和建筑设备、厨房用具、餐具等。

笔者也有各种微缩模型，可以用于沙盘游戏治疗中，供那些希望玩沙盘游戏的儿童和成年人使用。根据霍迈尔和斯威尼（Homeyer & Sweeney, 1998）的研究，这些微缩模型应该包括人（如家庭、婴儿、新娘和新郎、不同职业的人、士兵）、动物（如家畜、宠物、野生动物、海洋生物、昆虫、两栖动物）、植被、栅栏和招牌、建筑物、汽车、家居用品、自然物体（如岩石、贝壳、羽毛）、幻想人物、神秘/精神/宗教人物和各种其他物品（如桥梁、门、河流、风车、灯塔、许愿池、藏宝箱）。

· 解释治疗过程 ·

刚开始接触游戏治疗时，父母和儿童对其过程和所包含的内容有一定的了解。这些了解有些是准确的，有些并不准确。为了让他们对游戏治疗有清楚的了解，产生安全感，同时避免误解，至关重要的一点是，治疗师要制定一个计划，向他们说明关于游戏治疗的重要信息。在开始接待来访者之前，治疗师需要考虑：①关于游戏治疗过程，你想和父母及儿童讨论什么；②你应该如何解释你想让他们理解的概念。

给父母

父母们走进游戏治疗师的办公室时，经常带着一种关于儿童游戏治疗的错误观念而来。他们可能会给儿童穿最漂亮的衣服，儿童穿这样的衣服在沙箱里画画或玩耍，结果将惨不忍睹。关于治疗单元上发生的事情，父母们可能希望得到一份报告（无论是来自儿童还是治疗师）——儿童玩了什么，说了什么，治疗师说了什么，等等。父母往往也期望治疗师专门用一次治疗来"检查"儿童，然后向他们提供一个"诊断"结果（解释儿童"哪里出了问题"）和一个"治疗"计划。许多这些想法都是源于去普通医生办公室的经历——那里的工作模式是"判定问题是什么，并尽可能高效地解决它"。

这种模式在游戏治疗过程中并不适用，你的工作就是向父母解释这一点。为了消除这些错误的先入之见，你需要描述游戏治疗的工作原理，以及你选择用游戏治疗帮助儿童的原因。你应该描述为儿童进行游戏治疗的基本目标，以及你的治疗理念。

什么是游戏治疗。你需要告诉父母，游戏治疗通常是一个逐步展开的、相对缓慢的过程。你需要时间去了解他们的儿童到底怎么了。游戏治疗给儿童带来的态度、认知、情感和行为上的变化通常不是一蹴而就的事情。还有必要向他们解释，儿童来到游戏室时，可能不会滔滔不绝地讲述他们生活中正在发生的事情。他们可能会一头扎进玩具堆里！你需要尽最大努力去和父母们沟通，让他们相信，玩耍正是儿童需要做的——它将帮助你了解他们儿童的问题所在，并帮助儿童以积极的方式成长和改变。

下面的示例说明了你如何向父母解释什么是游戏治疗：

> 儿童不知道如何像大人那样用语言告诉我们他们的问题。他们可以通过玩游戏的方式告诉我们在他们的生活中发生了什么。在游戏治疗过程中，我的工作是观察克莱尔的行为，试图弄清楚她的感受，以及她对生活中发生的事情的想法。我们通常不会有太多交谈——在游戏治疗中发生的主要事情是玩。

游戏治疗需要花费多长时间。父母们常常想知道游戏治疗的过程需要多长时间。你要让他们对治疗过程有一些思想准备。需要参加多少次治疗单元取决于很多因素，包括儿童当前问题的严重性、父母和老师的支持与合作、儿童对变化的渴望、家庭成员是否愿意尝试新的互动模式等等。研究表明，最佳的治疗次数在30—35次之间（LeBlanc & Ritchie, 1999）。理论取向和治疗师的个人风格也会影响治疗过程的时间。在为本书所做的调查中，有一个问题是这样问的："平均而言，你会跟一位来访者进行多少次治疗？"答案从3—104次不等，折衷取向游戏治疗师查尔斯·谢弗的答案是3—10次；认知行为游戏治疗师苏珊·克内尔的答案是8—12次；心理动力学游戏治疗师蒂姆·提斯德尔的答案是50—100次；完形游戏治疗师费利西亚·卡罗尔的答案是12—104次。不同类别的游戏治疗师之间的平均治疗次数为30—40次，对有复杂问题、严重精神病理学、严重创伤经历或困难家庭状况的儿童，治疗师会跟他们工作更多的次数。见过几个来访者之后，你将更清楚地了解治疗过程通常需要多长时间。

儿童应该穿什么。如果你一开始就告诉父母，你通常要求来接受游戏治疗的儿童不要穿很好、很昂贵的衣服，他们以后就不会那么费心了。儿童应该穿适合玩耍的衣服，这样他们就可以随意玩耍，不用担心弄脏或弄破衣服。

关于治疗报告。因为你不希望父母让儿童对治疗内容做逐字报告，所以需要一些策略向父母解释这一点。比方说可以这样解释：如果儿童认为他们必须记住自己在游戏室里做了什么，然后向父母报告，那么他们在游戏室里的表现就可能不会很自然，不会以对他们最有益的方式玩耍。对一些父母来说，告诉他们你为了学会从儿童在游戏室的行为中获得信息而经历了数年的培训，这么做也会有所帮助。

如何建议父母避免向儿童打听关于某一次治疗的具体内容，下面是一个示例：

> 我通常会要求父母避免在治疗结束后询问儿童很多关于治疗的问题。对于治疗过程中发生的事情，我发现儿童通常记不住很多具体细节。那些

试图准确无误地把什么都记住，以便可以告诉父母的儿童，在玩耍时不能真正地放松。这会减慢治疗进程。

请注意，我用一般的术语来描述这些请求——描述我通常对父母说的话。这种做法往往会消除父母对这一建议的潜在消极反应。当你只是简单地解释你的日常程序（当然，这也适用于他们）时，父母们很难产生戒心。

保密性。在讨论过程中，治疗师有必要向父母解释儿童的保密权。出于两方面的原因，这对治疗师来说是个难题。首先，如果儿童做的事情只是玩耍，那么就很难理解为什么拥有保密权对他们来说那么重要。有时你需要反复向父母解释，儿童的玩耍等同于成年人的谈话，有时，他们对游戏细节保密的渴望与成年人对谈话内容保密的渴望一样强烈。

保密性很难解释的另一个原因是道德准则和法律之间的冲突。尽管专业伦理准则明确规定，治疗师的首要职责是为来访者着想，来访者有保密权（给自身或他人带来危险、遭受虐待或有法院命令的情况除外），但美国的法律制度不承认儿童保密权。一方面，父母有合法权利知道儿童生活中发生了什么事，以便做出适当的决定，另一方面，儿童也拥有保护自己隐私的道德权利。治疗师要平衡好这两种权利。

我认为，很重要的一点是，要让儿童感到，治疗师是可以信赖的，不会把游戏室里发生的一切都告诉他们的父母，这样他们就可以无所顾忌地玩耍。然而，我也认为父母需要了解他们的儿童的进展情况，以便帮助他们。

下面是一个向父母解释保密权的示例：

我不会把南希在游戏室里的一言一行都告诉你，但是我会和你谈论我在游戏室里看到的主题和模式。我也将试着用我对南希和她的情况的理解来帮助你们学习看待她和她的行为、她的态度和动机的新方法。我将利用从游戏中以及我与南希的互动中收集到的信息，提出你可以帮助和支持她的建议。我也许还会想出一些办法来帮助你们家庭更顺利地解决问题。

根据在游戏室里的观察，治疗师可以向父母询问儿童在家中的某些特定情况下表现如何。因为儿童的行为在不同的情境和环境下通常是相对一致的，所以父母关于儿童在家中行为的描述可以作为治疗师提出建议的基础，也可以在不涉及游戏室互动细节的情况下透露儿童的信息。

下面是一个利用在游戏室收集到的信息询问儿童在家中行为的示例：

> 杰蒂佳似乎是一个喜欢权力之争的儿童。她经常在游戏室里与治疗师进行权力之争，经常与动物家庭和玩偶进行权力之争。治疗师不是向她父母描述她在游戏室里的表现，而是问："当杰蒂佳在家里不能随心所欲时，会发生什么事情？"当杰蒂佳的母亲描述她的行为时，治疗师可以通过观察以及与杰蒂佳在游戏室里的互动来猜测发生了什么，并对处理权力之争的不同方式提出建议，而不会透露在治疗过程中发生了什么。

介绍资料/入门书。即使治疗师向父母解释了游戏治疗的所有这些方面（有时是反复解释），一些误解可能仍然存在。为了尽可能多地消除这些误解，可以准备几页资料，用来向父母解释游戏治疗过程，以及你对他们提出的关于他们应该如何配合治疗的要求。附录B中有这种资料的样本。

我有时也把《儿童游戏治疗入门》（*A Child's First Book About Play Therapy*, Nemiroff & Annunziata, 1990）一书推荐给父母，让他们在儿童上第一次治疗单元之前读给儿童听。这本书对什么是游戏治疗给出了一个明确和具体的解释，可以帮助儿童和成年人理解游戏治疗过程。

治疗目标。根据你采用的游戏治疗理论方法，你也可以和父母就儿童的治疗目标达成共识。这时你需要弄清游戏治疗究竟能为儿童做什么，不能做什么。重要的是，在制定现实、具体和适当的目标时，要与父母一起讨论。有助于这种讨论发生的一个办法是问父母："我们怎么知道我们已经达到目的了？在我们开始终止这些治疗单元之前，需要发生哪些变化（儿童、家庭、学校等）？"

角色和责任。你还可能需要界定参与变化过程的各种人员的角色和职责。

讨论你的角色和儿童的角色会有所帮助。如果你希望父母参与到这个过程中来，那就在和他们第一次谈话时，讨论他们参与的细节。你需要告诉他们你希望他们多久来一次，你会和他们在会谈中讨论什么，你希望他们在自己的行为以及与儿童的互动中做出什么具体的改变。如果你想让家里的其他人（兄弟姐妹、祖父母、继父母等）或老师参与这个过程，你也应该解释他们参与的细节。

关于保险和管理型医疗保健的信息。如果你在同管理型医疗保健公司或保险公司打交道，父母应该了解这个过程中涉及的程序和风险。你必须向他们解释，他们的孩子必须接受精神健康诊断，才有资格获得服务，这一点很重要。你可能还需要向他们解释有此类诊断病历的任何潜在风险。

一旦父母允许治疗师向保险公司或管理型医疗机构发布信息，这些公司的员工就有权询问关于治疗以及家庭成员背景的任何问题。你必须向父母解释这一切——当他们提出索赔并签署一份免责声明时，他们已经放弃了自己和孩子向保险公司或管理式医疗机构透露隐私的权利。

其他重要信息。我发现解释我的理论取向以及我与儿童相处的方式很有帮助。我和父母谈论我对人的基本信念，描述我是如何将问题概念化的。我带他们参观我的游戏室，并简要介绍一次"典型的"游戏治疗单元的情形——儿童可能会做什么，说什么；我可能会做什么，说什么。

我还告诉父母，许多接受游戏治疗的儿童，病情先变得更加严重，然后才好转。因为事情一直在发生变化，而变化是可怕的，在开始治疗之前，儿童经常会把他们表现出的任何消极行为升级，或者他们会发明新的方法来维持现状。在提醒父母注意这种可能性时，我会对如何处理潜在问题提出一些建议，并试图淡化儿童的任何消极反应。对于那些病情确实变得更糟的儿童，我帮助他们的父母获得处理问题的方法。作为一个清楚自己在做什么的人，我建立了一些可信度。如果儿童的病情并没有变糟，这个预警让我感觉非常具有成就感，而这个孩子在我眼里就像一个奇迹，对治疗过程的反应比其他孩子快得多。这些想法都不会损害你与父母的关系。

专业的公开声明。你可以考虑在第一次治疗单元期间向儿童的父母或看护人提供一份专业的信息公开声明。据詹姆斯（James, 1997），这样的声明应该包含如下信息：①治疗师的相关理论取向和技术；②治疗师的资证和接受的培训；③可能会影响治疗师与儿童或与其他家庭成员关系的个人信仰（例如，如果治疗师是一个"基督教治疗师"或"女权主义治疗师"）；④费用表以及缺席治疗单元补偿措施；⑤当涉及第三方付款人（例如保险公司）时放弃保密权；⑥课后联系的程序；⑦来访者与治疗师之间关系的限制范围；⑧报告侵犯来访者权利的程序。

给儿童

在向儿童解释保密权的时候，大多数游戏治疗师会这样说："我不会告诉你的爸爸妈妈你在游戏室里做了什么或说了什么，除非你告诉我有人在伤害你，或者你可能会伤害自己或其他人。"向儿童解释游戏治疗过程的其余部分似乎更多地取决于治疗师的个人倾向。大多数以儿童为中心的游戏治疗师似乎把对游戏治疗过程和关于保密权的解释降到最低（D.Ray，私人交流，2010年2月；R.VanFleet，私人交流，2010年2月）。治疗师通常在第一次治疗单元开始时言简意赅地描述游戏治疗过程（例如，"这是游戏室，在这里，你可以尽情地玩耍"）。

选择其他游戏治疗的治疗师可能会给儿童详细描述游戏治疗过程。不同的理论取向强调游戏治疗过程中不同的特定因素。例如，作为一名故事式游戏治疗师，艾迪恩·泰勒德·法奥埃特（Aideen Taylor de Faoite，私人交流，2010年2月）强调游戏治疗的故事方面，她说："游戏治疗是一个分享故事和编故事的空间。这些故事不一定是关于你的，但它们是我们之间的故事，我们可以编出来。"使用完形游戏治疗的林恩·斯塔德勒（Lynn Stadler，私人交流，2010年2月）解释道："我接诊的大多数儿童都很难完全展现自我，他们往往需要帮助才能真正做到自我感觉良好。通过绘画、粘土、沙子、木偶、游戏、音乐和所有其他我们使用的东西，我们可以尝试改善你的接触方式，这样你就能更充分地展现自我。"作为一名阿德勒游戏治疗师，我具体地描述我的角色和过程，比如，我会说："我接诊过各式各样的儿童。有时我来决定我们要做什么，有时你们来决定我们要做什么。有时我们做游戏，有时画画和做艺术品，有时聊天，有时这些事情我们都做。"许多游戏治疗师还会向儿童解释一些后勤方面的细节（治疗单元日期、治疗单元频率、每次治疗单元的长度、父母咨询和保密性）。

然而，在其他游戏治疗方法（如游戏疗法、生态系统游戏疗法）中，治疗师对治疗过程不做任何解释。例如，在游戏疗法中，治疗师会立刻开始治疗，并立即让儿童参与，而不是描述将会发生什么或为什么会发生。例如，第一次治疗可能会以治疗师的如下话语开始："我叫芭芭拉。我真的很兴奋，因为我们要一起跳到大厅另一边。来吧。"

个人应用

在决定哪些重要事情需要和父母及儿童讨论时，如果列两份清单——一份针对父母，一份针对儿童，这可能有助于你理清思路。一旦列出了这两份清单，你需要计划策略，如何以一种清晰且富有建设性的方式来传达这些信息。如果你能让游戏治疗的过程听起来有用、有趣、安全、开心，父母和儿童就会更愿意参与其中。同样重要的是，给来访者提供信息时要掌握平衡，提供过多信息会让他们感到有压力，信息太少则会让他们感到迷惑。

· 第一次治疗 ·

你需要记住，很少有儿童在某天醒来后心里想："我需要去看心理医生！"你和儿童的第一次见面和第一次游戏治疗为后续治疗定下了基调。从你见到儿童的那一刻起，你就要让他们明白，这将是一个有趣且令人兴奋的过程。即使他们可能不想来，也可能不知道将要发生什么。我发现这样做有助于展示我的一些性格和我治疗的方式。

在单个游戏治疗中，当我向儿童做自我介绍时，我会直呼儿童的名字，确保他的眼睛与我的齐平，以保持眼神的交流；还要微笑。我告诉儿童我的名字，并简要描述游戏治疗的性质。当我感觉到儿童准备好了，我建议我们去游戏室。

例如，我可能会说：

你好，扎克。我叫泰瑞，很高兴你能来。我是那个要和你一起在游戏室玩的人。我们会玩得很开心。我们进去看看游戏室吧。我们结束以后，你祖母就在这儿等你。

如果儿童不愿意和我一起去，我通常要求父母或看护人陪我们一起去，例如，我会说："祖母，你愿意和我们一起来游戏室看看吗？让扎克带领你参观一下。"

如果儿童仍然不愿意去游戏室，你可以选择让父母留下来观看部分治疗过程，直到儿童感到足够安全，可以在没有父母陪伴的情况下留在游戏室。不过，你最终得让父母离开房间——要么回到等候室，要么坐在门外的大厅里。

邀请儿童去游戏室时，有必要避免使用问句（例如，"你准备好去游戏室了吗？"或者"你现在想回我的办公室吗？"），因为这对你和儿童来说都是陷阱。这么做就如同暗示儿童有选择的权利。如果儿童回答说不想去游戏室，你要么被迫尊重这个选择，要么坚持让儿童去游戏室，这么做则表明你并不真的在乎儿童想要什么。

为了避免陷入权力之争或加剧儿童的焦虑，我发现观察儿童以及他们对我的问候做出的反应，并相应地调整我邀请他们去游戏室的时间和措辞是很有帮助的。对于那些在我问候时避免眼神交流、紧紧依偎在父母身边的儿童，我可能会就地在他们旁边坐下，在等候室里做一些游戏活动，而不是过早地建议去游戏室。一些儿童只是需要时间来适应我，然后才愿意跟我走进未知领域，所以我可能会坐下来，为他们画画或给他们讲一个有趣的故事，给他们看我的运动鞋的彩虹色鞋带，或耳朵上挂的一对很滑稽的耳环，或者评论一下他们的服饰。这种互动的目的是与儿童建立融洽的关系，这样他们和我在一起就会感到很自在，就会接受我，愿意和我一起去冒险，去参观"我们的"游戏室。

进入游戏室以后，在第一次治疗的某个时候，治疗师会解释游戏治疗的过程，并继续与儿童建立关系。许多治疗师在最初的治疗中使用追踪、重述内容和反射情绪（分别参见第5、6、7章）来温和地建立融洽关系，并让儿童感受到游戏室是一个安全场所。治疗师可能需要描述游戏室的布局，并提供儿童需要知道的关于治疗等方面的任何信息（譬如卫生间的位置以及如何关上百叶窗以保护个人隐私等）。

开启游戏治疗的第一次治疗有许多不同的方式。然而，儿童通常想要探索玩具和治疗师。这种探索可能包括触摸或试探性地拿起游戏室里的各种物品；短暂的木偶表演；静静地站着，环顾四周；打探治疗师的个人情况；或者使用各种各样的其他策略和这个场所以及游戏师建立联系。

不管来自何种派别，大多数的游戏治疗师在这段时间的主要工作是传递接纳意愿，传送温暖，而不是过于努力地与儿童"建立联系"。在第一次治疗单元中，耐心是真正关键的因素，即使是对一个乐意去游戏室，在游戏室里特别兴奋的儿童，也是如此。大多数游戏治疗师（那些高度指导性的除外）试图避免向儿童传递他们"应该"做什么的信息（即使是无意的）。为了防止这样做，你应该避免做出如下评论："这里有很多可以玩耍的东西""你应该去看看沙箱""大多数儿童特别喜欢玩飞镖枪"。如果你不知道说什么好，那么最好什么也别说，只是面带微笑地多和他们进行眼神交流就足够了。

很明显，对于游戏疗法、亲子游戏疗法、家庭游戏疗法或小组游戏疗法，开始治疗的方式会有所不同。在游戏疗法中，父母通常会观察游戏治疗的前几次治疗；而在家庭游戏疗法中，父母和儿童会一起参与游戏；在亲子游戏治疗中，有几次治疗被设计成只有父母和老师参与，没有治疗师的参与；在小组游戏疗法中，治疗师要事先选择加入小组的儿童。第一次治疗的重点是小组规则和参与者之间的相互了解。

· 结束一次治疗 ·

关于如何结束一次治疗，治疗师要做的主要决定是是否让儿童参与收拾玩

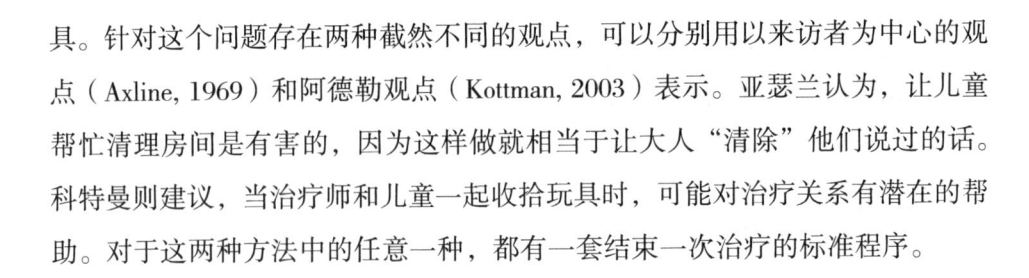

具。针对这个问题存在两种截然不同的观点，可以分别用以来访者为中心的观点（Axline, 1969）和阿德勒观点（Kottman, 2003）表示。亚瑟兰认为，让儿童帮忙清理房间是有害的，因为这样做就相当于让大人"清除"他们说过的话。科特曼则建议，当治疗师和儿童一起收拾玩具时，可能对治疗关系有潜在的帮助。对于这两种方法中的任意一种，都有一套结束一次治疗的标准程序。

治疗师打扫房间

如果你决定不让儿童参与收拾玩具，治疗结束前 5 分钟，你可以这样宣布："5 分钟后，我们在一起的时间就结束了，我们就要离开游戏室。"时间到了以后，你可以说："好了，我们今天的活动结束了。"

治疗师和儿童一起打扫房间

如果你决定和儿童一起收拾玩具，在治疗结束前 10 分钟，你可以对他们说："5 分钟后，我们就可以一起收拾房间了。"当时间还剩 5 分钟时，你可以站起来说："是我们一起收拾房间的时候了。你想让我收拾什么，你自己愿意收拾什么？"这样就由儿童负责分配任务。

大多数儿童都非常愿意和治疗师一起打扫房间。有些儿童会有一点抗拒心理，这种情况下治疗师要设法增加这个过程的趣味性，比如可以把收拾玩具的过程变成一场师生合作的竞赛或一场师生之间的竞赛。重要的是治疗师要考虑儿童为何不情愿。

极少数情况下，儿童拒绝参与收拾玩具，笔者遵循下列几个步骤，以促成逻辑后果（Kottman, 2003）。

  1. 用友好、平静的声音告诉儿童："如果这次你选择不帮忙收拾玩具，你就选择了下次不来游戏室，不玩这些玩具。"

  2. 如果儿童继续选择不合作，就用友好、平静的声音说："好吧，既然这次你选择不参与收拾玩具，下次我们就只有几件玩具可以玩了。"话说到这个份上，即使是最抗拒的儿童通常也决定参与清理过程。

3.然而，对于那些决定不合作的儿童，我会坚持到底，再次治疗时要么改变上课地点，而且新的地点只有几件玩具，要么把游戏室里的大部分玩具拿走。同样，做这些事情时的态度要友好，以免给儿童造成我在对不服从行为进行惩罚的印象。

然而，治疗师不要对某些儿童或在某些特殊情况使用这种策略（Kottman, 2003）。对于那些过度焦虑或过度负责的儿童来说，他们随时有机会参与制造不需要帮忙清理的混乱。对于有权力和控制问题的儿童，让他们在任何任务上合作都可能会对治疗关系产生反作用。如果这些儿童已有的问题与邋遢或打扫房间有关，有时明智的做法是不要在游戏室重复已经存在的权力之争。患有ADHD的儿童在充满玩具的游戏室里可能会感到不知所措，他们有时选择不帮助清理房间是为了离开那个环境。在我的临床实践中，ADHD患儿是唯一反复选择不参与清理房间的儿童。应该先把这些儿童转移到一个玩具不多的地点，然后再采取这种策略。

如何应对不愿离开游戏室的儿童

当治疗师提议到了该离开游戏室的时间时，大多数儿童都会很听话地服从这个提议。然而，也有一些儿童不愿离开游戏室，这时就有必要采取一种策略引导他们离开。大多数时候，你只要说出来他们想要待在游戏室的感觉，或者猜测一下他们行为的目的就足以让他们离开。有时，你可能不得不采取更严厉的措施，比如关上灯、让他们的父母把他们带走、挽着他们的胳膊送他们出去，等等。不过，在采取这些更严厉的措施之前，你需要慎重考虑。如果出现这种情况，提前制定一个应对计划会很有帮助。

· 评估儿童游戏中的模式 ·

在第一次治疗以及随后所有治疗中，治疗师观察儿童的游戏行为、态度和语言，以了解儿童的个性，并评估与其当前问题相关的困难，以及与儿童来接受游戏治疗相关的任何其他因素。虽然对儿童行为、态度和语言的意义的解释在一定程度上取决于治疗师的理论取向，但游戏治疗师在与儿童打交道时应考虑以下因素。

儿童与治疗师和与父母之间的行为差异

如果儿童与治疗师相处时的行为和态度比与父母相处时的行为和态度更正常，这可能表明儿童与父母之间的关系存在问题。治疗师应考虑除了游戏治疗外，是否还应推荐家庭治疗、父母训练或亲子游戏训练。

儿童在游戏室里的表现与父母对儿童描述之间的差异

一些父母倾向于夸大儿童的困难，而另一些父母则对儿童可能遇到的问题轻描淡写。父母往往过于关注儿童的问题，以至于可能意识不到儿童的积极品质。如果父母对儿童的描述和治疗师对儿童的观察之间存在很大的差距，那么探究父母与儿童互动的潜在方式也是很重要的。在某些情况下，这种差异可能是因为儿童的困难只表现在特定环境中，如在家里、操场上或教室里。当这种情况发生时，治疗师需要了解更多关于那个情境下的互动和关系。

儿童的当前问题以及其他重要问题的表现

当儿童进入游戏室时，关于他们的当前问题，治疗师已经听到了至少一个版本——通常是来自认为儿童需要咨询的成年人。治疗师可以通过观察儿童的游戏行为以及儿童与治疗师之间的互动来洞察儿童的问题。

你可以通过观察阿图罗如何摆弄玩偶屋和玩偶一家人来了解他是如何看待父母即将离婚这件事的。他也许会搭两座分开的房子，一边哭着，一边让玩偶娃娃们在两座房子之间跑来跑去。他可能会让玩偶娃娃们拒绝进入其中一座房子。他也可能会让它们在两座房子之间自由移动，为玩偶父母平静相处感到欣慰。所有这三种可能出现的情况都表明了阿图罗对父母离婚一事的不同反应。

很多时候，儿童并不认为他的当前问题是一种障碍。他们可能正在与其他被父母认为不重要的一些困难苦苦斗争。如果真是这种情况，下面这些主题经常会出现在他们的游戏中。

蒂托的妈妈带他去做心理咨询，因为她认为他因为弟弟的出生而感到沮丧和失落。然而，如果蒂托以一种非常友爱的方式和玩偶宝宝快乐地玩耍，治疗师可能会认为他的问题是在其他方面，尤其是如果他还和一个"受到住在附近森林里的一群木偶欺负的一个跛腿小木偶"玩耍的话。

儿童如何看待自己的问题

通过仔细倾听儿童说话的语调和说话内容，治疗师往往能辨别出儿童对特定关系、情境或问题的感受。重要的是要留意儿童是否对特定话题的讨论有过度激烈的反应，或者儿童是否倾向于忽视问题或情况的严重性。当儿童以一种相当生硬和唐突的方式提起他的症状时，这可能意味着他的父母建议他应该与游戏治疗师讨论这个话题。

有时，儿童也会提出一个话题，然后改变话题或拒绝进一步讨论。虽然对这种行为有无数种可能的解释，但治疗师必须考虑到，可能是儿童感觉这个话题令其太痛苦或太尴尬，以至于难以直截了当地讨论，或者有人告诉儿童不要讨论这个话题。

如果儿童经常反复提起一个与问其当前问题无关的话题，很有可能是这个问题正在困扰他。游戏治疗师必须意识到这一点，并根据自己的理论取向，尝试促进关于这个话题的讨论。如果儿童只发起一次讨论，并且没有表现出与这个话题相关的很多负面情感，那么就没有必要继续讨论下去。当一个问题情境或关系真的在困扰儿童时，他很可能总会找到一种办法在一段时间内反复提起它,无论是通过游戏的方式,还是通过与治疗师谈话的方式。

让儿童感到不安而非平静的重复性游戏

儿童在治疗课上经常重复玩一套游戏,这通常不是问题。通过重复一个场景,儿童通常可以解决与一次创伤经历有关的负面情绪。重复性游戏也有利于产生和练习对困难情境或关系的不同反应,帮助儿童获得对特定经历的掌控感。当重复性游戏对儿童起治疗作用时,他们就会在游戏结束时感到安慰或满足。

然而,有些时候,儿童似乎会因为重复性游戏而变得烦躁不安。这种重复性游戏被称为创伤后游戏(Terr, 1990),对儿童没有治疗作用。对游戏治疗师来说,重要的是要注意儿童在一次或一系列治疗中重复的特定场景,并密切关注儿童在游戏结束时的反应。当这种情况发生时,许多专家(Gil, 2006; Goodyear-Brown, 2010)认为游戏治疗师最有效的干预是积极地打断游戏,帮助儿童从创伤后游戏中走出来,用自我关爱的游戏取而代之。吉尔(Gil, 1991/2006)和古德伊尔-布朗(Goodyear-Brown, 2010)为帮助儿童完成这一过程提供了许多有价值的建议。

对游戏治疗师权威的攻击和挑战程度

这类行为包括:①对限制的重复挑衅反应;②试图用身体或语言攻击治疗师;③暴力地使用玩具(如拳打脚踢或猛击);④游戏中表现出暴力主题(如谋杀、伤害或酷刑)。为了确定攻击和对权威的挑战程度是否在"正常"范围内,治疗师可以将儿童的攻击模式与前来接受游戏治疗的其他儿童进行比较。考虑其行为的目的也会有所帮助。一些儿童目睹或经历了大量暴力,可能没有学会与环境互动的其他方式。还有些儿童只是在测试极限,看看治疗师会有什么反应。另外一些儿童则认为,在这样的环境中,他们可以安全地表达在其他环境中不被接受的真实感受,包括愤怒。如果治疗师认为这种行为在某种程度上能起到治疗作用,即使它超出了正常范围,只要对儿童本人、对治疗师或游戏室没有危险,让这种行为继续下去可能也是合适的。

然而，很多时候，如果在大多数情况下被认为是不可接受的行为得到认可，这种行为似乎会加剧儿童的问题。这种情况经常发生在被诊断为行为障碍或对立违抗障碍的儿童身上。他们的"发泄"只会增加他们的敌意和攻击性，而不是起到一种发泄或宣泄的作用。如果治疗师始终认为他本人、儿童或游戏室处于危险之中，或者这种行为不是治疗性的，不能被改变，那么终止游戏治疗，尝试其他形式的干预可能是合适的。

保密或保护隐私

有些儿童在游戏室里表现出强烈的保密或保护隐私需求。这种行为可能表现为把自己藏起来，在自己和治疗师之间竖立屏障，隐藏玩具等模式。有些儿童告诉治疗师他们有一个秘密，或者有些事情他们不能和治疗师讨论。对这种行为有几种常见的解释。有些儿童表现出这种行为，是因为他们相信他们有一些东西需要隐藏，或者他们认为有些东西羞于启齿（例如，经历过虐待或大便失禁的儿童）。对于有些儿童而言，这种行为表明他们生活在一个他们不觉得自己有隐私的环境中（例如，生活在拥挤房间里的儿童，或者父母干涉欲强的儿童）。一些儿童利用这些行为作为在游戏治疗过程中实施控制的一种方式（例如那些藏起来并让治疗师找到他们的儿童）。

焦虑水平

治疗师必须追踪评估儿童的焦虑，以确定焦虑是慢性的，是整体问题的一部分，还是只是暂时性的反应。大多数儿童在游戏治疗的头一两次治疗中至少会表现出一些紧张。焦虑常常表现为极端相反的行为。他们可能不愿与治疗师进行眼神交流，或者可能会一直盯着治疗师看；他们可能站得离治疗师很近，不敢进入房间的其他地方，或者到处乱逛；他们可能会喋喋不休，或者一句话也不说。这些都是儿童对规则和要求尚不明确的新环境下的正常反应。到了第三或第四次治疗时，大多数儿童似乎放松下来，能充满热情地投入到游戏中。对于那些经过最初的调整后继续表现出高度的紧张和压抑情感的儿童，治疗师可能需要评估他们在其他情况下表现出的焦虑程度，以确定是否是慢性焦虑导致了他们的困难。

冒险欲

治疗师还必须评估儿童的冒险欲。我发现，把这个因素放在一个连续的范围上考虑比较容易，连续范围的一端是冒险太少的儿童，另一端是冒险太多的儿童。冒险太少的儿童害怕犯错误或失败。他们不愿意冒险，这阻碍了他们获得新技能和发展自信。在游戏室里，这些儿童不愿意尝试新的行为，并且可能拒绝参与任何可能导致他们表现不完美的游戏（他们会将其归为失败）。他们通常玩积木、沙子或其他简单的游戏材料，拒绝探索心理上更"危险"的材料。这些儿童寻求指导和保证的程度超乎寻常——他们不愿意自己做任何决定。符合这一极端的行为可能是高度焦虑或非适应性完美主义倾向的一个指标。

有些儿童冒险太多，因为他们什么都不怕。这些儿童可能会对自己和他人造成危险，因为他们不考虑自己行为的后果。在游戏室里，他们可能会爬到架子的顶端，或者把玩具堆得很危险。他们往往不会预料到潜在的负面后果，而且可能非常冲动。符合这一极端的行为可能是注意缺陷、冲动控制不良、受虐、感觉统合问题或其他问题的迹象。

活动水平

治疗师也应该注意儿童一段时间内的活动水平。虽然儿童的精力在一次治疗单元内或两次治疗之间出现起伏变化是很常见的，但留意极端情况很重要。活动水平持续高涨的儿童是那些不停地在游戏室里走动的儿童。他们可能在走动的同时还会喋喋不休。一些这样的儿童在有很多玩具的游戏室里似乎会感到不知所措。这些儿童很有可能要么高度焦虑，要么表现出注意缺陷症状。

活动水平持续低下的儿童是那些活动量很少的儿童。他们可能在整堂治疗单元上都不说话。这些儿童可能非常担心犯错误，所以宁愿什么都不做。他们也可能表现出抑郁或甲状腺问题的症状，这两种情况都需要转诊给内科医生。

秩序欲和条理欲

过分讲究秩序和条理的儿童通常会在游戏室里做大量的整理工作。他们也可能会比其他儿童需要向治疗师寻求更多的指导。对于非指导性治疗师，这些儿童可能会故意违反规则，以便治疗师对他们提出更高的要求。关于这种行为有两种相互矛盾的基本解释。很多这样的儿童生活在混乱的环境中，这种环境让他们经常感到失控。把玩具分门别类，把游戏材料放在架子上"正确"的位置，这让他们体会到生活中所缺少的一种秩序感和一致性。另外一些表现出这种行为的儿童生活在对秩序和条理方面要求过高的家庭中。对这些儿童来说，整理东西的过程通常伴随着一定程度上对混乱后果的担忧——他们担心如果不把相对混乱的游戏室恢复秩序，他们就会陷入麻烦。

权力控制欲

很大一部分来接受游戏治疗的儿童都有强烈的权力和控制欲，渴望控制自己或他人。通过观察儿童与其他家庭成员的互动，观察他们用木偶和玩偶表演的场景，观察他们对限制的反应，治疗师可以评估他们对权力和控制的欲望。有高度控制欲的儿童会极力避免遵守别人的规则。他们喜欢指挥其他家庭成员、同学、老师和治疗师，当他们在游戏室里玩的时候，总有一个木偶或玩偶明显在"控制"一切和每个人。我认为这种行为表现在以下这几类儿童身上：①在与他人的互动中权力过大；②在与他人的互动中权力过小；③来自混乱、失控的家庭（Kottman, 2003）。

表达儿童对自我、他人和世界看法的隐喻

在游戏治疗中，交流常常以隐喻和故事的形式表现出来。重要的是要注意儿童一贯使用的隐喻模式，这些隐喻代表了他们自己、他们生活中的其他人（盟友和敌人）、可能困扰他们的情况以及他们的世界观。如果治疗师能用儿童自己的隐喻来交流，儿童往往会更容易接受治疗师想要传达的信息。

发展水平问题

在为儿童进行治疗时,治疗师必须考虑儿童的发展水平。许多在一个年龄完全可以接受的行为在另一个年龄却不合适。治疗师必须考虑儿童的实际年龄和发育年龄之间是否存在差距。对整体发育迟缓的一些可能的解释包括:①遭受忽视,这可能妨碍儿童获得适当发展所需的刺激;②创伤,导致儿童在某个年龄被"卡住";③妨碍心理适度成熟的神经方面的问题。例如,如果希拉里三四岁时说"婴儿话",这并不特别奇怪。然而,如果她已经10岁了,这可能会表现出社交问题,并且可能是其他问题的一个指标,如发育迟缓或倒退。有时儿童的整体发育在正常范围内,但有些方面似乎延迟了。10岁的霍华德就是一个示例,他在游戏室里的各种表现都很适合这个年龄,只是每次治疗师提到他的祖父,他都会抓起一个婴儿奶瓶,开始吮吸。在这种情况下,治疗师需要探究儿童的历史和当前情况,以确定在该特定方面出现延迟的原因。

我列出了评估接诊儿童的许多因素,试着与父母交流我对这些因素的理解、它们在那个特定儿童生活中的意义,以及在必要情况下的正式诊断。我的治疗目标是基于我对那个儿童的性格、当前问题、其他可能困扰他的情况或关系,以及他的优点的评估。我也用我对这些方面的评估来计划我的干预措施。这些当然不是评估儿童及其行为时需要考虑的全部因素。其他游戏治疗师在评估儿童和其问题时,可能会考虑诸多因素。

写治疗报告

根据工作环境的不同,大多数游戏治疗师会记录下每次治疗的情况。治疗师可以通过写治疗报告达到多种目的:①记录治疗师与儿童之间的互动以及儿童使用玩具时的表现;②有助于发现几次治疗之间共有的模式或主题;③在新的治疗开始之前,唤醒关于前一次治疗的记忆;④追踪儿童行为、情感、思想和态度的变化;⑤为保险公司或法庭诉讼提供证据。

治疗报告中最好包括人口统计学数据，如日期、治疗师的名字、儿童的名字、父母的名字、儿童的出生日期和年龄、治疗次数，儿童的医生的名字，参加治疗人员清单以及儿童正在服用的药物清单。其他可能有用的信息包括治疗师对儿童正在经历的任何情境压力源的评估（通常使用数值量表或几个关键词），以及对儿童在治疗期间情感的主观评估。治疗师可能还需记下儿童在治疗过程中玩玩具的顺序、玩玩具的方式、儿童在治疗中使用的语言、对儿童设置的限制以及儿童对这些限制的反应。它可以记录一次或多次治疗期间观察到的游戏中的任何主题、模式或语言。如果儿童的行为发生变化——可能包括儿童做一些他们从未做过的事情、儿童玩游戏的强度或语言密度的改变或屡次发生的游戏的中断——治疗师应该注意到这些变化。根据治疗师的理论取向，儿童的短期和长期治疗目标以及如何实现这些目标的具体计划也应纳入记录。如果治疗师定期与父母或老师合作，在表格上留出一块空间用来记录成年人的互动是很重要的。

一些治疗师把他们的笔记限制在客观信息上——何人、何事、何时、何地、情况如何——尽可能少地表达个人意见或专业推测。还有些治疗师包括更详细的信息，可能涉及关于儿童问题的潜在原因和因素的理论。这种做法风险更大，因为它不是基于数据。如果你必须在法庭上出示证据或向第三方支付人提出你索要费用的理由，你需要在法庭上或向第三方支付人解释和证明你的想法和推测的正确性（Mitchell, 2007）。

结案

在游戏治疗中有许多与结案有关的问题需要考虑，包括：①何时结案；②由谁做出结案决定；③如何处理结案过程；④儿童对结案治疗的反应。

何时结案

在决定何时结案时，治疗师应考虑与当前问题和儿童在游戏治疗过程中的行为相关的因素。治疗师要寻找这两个方面的积极变化。

与当前问题相关的主要问题是"儿童在家或在学校的态度、关系或行为是否朝着积极的方向改变了"以及"儿童是否达到了治疗目标"。这些问题的答案可以从家庭成员或老师的报告中找到，也可以从儿童关于当前问题的自我报告中找到。通常，儿童可能会主动做出这样的提议，"我不需要再来这里了。我现在和家人相处得好多了。"另一种有帮助的非正式评估是观察儿童在等候室、在家庭游戏治疗中或在学校与老师和同学相处时的行为。还有些游戏治疗师使用来自更正式的评估工具的评估数据。

为了确定是否该结案，治疗师也许发现把儿童当前的功能和初诊时的功能进行比较是有帮助的。他们通常会关注儿童在游戏室里表现出的以下 14 方面的变化：对治疗师的依赖程度；困惑程度；直接表达需要的能力；专注于自我的能力；对个人行为和情感承担责任的能力；自我监控能力；灵活性；对情境、自我和他人的容忍力；开展活动的能力；合作能力；适当表达愤怒的能力；从消极悲伤情感向积极快乐情感的转变程度；自我接受程度；玩游戏时的灵活应变能力（Landreth, 2002）。

还有些治疗师寻找儿童参与治疗的频率变化的迹象，以及儿童有效使用治疗的意愿。儿童可能会要求降低频次，可能会无缘无故缺席治疗，或者可能会对别的地方表现出兴趣。他们也可能表现得很无聊，抱怨游戏室不再让他们感兴趣，询问他们什么时候会结束治疗，或者邀请朋友或家人来玩。

谁来做结案决定

对于谁来做出结案的决定，不同的治疗方法之间似乎没有共识。显然，治疗师应该是做决定的关键人物，但有时，治疗师被排除在决策之外（例如，在父母决定让儿童退出治疗，或管理型医疗保险公司不允许进行额外治疗）。理想情况下，治疗师应始终与儿童和父母合作，在学校老师、兄弟姐妹、祖父母和其他相关方（在适当时候）提供额外意见的情况下，做出结案的决定。

如何处理结案程序

大多数治疗师会在真正想要结案前至少几周，向父母和儿童提出这个想法。这样所有各方就有时间讨论是否都同意儿童已经治愈，并有时间让儿童提前为结案做好准备。在对这个问题达成共识后，大多数治疗师就开始对结案进行倒计时，每周都提醒儿童还有几次治疗。重要的是要预留一些时间来应对儿童在上最后几次治疗时因治疗即将结束而产生的情绪。如果儿童觉得有必要继续学习或就特定的情况进行交流，让儿童知道如何联系游戏治疗师也是很有帮助的。

许多治疗师开发一些仪式作为结束。有些治疗师会专门留出一次治疗，和儿童一起坐下来，浏览他们一起互动时创造的沙盘或艺术品的所有照片。还有些治疗师利用最后一次治疗举办一场派对或其他庆祝活动，来回顾他们彼此之间的互动和儿童在治疗中取得的进步。有些治疗师给儿童写一封信，详细描述他们在治疗中表现出的优点和成就，以及为儿童制作相册或记忆簿也是结案的策略。许多治疗师会送给儿童一件小礼物，或者和儿童一起完成最后的项目，这样儿童就会对治疗过程有生动的记忆。

对有些类别的游戏治疗来说，重要的是让父母（有时是其他家庭成员）做好准备，承担起治疗师的某些工作。例如，亲子治疗师（L.Guerney, 1997; VanFleet, 2000/2009）训练父母使用非指导性的游戏治疗技巧，游戏疗法治疗师（Bundy-Myrow & Booth, 2009; Munns, 2000）教父母在家里对儿童使用具有更加指导性的游戏治疗手段。

儿童对结案决定的反应

如果结案的决定是正确的，儿童应当有很积极的反应。然而，一段对儿童来说非常重要的关系的结束无疑会带来一定程度的焦虑和悲伤，他们因此也可能会表达一些负面情绪。治疗师必须对所有的情绪都保持警觉，并理解和接受儿童表达的所有情绪。

如果过早地做出结案的决定，儿童除了焦虑和悲伤外，可能还会表现出愤怒和敌意。一种判断情况是否如此的方法是观察儿童有没有表现出矛盾情绪，准备好结案的儿童通常会表现出这种心理。如果儿童对结案只表现出消极情感，那么就需要重新考虑是否结案。

大多数儿童会在最后几次治疗中复演许多早期治疗中呈现主题。在决定结案后，如果儿童回到旧的模式（无论是在家，在学校，还是在游戏室），他们往往给人一种在倒退的印象。只要这种行为持续的时间不长，就是完全正常的。然而，如果复演现象普遍存在，并且持续时间超过 4 至 6 周，就会成为一个问题。重要的是要提醒父母和老师，儿童有可能会回到早期的行为模式和互动模式，以免他们反应过度。治疗师可以帮助父母和老师制定应对这种不测事件的计划，从而可以帮助他们有效地应对。

· 思考题 ·

1. 在兰德雷斯列出的游戏室的所有设计规格中，你认为你的前三个优先事项是什么？

2. 为使空间符合你与儿童及他们的家庭互动的风格，有哪些因素（从兰德雷斯列出的清单中或你认为重要的其他因素中）是你可能想在游戏治疗设备中调整的？

3. 你认为你会喜欢一个又大又宽敞的开放空间来布置你的游戏治疗室，还是一个摆满架子和家具的房间？解释你的理由。

4. 你怎么看"每次治疗单元结束后玩具应该放回到原位"的建议？解释你的理由。

5. 你认为你倾向于让儿童从众多的玩具中选择玩具，还是倾向于针对具体的人和具体的课程选择特定的玩具和材料？解释你的理由。

6. 在你的游戏室里，有没有一些你绝对需要的玩具？如果有，是什么？解释一下为什么你认为这些玩具不可缺少。

7. 有没有某些玩具你不想摆放在游戏室里？如果有，请解释原因。

8. 关于游戏治疗的过程，你认为哪些信息是必须与父母沟通的？为什么？

9. 关于游戏治疗的过程，你认为哪些信息是必须与儿童沟通的？为什么？

10. 你认为如何处理父母有合法权利知道游戏治疗过程中发生的事情与儿童道德上的保密权之间的潜在冲突？

11. 你将如何向父母解释保密权？儿童呢？

12. 你打算如何向儿童介绍游戏室和游戏治疗过程？

13. 你打算如何应对那些不愿去你的游戏治疗室的儿童？

14. 你对一次治疗结束后和儿童一起清理游戏室有什么看法？解释你的理由。

15. 你打算如何应对那些不愿离开游戏室的儿童？

16. 在决定结案时，你认为以下两个主要因素中哪一个最重要：是当前问题上的改善，还是儿童在游戏室里的行为？解释你的理由。

17. 你认为谁应该参与结束治疗的决定？解释你的理由。

第5章
追踪

追踪是许多游戏治疗方法中使用的基本技能之一，包括阿德勒式、以儿童为中心式、荣格式、故事式和折衷取向游戏疗法。当治疗师追踪时，他们用一种字面的、非解释性的方式描述儿童在做什么或游戏物品在"做"什么（Kottman, 2003/2009; Sweeney & Landreth, 2009）。

追踪的目的是让儿童知道治疗师在关注他们正在做的事情，游戏中的交流对治疗师很重要。这种技能是与儿童建立关系的一种方法。虽然在成年人治疗中没有和追踪直接对应的做法，但它的目的与成年人治疗中的释义是一样的。

· 如何追踪 ·

有两种不同的追踪方法：治疗师可以追踪来访者在做什么，或者游戏物品在做什么。通过追踪来访者，治疗师具体地描述来访者在做什么。这种追踪的一个示例是："你把它捡起来了。"通过追踪游戏物品在做什么，治疗师具体地描述玩具的状态。这种追踪的一个示例是："它在上下移动。"

使用哪种追踪方法没有普遍的指导规则。在某些情况下，这个决定源于与治疗师相关的问题，而在另一些情况下，它源于与来访者相关的问题。有些治疗师在游戏治疗早期阶段任意把两种追踪方法混合使用。一些治疗师故意在早期较多地使用游戏物品追踪，然后在后期较多地使用儿童行为追踪。还有些治疗师则根据儿童对干预的反应来决定使用哪种追踪方法。当治疗师追踪他们的行为时，一些儿童似乎表现得比较抗拒或戒备，而当追踪被迫聚焦于游戏物品时，他们却表现得很友好大度。在大多数情况下，这些儿童在与他人交流时似乎不够坦率。另外一些儿童对专注于他们行为的追踪更加欢迎，但似乎对专注于游戏物品的追踪不感兴趣。这些儿童往往是那些沟通直接的儿童，他们喜欢成为治疗师关注的中心。

你必须决定是否使用追踪，如果使用追踪，哪种方法最适合你的风格。这可能取决于你的理论方法、你通常的交流方式、你对儿童的理解，或者所有这些因素的组合。你需要考虑是否希望有一个标准的追踪方法，或者是否希望根据每个儿童的反应来改变追踪的焦点。

由于游戏治疗是一种投射性的治疗方法，所以儿童把自己的意识投射到游戏室内的物体上是非常必要的。为了促进这一过程，当治疗师追踪时，尽可能避免把名词和动词具体化会有所帮助。例如，不要说"马在房子周围跑"，而是说"那个东西在移动"。通过避免把名词和动词具体化，治疗师让儿童决定什么是"马"，什么是"房子"，它们在做什么，它们的关系是什么。通过不把名词具体化，治疗师鼓励儿童投射他们对这些物体的"视觉反应"。通过不把动词具体化，治疗师鼓励儿童投射他们对物体之间关系的视觉反应，并决定它们各自在做什么。这一过程有时可能在语法上是错误的，但对儿童来说，非常具有潜在的启发性。

有时，你可能想问儿童，游戏物品是什么以及它们在做什么。要确保你这样做是为了推进游戏治疗过程，或者增加你对儿童行为的理解，或者提高你准确地思考游戏含义的能力，而不仅仅是为满足你自己的好奇心或避免语法上的错误。

如果儿童为游戏物品或其动作提供了名称，治疗师可以使用儿童使用的名称。然而，治疗师必须监控儿童的非语言反应和语言反馈，以确保始终与儿童使用的名称保持一致。上周甚至 5 分钟前被他们称为巨人的豆茎的东西，现在可能被称为用来射河马的飞镖枪，所以治疗师必需准备好灵活地顺应儿童的想象。

· 监控儿童对追踪的反应 ·

开展追踪时，治疗师必须观察儿童对追踪陈述的反应。来自儿童的反应可以是直接或间接的反馈，也可以是语言或非语言交流。儿童的反应风格可以指导治疗师决定未来追踪的方向，以及哪种追踪方法将适用于某个特定的儿童。

很多时候，如果追踪反应与他们对正在发生的事情的印象不相符，儿童会直接纠正治疗师。他们会说："这不对""胡萝卜当然不会跳""你为什么会认为那是一头牛？它明明是一只鸡"。

如果追踪反应指向错误的方向，儿童也可以直接纠正治疗师。当这种情况发生时——当他们想让追踪更多地关注他们自己的行为时——他们会说："为什么你总是告诉我玩具在做什么？我不管它们做什么，反正是我让它们动的"。当他们希望追踪更多地关注游戏物品而不是他们自己的行为时，他们会说："不要总是谈论我在做什么。不是我在这里做事，是玩具在做事。"

有时，儿童会以更微妙、更间接的方式让治疗师知道，追踪反应指向错误的方向，通过口头纠正治疗师的行为，而不是直接告诉他们为什么，以及他们更喜欢追踪什么。那些更愿意自己被追踪的儿童可能会告诉治疗师把注意力从游戏物品上移开，比如他们可能会说："你什么都不知道吗？那只狗当然没有救那个女孩。是我救的。"或者会说："不是木偶把它捡起来的。是我捡的。"那些更愿意追踪游戏物品的儿童可能会告诉治疗师把注意力从他们身上移开，比如他们可能会这样说："那件事发生时我没有哭。宝宝哭了。"或者会说："不是我把所有沙子都撞掉的。是那边的那辆卡车。"

其他可能帮助治疗师了解儿童对追踪评论的反应是非语言的。有时候，这些反应似乎是经过深思熟虑的——儿童与治疗师进行眼神交流，点点头，挑衅地盯着对方，或者扔下一个玩具，到房间的另一边去玩。这种反应是非语言交流的一种直接形式。在另外一些情况下，儿童的反应也许会采取间接形式——逐渐远离治疗师，慢慢改变游戏的焦点，等等。间接的非语言反应也可能涉及非随意的非语言反应，如耸肩、点头或抖动。

对一些儿童来说，间接的语言反应和非语言反应的组合模式是一种有用的手段。举例来说，如果一个往往急于取悦你的儿童突然开始使用你在描述一个对象或动作时使用的相同短语，并且不断检查你的反应，这可能是你在陈述时使用太具体的语言，使她改变了她的方式，以便回应你的解释。再比如，一个往往公然挑衅你，对你充满敌意的儿童，在你追踪的时候不断纠正你说的每句话，你可能需要尽可能转向更不具体、更模糊的描述。

你需要密切关注这些反应，注意主题和模式。你从追踪中得到的反馈可以帮助你了解儿童的想法和感受，以及他们通常的交流方式。以更直接的方式回应的儿童通常会在与他人交流时使用较为直接的风格，而反应较为间接的儿童通常会在与他人交流时使用间接风格。

如果你计划根据儿童的喜好（当他们有偏好时）调整追踪的焦点，你就需要观察他们对追踪的反应模式。这样，你就可以根据个人喜好来决定是追踪儿童还是追踪游戏物品。同时，对于那些趋向于直接沟通的儿童，你可能需要调整你与他们之间的互动，使用一种更加开放和更具体的沟通方式，对于那些倾向于间接交流和使用非语言方式交流的儿童，你可能需要使用一种更微妙的、隐喻的风格和他们交流。

· 在不同理论取向的游戏疗法中的应用 ·

追踪是一项基本技能，它适用于游戏治疗的许多方法。本书中有17个当代游戏治疗理论专家参与了关于游戏治疗方法的调查，其中有6人[苏珊·克内尔（认知行为主义取向）、凯文·奥康纳（生态系统取向）、费利西亚·卡罗尔、林恩·斯塔德勒（完形取向）、蒂莫西·提斯德尔（心理动力学取向）、伊万杰琳·芒斯（游戏疗法）]报告说，他们把理论方法应用于游戏治疗时，不使用追踪技巧。

追踪技巧的使用似乎有几个趋势。对于非指导性的方法（例如，以儿童为中心和荣格式），在整个游戏治疗过程中追踪通常作为与儿童互动的主要基本工具使用。非指导性的游戏治疗师似乎更倾向于使用追踪。他们通常在治疗的最初阶段广泛使用。在中后期，他们会继续把追踪作为一种互动技能使用，但使用频率有所降低。在其他方法中（如阿德勒疗法、故事式疗法和折衷取向疗法），追踪通常在治疗早期当治疗师与来访者建立关系时使用得更多。随着时间的推移，这些方法中的大多数治疗师减少了追踪反应，而使用其他技能与来访者进行互动。在完成调查问题的专家中，88% 的专家在追踪时避免名词具体化，只有 25% 的专家避免动词具体化。

追踪的使用因个体而异，甚至在那些坚持相同理论取向的人当中也是如此。造成这种变化的因素有多种：个人治疗风格和使用这种干预手段的舒适度、不同专家的个性、不同的理论解释，或个人对于"因来访者改变方法"的观念。

· 追踪的示例 ·

下面每个场景之后都有几个追踪反应的示例。

* 海蒂拿起一个玩偶狗，走近游戏治疗师，把玩偶放到治疗师的手里。

1. "你要把这个东西给我。"
2. "你把它放在我手里。"
3. "他走到我跟前。"
4. "那东西在上面。"

* 乔治把玩偶爸爸和玩偶妈妈扔在地上，用脚踩它们。

1. "你在它们上面上下移动。"
2. "你把它们放在那里，现在你在上面上下移动。"
3. "看起来它们要被压扁了。"
4. "他们在下面，有人在他们身上上下移动。"

★ 索菲亚拿起大一点的乌龟玩具,放在小一点的乌龟身上。

1. "你把这个放在另一个上面。"
2. "你把那只放在了你想要它去的地方。"
3. "你动了它,所以它在另一个上面(或下面)。"
4. "大的在小的上面。"
5. "小的在大的下面。"
6. "其中一个在另一个上面(或下面)。"

★ 贾斯珀用枪指着治疗师,冲她咧着嘴笑。

1. "你把它指向我。"
2. "你决定要把它指向哪里。"
3. "枪正指向我。"
4. "枪转向了我的方向。"

★ 有希躺在地板上,把枕头堆在自己身上。

1. "你在下面。"
2. "你把那些东西压在自己身上。"
3. "你决定躲在那些东西下面。"
4. "那些东西都堆在上面。"
5. "他们在上面。"

· 实践练习 ·

为以下每个场景编写四个可能的追踪反应,两个反应追踪儿童在做什么,另外两个反应追踪游戏物品在做什么。标明哪些反应是追踪儿童的,哪些反应是追踪游戏物品的(注意:并非所有示例都提供了同时进行这两种追踪的机会)。

1. 纳齐尔（5岁）捡起一只蚱蜢，让它在房间里跳来跳去。

2. 凯西（8岁）抓到玩偶妈妈，拿它敲打玩偶宝宝。

3. 格里夫（4岁）推着一把椅子在房间里转来转去，就像推轮椅一样。

4. 汤姆（9岁）戴上帽子，对着镜子做鬼脸。

5. 萨姆（8岁）把一个球在空中扔了几分钟，然后把它扔到地板上。

6. 南希（5岁）用玩具狼咬自己的手。

7. 南希把玩具狼拿过来，开始拿它咬你的手和脚。

8. 斯达尔（5岁）把玩具蛇缠满全身。

9. 凯肖恩（7岁）在一张纸上画满了条纹。

10. 埃斯特（7岁）把食物放在玩具锅里，把食物煮熟，端到你面前，想喂你吃。

11. 冈瑟（8岁）故意打翻垃圾桶，把所有垃圾都倒出来，挑衅地盯着你。

12. 莎莉（7岁）给你画了一张像，拿过来，问你是否喜欢。

13. 埃米利奥（4岁）拿起一本书假装在读（尽管你知道他不会读）。

14. 坎迪（7岁）把老虎玩具一家放在沙箱里，把老虎爸爸和妈妈摆放在沙箱的一端，小老虎们放在沙箱的另一端，中间竖一堵积木墙。

15. 利亚姆（3岁）坐下来对你微笑。

16. 迪帕（6岁）将动物玩具按从大到小排列。

17. 瑞克（8岁）披上斗篷，抓起一把剑，走过来，向你挥舞——他站得离你很远，所以你知道他不是真的想威胁你或者攻击你。

18. 杰西（5岁）把玩具屋翻了个底朝天，里面的东西全都掉到了地上。

19. 阿卜杜拉（7岁）小心翼翼地用积木搭起一座很高的塔，然后把它们全部推倒。

20. 菲洛梅娜（4岁）用最大的恐龙咬所有的小恐龙，把小恐龙扔到地板上，然后把大恐龙扔到房间的另一头。

思考题

1. 对你来说，做追踪实践练习时最容易完成的部分是什么？

2. 对你来说，做追踪实践练习时最难的部分是什么？

3. 解释你对游戏治疗中使用追踪的好处和坏处的看法。

4. 你认为会在你的游戏治疗中使用追踪吗？你为什么要用？为什么不用呢？

5. 你如何看待追踪儿童和追踪游戏物品或游戏材料之间的区别？你认为在工作中会利用这个区别吗？为什么？

6. 如果你决定做这样的区分，你认为将如何决定什么时候追踪儿童，什么时候追踪游戏材料？为什么？

7. 当你在游戏治疗中和儿童一起练习追踪的时候，这比你想象的难，还是比你想象的容易，或者和你想象的一样。请解释一下。

第6章 重述内容

在许多游戏治疗方法中使用的另一项基本技巧是重述内容（Kottman, 2003）。对治疗师来说，重述内容就是转述儿童刚刚说过的话。当治疗师使用重述内容技巧时，目的是为儿童提供他们所说话语的真实写照，所以治疗师的重述应该能够与儿童的话语互换，没有任何附加的意义或解释。

重述内容的目的是让儿童知道治疗师正在认真听他们说话，并且听到了他们表达的信息（Kottman, 2003; Landreth, 2002）。转述儿童说的话是与他们建立关系的另一种方法。

· 如何进行重述内容 ·

虽然这听起来比较简单，但实际上需要技巧和练习才能有效地在游戏治疗中使用重述内容。儿童倾向于认为成年人不会听他们的话，一开始儿童可能会对花大量时间和精力向他们转述他们说的话的成年人产生怀疑。许多儿童会敏感地以为：其他人，尤其是那些他们认为比他们更强大的人可能在"嘲笑"他们。还有一些儿童认为，如果一个成年人对他们说了他们刚才说的话，那么这个人要么"傻"，要么"说话风趣"，他们可能会拒绝倾听成年人重述的内容。

防止儿童对重述内容做出消极反应的一个方法是对他们所说的内容表示出尊重和真正的兴趣。游戏治疗师可以通过眼神交流、在儿童说话的时候和他们的身体保持同一高度、表现出一种"倾听"的体态，让儿童感到被关心和尊重。

专注倾听的姿势通常被认为是身体前倾，张开双臂和双腿。然而，笔者认为倾听姿势最重要的元素是让听者放松和舒服，而且要面向说话者。

在游戏治疗中，有效地重述内容的另一个重要因素是在使用适合儿童年龄的词汇和避免"鹦鹉学舌"之间保持平衡。用你自己的话，而不是儿童的话重述，就是在告诉儿童，你已经听到了他表达的信息，并且领会了他的意思，所以才能够把它转述出来，而不是一字不变地重复他说过的话。你还必须使用你自己的自然语调，而不是模仿儿童的语调。否则，你的重述听起来会很做作，这会导致儿童怀疑你真的在乎他说的话。

当试着用你自己的话来转述儿童说的话时，记住使用儿童能听懂的语言，这也很重要。如果你使用的词汇超出了儿童的认知水平，即使是出于好意，他们也会感到被忽视和不受尊重。当你有疑问时，最好使用儿童可能理解的词语，而不要冒险让儿童感到困惑。然而，如果你选择使用儿童可能理解不了的某个词语，你应该观察儿童的非语言反应，如果儿童理解起来很吃力，你应该提供一个更明白的解释。

·重述内容的焦点·

在游戏治疗单元上，儿童用三种不同的方式谈论情感、情境、互动和他们世界的其他方面：①直接谈论；②谈论游戏物品；③借助游戏物品谈论。有时他们会直接和治疗师谈论他们生活中的事件、感受、关系等（例如，"我爸爸这个周末没来接我，他答应过会来的"），有时他们会谈论游戏物品（例如，"这个小男孩的爸爸上周末没来接他，他答应过会来的"），有时他们借助游戏物品说话（例如，让一个玩偶对另一个玩偶或治疗师说："我爸爸这个周末没来接我，他答应过会来的"）。

治疗师尽量和儿童的表达方式保持一致很重要。如果儿童用直接的方式说话，治疗师重述内容时也应该是直接的（例如，"你爸爸答应这个周末来接你，但是他没有来"）。如果儿童谈论游戏物品，重述也应该是关于游戏物品的（例如,"那个小男孩的爸爸说他这个周末会去接他,但他没有这么做")。如果儿童借助游戏物品说话,重述内容也应该借助游戏物品(例如,治疗师可以使用一个玩偶表演重述,让它对小男孩拿的那个玩偶"说":"你爸爸这个周末没来接你,尽管他说他会来")。

· 通过重述内容影响儿童 ·

尽管大多数非指导性的游戏治疗师不会故意这样做,但重述技巧的使用可能会影响儿童的思维和一次治疗的方向。有些游戏治疗师有时会有意识地引导儿童探索他们的经历、想法或态度等特定元素。通过关注儿童表述中特定的词语或概念,或通过排列他们做出的回应中的词语顺序,治疗师可以引导儿童探索他们话语中包含的不同方面的信息。

例如,萨曼莎说:"我妈妈开始和一个新男友约会了。他一点儿也不像我爸爸,我恨他。"这句话包含了很多元素,治疗师通常会选择对其中一个或多个元素做出反应,但可能不会同时对所有元素做出反应。如果治疗师想要保持相对的中立态度,并引导儿童提供更多关于她妈妈新男友的细节,那么像"你妈妈有了一个新男友"这样的回应可能是最合适不过了。如果治疗师想要探究这个小女孩对她和父亲关系的想法和感受,他可能在回应时把焦点放在萨曼莎的父亲身上,"你爸爸和你妈妈的新男友一点儿也不像"。如果治疗师想要了解小女孩对妈妈的新男友的态度,可以这样说:"你真的不喜欢和你妈妈约会的这个男人吗",或者"你妈妈的新男友一点儿也不像你爸爸"。

· 监控儿童对重述内容的反应 ·

就像追踪一样,治疗师必须观察儿童对重述内容的反应。同样,儿童的反应可以是直接的或间接的、言语的或非言语的。儿童的反应可以帮助治疗师更清楚地了解儿童及儿童对自己的生活情境的看法。如果治疗师有意将谈话引向某个方向，儿童的反应也可能有助于治疗师决定进一步探索的内容。

直接的口头反馈通常是由儿童告诉治疗师，内容的重述是否准确。儿童可能会说："你不知道你在说什么"或"你说得对"。在间接的口头反馈中，儿童会纠正重述内容，而不是公然反对治疗师对他所表达的意思的理解。下面的对话是间接的口头反馈的例证：

艾莉森：我有一颗新的心脏，10周了。
治疗师：你已经有那颗心脏很长时间了。
艾莉森：我才有它10周。

非语言反馈通常比言语反馈更微妙。直接的非语言反馈由儿童表现出来的行为组成，这些行为是对治疗师所说的话的一种明显的、有意识的反应。在儿童对重述内容所做的回应中，直接的非语言反馈通常包括点头、耸肩、摇头或做鬼脸——这类动作清楚地表明了儿童对治疗师所说的话的有意识的想法和感受。间接的非语言反馈也是由儿童表现出来的行为组成，这些行为是对治疗师话语的更微妙反应，比如身体的轻微移动、游戏模式的转换，等等。这种形式的反馈通常是非随意的，或者是儿童意识不到的。然而，对于不希望自己对治疗师话语"拥有"反应的儿童来说，它可能恰恰是一种安全的交流手段。

对治疗师来说，练习观察儿童对他们的干预的反应是很重要的，因为很多时候这些反应将包含一次治疗单元中传达的最重要信息。通过留意儿童反应的模式，治疗师能够理解儿童如何看待他们在世界上的位置，以及儿童在他们的生活中如何与他人沟通。

· 在不同理论取向的游戏治疗中的应用 ·

重述内容是许多游戏治疗中使用的另一项基本技能。在笔者关于游戏治疗技巧的使用所调查的当代专家中，凯文·奥康纳（生态系统专家）、费利西亚·卡罗尔和林恩·斯塔德勒（完形专家）以及伊万杰琳·芒斯（游戏疗法专家）报告说，他们在治疗过程中不使用重述内容技巧。其他接受调查的治疗师表示，他们使用重述内容的频率低于使用追踪的频率。

与追踪一样，重述内容通常更多地用于非指导性疗法（如以儿童为中心游戏疗法、荣格式游戏疗法和心理动力学游戏疗法），而不是用于其他疗法（如阿德勒游戏疗法、认知行为游戏疗法、折衷取向游戏疗法或故事式游戏疗法）。不同的理论之间有个共同趋势，即在治疗的初始阶段，当治疗师努力建立融洽关系时，重述内容技巧使用得较多，而在治疗的中间和结束阶段，当治疗师致力于解决儿童的问题时，则使用重述内容较少。在折衷取向和阿德勒式治疗中，追踪和重述内容的应用频率总是取决于治疗师是否相信这些技能会在治疗的特定阶段对特定的来访者有所帮助。

· 重述内容的示例 ·

在下面的每个场景之后，都可能有几种适合该情境的重述内容。对于每个示例，笔者都试图提供一些无意引导或影响儿童思维、情感、态度或行为的简单重述，也提供一些试图引导或影响儿童的复杂重述。对于那些旨在引导儿童的重述，给出了可能的解释。

★当海蒂抱起玩具狗时，她说："这只狗会咬你的手。"

1. "狗要咬我了。"（不具有引导性。）
2. "它会咬我的。"（不具有引导性。）
3. "它正要走过来咬我的手。"（不具有引导性。）
4. 这条狗正打算咬我的手。（通过使用"打算"这个词，治疗师可能会引导儿童思考狗狗有目的或有计划的攻击行为。）

★ 当乔治把玩偶爸爸和玩偶妈妈扔到地上,踩在上面时,他大喊:"这就是那些试图命令我做什么的人的结局。他们会受到伤害。"

1. "所以,那些命令你做什么的人会受到伤害。"(不具有引导性。)
2. "那些对你指手画脚的人会受到伤害。"(不具有引导性。)
3. "那些试图命令你做什么的人总会遭殃。"(通过将他们受到的伤害概括为"遭殃",治疗师可能会影响儿童思考,那些惹怒他的人是否不仅仅会受到身体上的伤害。)
4. "你想惩罚那些试图命令你做什么的人。(通过强调儿童复仇的欲望,而不是实际的复仇行为,治疗师或许能够帮助他意识到他潜意识的复仇欲望。这种重述也可以引导儿童使用象征性的手段来惩罚他人,而不是实际的攻击。)

★ 索菲亚抱起玩具小乌龟,把它放在大乌龟背上,高声说:"我是小乌龟,我妈妈要载我一程。我喜欢被我妈妈驮着走。"

1. "小乌龟,你觉得趴在妈妈背上很舒服。"(不具有引导性。)
2. "你妈妈要带你出游,你很喜欢。"(不具有引导性。)
3. "你喜欢趴在你妈妈背上出游。"(不具有引导性。)
4. "妈妈带着宝宝出游,这让宝宝很开心。"(不具有引导性。)
5. (治疗师)假装是乌龟妈妈,对小乌龟说:"你喜欢趴在我背上出游。"(不具有引导性。)
6. (治疗师)假装是乌龟妈妈,对小乌龟说:"和妈妈在一起让你感觉很开心。"(通过强调与妈妈亲近的渴望,这种重述可能会引导儿童去更多地探索或揭示她与自己妈妈的关系。)
7. (治疗师)假装是乌龟妈妈,对小乌龟说:"当我照顾你时,你很开心。"(通过强调被关爱的积极方面,这种重述可以引导儿童去探索自己对关爱的需要以及如何满足这种需要;这也可能促使她探索或揭示更多关于她和自己妈妈的关系。)

★雅各布拿枪指着治疗师说："这就是我在以色列的村子里发生的事情。不要动。如果你不照我说的去做，我就用子弹射穿你的脑袋。"

1. "你不想让我动。"（不具有引导性。）

2. "如果我动一下，你就会朝我的脑袋开枪。"（不具有引导性。）

3. "如果我不服从你的命令，你就打算对我开枪。"（强调"意图"的意向性可以引导儿童探索自己对情境的控制。）

4. "你想让我照你说的去做。"（这句重述从具体情境推及到一般情境，可能会引导儿童探索自己控制他人的需求。）

5. "你想让我照你说的做，如果我不照你说的做，你就开枪打死我。（和第4例一样，但它也包含了这样一种看法：这个儿童为了得到自己想要的东西，会威胁他人。）

★钟妍躺在地板上，把枕头堆在自己身上，说："现在没人能找到我了。"

1. "没有一个人能知道你在哪里。"（不具有引导性。）

2. "没人能看见你。"（不具有引导性。）

3. "你不想让任何人找到你。"（不具有引导性。）

4. "你藏得那么好，根本找不到你。"（对"藏"这个动作的强调可能会向儿童暗示，它是处理问题情境的一种可行的应对技巧。）

5. "你知道怎样藏起来，这样就没人看见你在那里。（通过强调儿童照顾自己的能力，治疗师可以引导儿童认为这可能是个人的优点。）

·实践练习·

针对下面每个场景，编写四种可能的重述内容，尽量包括两种非引导性的（只是简单地重复儿童在说什么，而不试图影响其思想、情感、态度或行为）和两种引导性的（将儿童引向特定的方向）。对于两种引导性重述，解释一下你认为会如何影响儿童的思想、情感、态度或行为（即使你倾向于一种非引导性的、不会让你有意引导儿童的方法，这种练习也有助于你有意识避免使你的重述具有引导性倾向）。

1. 穆斯塔法（5岁）拿起玩具蚱蜢说："它真的知道怎么跳，但它没有我跳得好。"

2. 迪米特里（5岁）拿起玩具蚱蜢说："它跳得很好，我不知道怎么跳。我们国家的人应该擅长运动，但我不擅长。"

3. 凯西（8岁）让玩偶妈妈打玩偶宝宝，并且模仿"妈妈"的声音说："你活该挨打，你这小鬼。这能教会你不要和我顶嘴。"

4. 格里夫（4岁）把沙子从一个容器倒入另一个容器，说："这里面的沙子比那里面的多，那里面的沙子没有这里面的多。"

5. 卡特琳卡（9岁）戴上帽子，照着镜子说："我很丑，我讨厌我的脸。"

6. 萨姆（8岁）玩了几分钟的空中抛球，然后把球扔到地板上，说："那个球真笨，我讨厌它。没有什么好玩的。"

7. 碧姬（5岁）拿着玩具狼，让它"咬"自己的手，粗声粗气地说："我是一只狼。我什么时候想咬你就咬你，你却不知道怎么阻止我。"

8. （接例7）碧姬然后把玩具狼拿到你面前，让它"咬"你的手和脚，用同样粗声粗气的声音说："你也阻止不了我，没有人能阻止我。我甚至阻止不了自己。"

9. 布莱特（6岁）把玩具蛇缠满全身。她笑着说："我身上到处都是蛇。它们是我的朋友。"

10. 扎克（7岁）在一张纸上画满了条纹，然后说："这是一座监狱，就像我阿姨住的那座监狱一样。我们去那里看她。"

11. 雅斯明（4岁）为你做饭，模仿儿童的语气说："现在你需要吃下这些食物，宝贝。我知道你不喜欢吃，但它对你有好处，你总是需要吃对你有好处的食物。"

12. 沃尔特（8岁）故意把垃圾桶里的垃圾都倒出来，说："这地方真是个垃圾场。你不能保持干净吗？"

13. 安东尼娅（7岁）给你画了一张像，说："你喜欢吗？我妈妈从来不喜欢我画的画。她说我画得难看。"

14. 迪帕克（4岁）让一只玩具兔子"读书"给一只玩具猫头鹰听，然后假扮成猫头鹰，对兔子说："这些字你读得不对，我不认为你真的知道怎么读书，你只是在装模作样。"

15. 奥尔加（7岁）把玩具老虎一家放进沙箱里，虎爸爸和虎妈妈摆放在一端，小老虎摆放在另一端，在它们之间用积木竖起一堵墙。他假扮成虎妈妈，对虎爸爸说："好了，我们把那些孩子都赶走了。不管怎么说，他们只是给我们添麻烦，却没多大用处，反而让我们多了几张吃饭的嘴，我太累了。"

16. 卡利（6岁）把动物玩具按从大到小的顺序排列好，然后对你说："个子大的是男孩，他们是最重要的。个子小的是女孩，他们一点儿也不重要。"

17. 瑞克（8岁）披上斗篷，抓起一把剑，说："我们来一场剑战吧。我想我能打败你。我很擅长剑术。"

18. 杰西（5岁）把玩具屋翻了个底朝天，喊道："大家都出去。谁也不能待在里面。这里不安全。"

19. 明仁（7岁）建了一座塔，又把它推倒，说："它本来不应该长成这样。我必须让它变得完美。"

20. 艾莫（4岁）拿着最大的玩具恐龙，用它咬小恐龙的头，用一种响亮、刻薄的声音说："没人能惹我，我可以把每一个小家伙的头都咬下来。"

思考题

1. 在实践练习中，对你来说，重述内容最困难的方面是什么？
2. 当你重述内容时，如何确保表达对儿童的尊重？
3. 你认为如何使用重述内容的重点在某个方向影响或引导儿童？
4. 你认为你会选择用重述来影响或引导儿童吗？为什么？
5. 如何通过模仿儿童在做什么或说什么来帮助建立与儿童的关系？

6. 你认为重述内容最简单的方面是什么？最困难的方面是什么？请解释一下。

7. 你是否通过强调重述内容来影响或引导儿童？你是怎么做到的？你对做这件事有什么反应/感觉？

8. 对于引导儿童你有什么想法？重述内容时，你是怎么在不知不觉中引导儿童的？如果你发现自己在做这件事，会有什么感想？

9. 如果你希望自己是非指导性的，并且避免引导，那么当你无意中引导儿童时，怎么样控制自己呢？你能做些什么来防止这种情况发生？

第7章 反射情绪

在治疗中使用游戏作为交流媒介的原因之一是，儿童没有抽象的语言推理能力来充分描述他们的情绪（Carmihael, 2006; Kottman, 2003; Landreth, 2002）。这并不意味着儿童没有情绪——他们有！但这确实意味着儿童可能无法清楚地表达自己的情绪。大多数儿童能够（也确实）用语言和非语言的方式表达——通过声音、面部表情、姿势、行为、游戏和故事。

在游戏室里反射儿童情绪有几个目的。由于儿童对情绪概念的理解不完全，他们对自身情绪的认识和理解往往不够充分。通过猜测儿童在游戏治疗过程中怀有的情绪，治疗师可以帮助儿童学会认识和理解他们所经历的情绪。这种帮助对他们来说是非常宝贵的。

治疗师还可以扩展儿童的情绪词汇。幼儿往往知道悲伤、愤怒、高兴和害怕的概念。他们可能知道几个词来表达这些概念，但他们在表达各种情绪的细微差别时，通常是相当简单的。游戏室可以用作儿童尝试理解和使用新的情绪词汇的场所。

· 反射情绪 ·

反射情绪的技巧包括猜测或表述治疗师所判断的儿童的感受。治疗师可以指出儿童正在经历的一种或多种特定感受（如，"你现在看起来很悲伤。"）或儿童持续表达的情感模式（如，"我注意到，每当你说起你祖母时，你就会笑，显得很开心。")。

对儿童情绪的反射应该既明确又准确。虽然治疗师可能需要对这种情绪的来源和儿童进行简单的说明,但不需要进行过于复杂的解释(Kottman, 2003)。

同样重要的是,治疗师要避免试图说服儿童某些情绪是不合适的。人们有权拥有他们所体验到的任何情绪,告诉他们不应该有某种情绪,这是对他们最大的不尊重。即使我们不理解为什么儿童会产生某种情绪(如,虽然爸爸打了他,他看到爸爸时仍然很高兴;或者因为卡通节目取消了,他看动画节目时就伤心得泪流满面,等等),我们没有权利告诉儿童,他的情绪是错误的或不恰当的。

避免问儿童感觉怎样或为什么会有某些情绪。大多数时候,他们无法回答这些问题,而且可能会因为我们坚持让他们描述他们的情绪或产生某种情绪的原因而感到沮丧。

笔者在使用情绪反射技巧时,也尽量避免使用"让你感觉"这个句式(Kottman, 2003)。这是因为我相信,没有什么能"让"一个人有某种感觉,每个人对自己有什么感觉以及如何表达自己的感觉都有一定程度的控制权。虽然有些儿童用"让我"这个句式表达自己(例如,"我哥哥总是让我生气,所以我打了他"或者"这真的让我很难过"),但最好不要试图教他们避免使用这个句式,以免和他们发生权力之争。给他们示范用其他方式来表达这些情绪(例如,"你对你的哥哥感到生气,所以你决定打他"或者"你似乎为那件事感到伤心"),这可能是处理这些情况的更好方法。

· 如何反射情绪 ·

在决定反射什么情绪时,治疗师必须考虑儿童表达情绪的方式和表达情绪的深度。当儿童同时表达一种以上的情绪时,治疗师还必须选择反射什么。

表达方式

除了反射儿童以口头表达的方式直接表达的情绪外,治疗师反射游戏中固有的情绪也很重要。这包括：①反射通过儿童的面部表情、肢体语言、声调等非语言表达的情绪；②反射游戏中一般情绪基调所表达的情绪；③反射儿童以含蓄的方式在话语中表达的情绪。反射儿童通过各种游戏物品如玩偶、木偶和动物玩具表达的情绪（包括口头的和非口头的）也很重要。

直接的口头表达。有时候，儿童表达的情绪很容易识别，因为他们清楚地用语言表达了这种情绪（例如，"我今天真的很生我妈妈的气"）。这是一种最简单的情绪表达方式，反射也应该同样简单。治疗师只需把儿童的这种情绪反馈给他们（例如，"你很生你妈妈的气"）。

间接表达。间接的情绪表达往往比直接的情绪表达更难识别。对一些儿童来说，非语言的情绪表达很明显，治疗师可以在第一次治疗就开始猜测儿童以这种方式表达的情绪。然而，由于非语言表达的情绪受到儿童的性格、家庭、种族和文化的影响，很多时候，治疗师需要花几次治疗的时间观察儿童的面部表情、语调和音调变化、讲话的速度、体态和人际距离，来了解儿童如何表达情绪。理解文化对儿童及其家人在非语言表达方式上的影响是至关重要的（Coleman & Parmer, 1993; Drewes, 2005; Gibbs & Huang, 2003; Kim & Nahm, 2008; O'Connor, 2005）。

同样的道理也适用于单次治疗的情绪基调，这种情绪基调是由儿童在治疗中说话和做事的模式以及表现情绪的方式来表达的。例如，贾可琪和萨姆两人整节治疗都在玩偶屋里玩，并且都说"这个妈妈真的很喜欢这个小男孩"之类的话，但如果贾可琪玩得无精打采，声音听起来很伤心，并且不做任何眼神交流，那么她和萨姆的情绪基调将明显不同，因为萨姆在玩游戏时表现得很活泼，笑得很开心，并且与治疗师进行眼神接触。

情绪基调也可能与治疗师在治疗过程中观察到的游戏主题有关。通过观察儿童在玩什么，并留心游戏内容反应出的固定模式，治疗师可以得出一些关于游戏的情绪基调的结论。例如，如果乔治娜玩玩偶或动物玩具时，总是让它们互相打斗，并且替它们说出贬损对方的话语，她的治疗情绪基调可能是愤怒。

有时，儿童用含蓄而间接的方式表达情绪，把他们的情绪隐含在他们的话语中。当他们这样做的时候，他们可能不会公开承认自己有某种情绪，但他们说的话却暗示着它的存在。例如，加里会说："我必须进去吗？"根据他的非语言特征，这个问题中隐含的可能是焦虑、胆怯或其他类似的情绪；也可能是蔑视或敌意；也可能只是出于好奇。

对于这三种间接的情绪表达方式（非语言表达、情绪基调以及含蓄的情绪表达），治疗师在对这些情绪做出反射时通常应该是相对试探性的。儿童可能不太愿意承认间接表达的情绪，而治疗师通常也不太确定自己对儿童所表达情绪的判断。在反射时通过使用试探性的假设或猜测，而不是完全肯定的陈述，治疗师可以传达这样的想法，即他认为这是儿童表现出的情绪，但来自儿童的纠正将是受欢迎和有益的。

因为游戏治疗依赖于儿童的游戏进行信息交流，所以治疗师也必须留意儿童通过在游戏室里的中介——玩具——所表达的情绪。玩偶、布偶、动物玩偶，甚至是不太明显的玩具，如枪、汽车、积木等，都能替儿童"说出"自己的感受——无论是口头上的还是非语言的。

当儿童选择通过"会说话"的玩具来表达情绪时，治疗师可以把玩具作为情绪反射对象，（如，"狼先生，你现在真的很生气"），或者把儿童作为情绪反射对象（如，"狼先生现在好像真的很生气"）。有些儿童喜欢治疗师直接对玩具说话，有些儿童喜欢治疗师对他们说话，和他们一起讨论玩具的情绪，还有些儿童似乎对这两种做法都能接受。针对每个儿童，治疗师应该把两种方法都尝试一下，然后根据儿童对反射的反应来决定如何反射"玩具"的情绪。

治疗师在儿童用玩具表达情绪的情况下做出的反射应与没有玩具中介的情况下做出的反射一致。当儿童直接用玩具表达一种情绪时，治疗师应该直接而简单地反射这种情绪。例如，当西里拿起玩具蚂蚁，让它上下弹跳，同时尖声说"太好了。我很兴奋！"时，治疗师可以这样说："蚂蚁很兴奋。"当玩具以非语言的方式表达一种情绪时，治疗师可以猜测这个玩具可能在表达什么情绪。例如，当斯莱拿起两个木偶，让木偶狼殴打木偶羊，木偶羊蜷缩成一团哭泣，治疗师可以说："小羊，你好像又难过又害怕，因为你被狼打伤了。"当一个玩具具有某种典型的情绪基调时，治疗师应该尝试猜测这个玩具的情绪状况。例如，如果皮拉尔的一个玩偶总是喜欢"挑剔"其他玩偶，而且总是看起来很生气，治疗师可以说"那个玩偶似乎总是对其他玩偶发火"，以此来反射与那个玩偶相关的情绪模式。

反射深层情绪

治疗师要随时能识别出儿童明显的表面情绪，但也必须记住发现更深层次的、可能不那么明显的情绪。儿童倾向于表现出他们感到很正常的情绪，但可能会隐藏其他让他们无法接受的情绪——出于脆弱感、个人价值观或家规。例如，詹姆斯可能认为表达愤怒和敌意是完全可以接受的，但如果他懂得了"男孩不能哭"，他可能感到不能够或不情愿表达悲伤、失望或孤独。儿童可能也识别不出特定的情绪。例如，在吉玛家里有一条禁止生气的家规，当她生气时，她可能会表现出悲伤或痛苦的情绪，因为她没有意识到自己在生气。

在了解了儿童和他们的行为模式之后，如果你相信还存在潜在的情绪，那么对这些情绪做出一些猜测会对你很有帮助。重要的是要以一种试探性的方式做这件事，并密切观察儿童的反应，以判断试探性反射的影响。

在其他情况下，治疗师知道儿童潜在情绪的存在是基于对儿童的生活环境或文化的了解（Gil, 2005）。例如，9岁的丽雪的弟弟在前一年死于一种罕见的疾病。在她们的文化中，人们认为悲伤应该藏在心里，而不应该公开流露。有几次，她走进游戏室，让大长颈鹿低头俯视小长颈鹿，然后模仿大长颈鹿，责骂小长颈鹿："你不应该那样做。"知道悲伤也许是丽雪的一种情绪，治疗师可能会选择既反射丽雪表面的情绪，又反射她潜在的情绪，比如他可能说："长颈鹿妈妈似乎在生宝宝的气。我猜她可能担心婴儿出事。"尽管治疗师可以在游戏治疗过程中反射出各种各样的情绪，但也必须记住，不要强迫儿童承认在他们的文化中无法接受或恰当表达的情绪，这一点很重要。

当下的情绪与情绪模式的对比

有些治疗师只专注于儿童当下的情绪。还有些治疗师试图发现儿童在一次治疗或几次治疗中表现出的情绪模式。是专注于儿童当下的情绪，还是寻找情绪模式或是两者的某种结合，可能取决于：①特定的儿童及其特定的问题和治疗目标；②治疗师的理论取向；③治疗师的个人风格。

来访者。有时，治疗师的选择与特定儿童的特定问题或游戏以及他们治疗目标有关。在这种情况下，治疗师根据对儿童当前需求的评估，决定把情绪反射聚焦于何处。很多时候，治疗师会选择重点反射儿童当前的情绪，但偶尔也会对某些儿童使用情绪模式反射技巧。

对于一些儿童来说，情绪主题特别明显和深刻，如果不指出它们，甚至让人觉得有些可惜。例如，切莉丝经常谈论她生活中各种各样的人。通常情况下，她是个活泼开朗的儿童，总是说别人的好话。然而，当提到她的祖父时，她的活泼就消失了，取而代之的是生气和悲伤。这种模式持续了 10 次治疗。如果治疗师在治疗过程中没有提到这种模式，那可能就是他的疏忽。

对于另外一些儿童来说，当下的情绪过于激烈和难以抗拒，以至于他们无法再承受别的。对这些儿童来说，更重要的是只停留在这种状态，不要让他们思考自己的情绪模式。例如，亨利亲爱的祖父去世了。每当他提起一个哪怕与他祖父的死亡没多大关联的话题或活动时，亨利也会哭。虽然这是一种模式，但治疗师向亨利指出这一点可能没有帮助。治疗师已经知道亨利正沉浸在悲痛中，这是他现在的主题。对治疗师来说，和亨利一起停留在当前的状态，通过给予共情和温暖来安慰他，很可能会更有用。

理论取向。理论也可能会影响治疗师关于反射焦点的选择。许多非指导性的游戏治疗师认为，当前经历的情绪应该是情绪反射的唯一焦点（Axline, 1969; landreth, 2002; Perry, 1993）。即使治疗师在一次中或多次治疗中观察到情绪主题，他们可能也不会与儿童分享这些观察结果，因为他们认为这会干扰儿童当下的表现。更具指导性的游戏治疗师则认为，注意情绪表达的模式，并将这些模式反射给儿童，以及反射儿童当下的情绪，都是有帮助的（Benedict, 2006; Kottman, 2008; O'Connor, 2000）。

治疗师的个人风格。治疗师观察和交流的个人方式也可能影响他对情绪反射焦点的选择。例如，如果治疗师倾向于寻找不相干的思想、情绪、行为、态度、感知等之间的联系，不向儿童指出情绪模式可能会令他感到不舒服。相反，如果治疗师是一个倾向于"活在当下"的人，那么他可能更愿意只关注儿童当下的情绪。

多种情绪

在儿童的言语和行为中可能会存在几种情绪。治疗师需要决定是尽量反射所有这些情绪，还是只关注其中的一两种。这个决定在一定程度上取决于儿童的年龄和发育状况。对于语言和智力均发育良好的儿童来说，反射多种情绪是很有成效的，尤其是当这些情绪混杂在一起或者有不同强度时。对于心理发育较晚或年龄较小的儿童，一次只专注于一种情绪往往更好。这样，他们就更有可能以一种富有成效的方式理解治疗师的反馈。

如果儿童同时表达了几种情绪，而治疗师又希望缩小焦点，他将不得不选择反射哪种情绪。虽然这个决定可能在某种程度上取决于治疗师的理论取向，但它很可能是由治疗师的直觉判断，在那个特定的时刻，哪种是最重要的情绪。这可能与儿童表达的某种情绪模式有关，也可能与各种情绪的相对强度有关。它也可能源于治疗师的直觉，即儿童在那个时刻准备接受哪种情绪。

· 监控儿童对反射情绪的反应 ·

当治疗师反射一种情绪时，他不能期望儿童口头上承认这种反射。很多时候，儿童会以非语言的方式做出反应——要么通过肢体语言，要么通过游戏。他们可能会皱眉、微笑、耸肩、发抖、离开治疗师，或使用其他任何非语言反应。

儿童也可能在游戏中对治疗师的评论做出反应（公开的或隐蔽的）。公开的反应包括转向治疗师并冲其"开枪"，用玩偶爸爸击打玩偶妈妈，把玩偶扔到地上用脚踩，让一个动物玩偶代替自己"发表评论"，等等。隐蔽的反应通常包括"游戏中断"（Perry & Landreth, 1991），即突然放弃当前的游戏，变换游戏种类、玩具或游戏场所。

儿童的反应可能是语言和非语言反应的结合。这种情况下治疗师必须观察这些反应的强度，以了解儿童对其反射的真实感受。例如，如果玛丽贝丝温和地说："不，我现在真的不生气。"这种情况下，对治疗师而言合适的做法是，通过说"哦，我误解了"之类的话来表达歉意或承认错误。如果玛丽贝丝的反应相当激烈，比如大声尖叫："不！你真笨。我当然不生气。"治疗师对她情绪的猜测反而可能是正确的。在这种情况下，治疗师必须考虑如何做出回应。其中一些可供选择的做法是：①对儿童的反应进行后设沟通（例如，"我说你可能为那件事感到生气，你似乎对我说的话很恼火。"）（参见第13章"高级游戏治疗技巧"）；②忽略儿童的反应；③说些什么启发儿童晚些时候考虑治疗师的猜测（例如，"嗯，这是你需要思考的问题。"）。

即使治疗师认为他对儿童情绪的猜测是正确的，也不要和儿童争论这个问题。儿童有权决定在那个特定时刻承认哪一种情绪，治疗师应该尊重儿童的决定。有时儿童并没有准备好承认某种情绪，重要的是他们能够控制好这种情绪。

在一定程度上，处理儿童反应的方法源于治疗师的理论取向。一些非指导性的游戏治疗师会注意到这种反应，但可能不会口头说出来，他们更愿意将这种反应融入他们对互动过程的心理印象中，而不是冒险把儿童引向儿童不愿意去的方向。

还有些治疗师经常对儿童的反应做出解释（例如，"当我说你在生气的时候，好像我让你想起了你爸爸。"）或通过对儿童非语言交流的评论对其反应做出后设沟通（例如，"当我说你在生气的时候，你皱了皱眉。我在想你可能不喜欢我认为你生气。"）。当治疗师指出儿童的反应时，有必要保持谨慎。用一种试探性的形式表现这些想法，通常可以避免引起儿童的防御性反应，避免将自己对儿童反应的理解强加给儿童。

· 拓展情绪概念和词汇 ·

许多游戏治疗师认为，扩充儿童感受到的情绪概念和情绪词汇的数量是他们的一部分工作的（Kottman, 2003）。通过猜测除悲伤、愤怒、高兴和害怕之外的情绪，并使用词汇来表达不同程度的悲伤、愤怒、高兴和害怕之间的细微差别，治疗师可以帮助儿童了解自己的情绪。虽然这个过程不会改变儿童抽象的语言推理能力，但它可能会增加儿童更多地用别人能理解的语言形式表达自己情绪的可能性。

下面的列表包含了在游戏治疗过程中可能有用的情绪词汇：

气愤、恼怒、懊恼、心烦、狂怒、愤慨、生气、恼火
高兴、幸福、开心、激动
伤心、沮丧、难过、悲伤
害怕、惧怕、紧张、担心、焦急、恐惧、忧虑、烦躁
惭愧、愧疚、尴尬、骄傲、妒忌、困惑、害羞、懦弱、无聊、孤独
强大、满意、幸灾乐祸、放心、安然
失望、郁闷、灰心、低落、懊丧、不满
……

治疗师必须运用他的专业判断和有关儿童发展的知识来选择适合特定儿童的词汇。

· 在不同理论取向的游戏疗法中的应用 ·

大多数游戏治疗师使用反映情绪的技巧时不考虑他们的理论取向。在接受

调查的专家中,所有人都报告说,他们在给儿童进行治疗的过程中反射情绪,尽管对这一技巧的重视程度存在很大差异。接受调查的专家中有几位报告说,他们多达 80% 的治疗干预集中在情绪反射上,而其他人则报告说,他们只有 5% 的治疗干预集中在情绪反射上。

这方面的差异似乎表明,对于游戏治疗中应该在多大程度上重视情绪,目前还没有明确的理论指导方针。这似乎是个人喜好和风格的问题。然而,关于应该反射什么情绪(是当下情绪还是情绪模式),以及如何回应儿童对反射的反应,有明确的理论指导。本章已经试图对这些指导原则予以解释,但游戏治疗专业的学生应该多阅读一些关于具体理论的资料,以进一步探索这些问题。

反射情绪的示例

下面每个场景后面提供了几种可能的情绪反射。

★胡安娜(6岁)无精打采地走进游戏室,脸上带着悲伤的表情。她说:"我妈妈说这个周末我们必须再去我祖母家,而不是和我的朋友去游泳池。"

1. "你似乎对不能和朋友一起去游泳池感到失望。"

2. "你很沮丧,因为你的家人要去你祖母家,而不是去游泳池。"

3. "你希望能和朋友一起去游泳,而不是去祖母家,你为妈妈的决定感到有些难过。"

★盖伊(8岁)笑着冲进游戏室,说:"我打了我弟弟,我妈妈认为是他的错,所以他惹上麻烦了,而我没有。"

1. "你对打你弟弟这件事感到兴奋。"

2. "听起来你好像松了一口气,因为你妈妈责怪的是你弟弟,而不是你。"

3. "你打了你弟弟，却逃脱了惩罚，而不是惹上麻烦，你似乎为此感到非常开心。"

★莉莉（5岁）正在找一个她喜欢的玩具，但是在游戏室里找不到。她跺着脚说："我恨你。我讨厌这个房间。我想要我的恐龙。"

1. "你很生气，因为你找不到恐龙。"
2. "恐龙没有在你认为它应该在的地方，这似乎让你有点失望。"
3. "你似乎对恐龙不在这里感到非常失望和愤怒。"
4. "你想让我知道你很生气，因为恐龙不在这里。"

★诺科米斯（6岁）走进游戏室，低头看着地面，说："我希望能一直待在这个房间里。"

1. "你好像为不能一直待在游戏室里感到难过。"
2. "听起来你在这里真的感到快乐和安全。"
3. "我在想，因为你不能在游戏室里多待些时间，所以你有些失望。"

★萨莉·雷（7岁）把小乌龟埋了起来。她（假扮成小乌龟）大声哭了起来，然后把乌龟妈妈挪过去，让乌龟妈妈把小乌龟挖出来。然后她模仿乌龟爸爸的声音，冲哭泣的小乌龟大声嚷嚷。

1. "小乌龟，当沙子压在你身上的时候，你好像又伤心又害怕。"
2. "我猜小乌龟很害怕，因为她被埋在沙子下面的时候没有人来救她。"
3. "乌龟爸爸，你好像为小乌龟哭感到生气。"
4. "我敢打赌乌龟妈妈一定很担心小乌龟，当她把小乌龟从沙子里救出来的时候，她感到很欣慰。"

★德米特里欧（7岁）有一只玩具狼，他用它来表达自己的许多情绪。他走进游戏室，抱起狼，坐下来，把狼的头藏在枕头下。然后他让狼从枕头底下偷看治疗师，嘴里发出狼一样的号叫。

1."狼，我不知道你今天是害羞还是有些生我的气。"

2."狼先生，你今天下午好像有点儿不开心。"

3."我想狼可能想告诉我什么——也许他现在感到害羞，也许号叫意味着他生气了。"

4."德米特里欧，你能帮帮我吗？我不知道这只狼是被什么事惹恼了，还是因为他今天感到有点儿害羞，或者发生了什么事。"

★祖海尔（9岁）的爸爸在监狱里。虽然她在治疗单元上经常谈论他，但情绪总是很平静。她从不承认对他或他的监禁有任何想法。不过，有一次在用玩偶玩过家家游戏时，她让玩偶娃娃冲玩偶爸爸大喊："你为什么不在家里。"

1."看起来那个小女孩在生她爸爸的气。"

2."看起来她在生爸爸的气，但我在想，也许她也对他感到失望，因为他本来应该待在家里。"

3.（治疗师）对祖海尔说："你觉得她难过是因为她爸爸不在家吗？"

4.（治疗师）对玩偶娃娃说："听起来你好像很生你爸爸的气。"

5.（治疗师）对玩偶娃娃说："我猜你生他的气是因为他不在家让你感到难过。"

· 实践练习 ·

为下面的每个场景生成三种情绪反射方式。

1.在第二次治疗单元上，圭多（7岁）走进游戏室，拿起一个毛绒玩具，开始猛击沙袋。他看起来很生气，嘴里喊道："我恨你，你这个滑头。"

2.圭多抓起一个毛绒玩具，开始猛击沙袋。每当沙袋掉到地上时，他都会笑个不停。

3. 在第三次治疗中，圭多走进游戏室，抓起一个毛绒玩具，开始猛击沙袋。每当沙袋掉到地上时，他都会笑个不停。你知道，他今天在学校过得很糟糕，被送去见校长三次，他不想来参加游戏治疗。

4. 在第五次治疗时，圭多走进游戏室，抓起一个毛绒玩具，开始猛击沙袋。他脸上没有任何表情，这对他来说并不罕见。你知道他刚刚赢得了班级拼字比赛。

5. 芭比（8岁）假扮成玩偶妈妈对玩偶宝宝说："我希望你从来没有出生。"

6. 在连续六次治疗中都让玩具恐龙"吃掉"所有小动物后，斯莱（6岁）走了进来，把它扔在地上，笑着说："我再也不玩这种游戏了。"

7. 当艾俄兰斯（9岁）的父母把她带到游戏室以后，她扑倒在地板上，哭着说："我恨我妈妈让我来这里。我恨我爸爸让她生了我。"

8. 帕德米尼（4岁）把所有虫子都埋在沙子里，一边尖叫着："救命啊！救命啊！快来救我们。"

9. 接下来，帕德米尼转向你，笑着说："没人救他们。"

10. 莱斯（8岁）即将被送进最近三年来的第三个寄养家庭。她和现在的寄养家庭相处得很好，但她的养母要去另一个州工作，他们不能带莱斯一起去。莱斯在游戏室的不同位置摆放了六七堆玩具家具，把一个玩偶娃娃在这些家具之间挪来挪去。她在做这件事的时候没有流露出任何情绪，也没有说什么。

11. 肯吉（9岁）来接受治疗是因为他有自杀的想法。他已经来参加了8次治疗，在游戏过程中表现出的各种主题都与他的感觉有关——他觉得自己无法达到父母的高标准。他的父母和学校都说他的情况有所改善，他告诉你他再也不想伤害自己了。他的医疗保险金已经用完了，这是他最后一次看病。在这次治疗的前15分钟里，他拒绝看你，也不愿说话。

12. 塔瓦纳（3岁）环视了一下游戏室，问道："为什么你没有像我那种坐在轮椅上的玩具娃娃呢？"

13. 侯赛因（5岁）抱着玩偶娃娃，给她喂饭。当他注意到你在看他的时候，他放下饭，走开了，回避着你的眼神。

14. 吉莉安（6岁）举起猩猩爸爸玩具，击打猩猩妈妈，大骂着："你这个****。"然后她假扮成猩猩妈妈，呜呜"哭"着，试图把小猩猩们藏在身后。

15. 圣地亚哥（8岁）走进游戏室，笑着说："我想我会在这里玩得很开心。"

16. 丽贝卡（4岁）拿起玩具枪，皱着眉头。通过和她妈妈的交谈，你知道这个家庭不允许儿童使用任何类型的武器，也不赞成你的游戏室里有枪。

17. 加维（7岁）抱起玩具娃娃，放在枕头下，转向你，面带笑容地说："我把他闷死了。"

18. 裕子（5岁）画了一幅画，看着你笑着说："我妈妈一定会喜欢。她会认为这张画很漂亮。我要把它给她。"

19. 洛拉里（5岁）画了一幅画，看着你笑着说："我妈妈会喜欢这幅画的。我要把它送给她。"你知道她的妈妈几个月前离开了家，没有和孩子联系过。

20. 克里希纳（3岁）在最后一次治疗结束后，含着眼泪和你拥抱，然后一言不发地向门口走去。

· 思考题 ·

1. 有人建议，治疗师不要问儿童有什么样的情绪，你对此有何看法？

2. 有人建议，治疗师不要问儿童为什么会有某种情绪，你对该建议有何看法？

3. 解释一下你对"让你感到……"这种表达的理解。

4. 有一种观点认为，治疗师只需关注儿童当下的情绪，不需要既关注他们当下的情绪，又关注他们的情绪模式。谈谈你对这种观点的看法。

5. 你是否相信，有那么一段时间，你会选择忽视儿童当下所表达的情绪？解释一下为什么。

6. 你认为使用游戏治疗技巧来增加儿童的情绪词汇和概念发展合适吗？解释一下为什么。

7. 考虑一下你自己对情绪和情绪表达的看法以及你的原生家庭在这方面的家规。你认为这些因素对你在游戏治疗过程中反射情绪的能力有何影响？

8. 儿童在治疗中表达的某些情绪有没有让你感到不适？如果有，是什么？为什么对你来说是个问题？你计划如何防止这些特定情绪的表达成为一个问题？

第8章
设置限制

从历史上看，一些儿童心理学专家认为，设置限制是一种"危险的技术，会破坏治疗关系的基础"（Ginott, 1959）。吉诺和其他几位著名的游戏治疗师（Schiffer, 1952; Slavson, 1943）提倡在治疗过程中对儿童完全无条件的放任，这样儿童就可以做出他们想要或需要做出的任何行为，从而优化治疗的效果。他们认为，强加预先确定的限制将严重阻碍治疗进展，因为这些限制不会专门针对个体儿童及他们的需要和问题。

从亚瑟兰（Axline, 1947）、比克斯勒（Bixler, 1949）、穆斯塔克斯（Moustakas, 1953）和吉诺（Ginott, 1959）开始，这种趋势发生了变化。亚瑟兰（Axline, 1947）指出，限制"是作为成功治疗的先决条件而设立的"。穆斯塔克斯（Moustakas, 1953）说："没有限制就没有治疗"。比克斯勒（Bixler, 1949）在他写的一篇名为《限制是治疗》的文章时更加强调了这一命题。

在大多数当代的游戏治疗中，治疗师会对某些在游戏室里不被接受的特定行为设置限制。他们通常不限制儿童的语言表达和攻击性或带有敌意的象征性表达。正如吉诺（Ginott, 1959）所解释的：

> 情感、幻想、想法、愿望、激情、梦想和欲望，无论其内容如何，都可以通过语言和游戏得到接受、尊重和表达。但禁止表现出直接的破坏性行为；当这种行为发生时，治疗师将会介入，并将其重新引导到象征性的出口。

限制设置通常包括一些结构化的方法，以便让儿童知道某些特定行为在游戏室里是不被允许的。吉诺（Ginott, 1961）列出了游戏治疗中应该限制的 54 种行为，其中包括：把玩具拿回家；把自己创作的艺术作品拿回家；决定是否进入或离开游戏室；把沙子撒在游戏室地板上；涂抹玩具或家具；带朋友来参加治疗单元；将食物或饮料带入游戏室；把学校作业带到治疗单元做；把书籍带到治疗课上读；点火、抽烟；朝治疗师扔沙子或其他东西；把治疗师绑起来；朝治疗师投掷飞镖；亲吻或坐在医生的腿上；长时间拥抱治疗师；吃泥土或粉笔；在地板上大小便等。

C.C. 诺顿和 B.E. 诺顿（C.C.Norton & B.E.Norton, 2008）认为，游戏治疗的限制可以分为三类：

1. 绝对限制：主要是为了保证儿童和治疗师的安全。这些限制是不可协商的，并适用于所有人。

2. 临床限制：主要与临床问题有关，比如把玩具留在游戏室，整节治疗都待在游戏室以及治疗结束后离开。

3. 强制限制：是当儿童对治疗师设置的绝对或临床限制做出反抗时必须设置的限制。

科特曼（Kottman, 2003）增加了第四类限制：相对限制或可协商限制。这些限制由治疗师和儿童一起生成（例如，沙箱里可以倒几杯水，儿童可以在哪里玩手指画），他们作为一个团队工作，为儿童想做、但治疗师想限制的事情找到折衷方案。

虽然大多数治疗师都同意游戏治疗中应该限制的行为类型，但在限制的目的、何时限制以及如何限制上存在分歧。在游戏治疗中设置限制有很多理论依据。比克斯勒（Bixler, 1949）认为：①限制使治疗师更容易接受儿童，因为儿童被禁止破坏财产或伤害治疗师；②限制教会儿童适应不同环境和关系的特定规则的技能。

吉诺（Ginott, 1959）描述了在游戏治疗中使用限制的六个不同原因：①帮助儿童使用象征性的方法来宣泄；②使治疗师能够接受、关心和同情儿童；③保护儿童和治疗师不受身体伤害；④帮助儿童加强自我控制，让他们练习抑制不适当的社会冲动；⑤防止游戏室行为违反法律、道德和社会规则；⑥防止增加额外的维修费用。

兰德雷斯（Landreth, 2002）阐述了如下设置限制的原因：

1. 有助于儿童在游戏室里感到身体和情感上的安全，从而最大限度地发挥他们成长的潜力。

2. 有助于保护治疗师的人身安全，从而增加他们完全接受儿童的能力。

3. 有助于儿童发展决策、自我控制和自我责任方面的技能。

4. 有助于将游戏治疗单元限定在现实中，帮助儿童关注当下的情境。

5. 有助于在游戏治疗关系和环境中建立一种可预测感和一致性。

6. 有助于游戏治疗关系的界限维持在职业、道德和社会责任的指导方针内。

7. 有助于减少对玩具、游戏治疗材料和游戏室的潜在损害。

根据科特曼（Kottman, 2003）的观点，设置限制的目的是：①与儿童建立平等的关系，在这种关系中，权力和责任在治疗师和儿童之间共享；②增强儿童的自我控制；③帮助儿童懂得，他们有能力生成恰当的行为，修正社会不可接受的行为；④鼓励儿童产生服从限制和承担后果的责任感；⑤使游戏室里的权力斗争最小化。

游戏治疗的不同理论方法为设置限制列出了不同原因，这反映了每种方法的基本目标。然而，在所描述的各种理论中似乎有几个趋势。大多数专家认为，限制可以帮助：①保持儿童和治疗师在游戏室的安全；②提高儿童自我调节和自我责任的意识和能力；③保持治疗师和儿童之间的关系在法律、道德和社会可接受的范围内；④限制对财产和游戏材料的损害。

·设置什么限制·

大多数游戏治疗师对设置限制的主要目标达成了共识。儿童不应该做任何可能导致他们伤害自己、伤害其他儿童、伤害他们的父母或治疗师的事情。不允许（故意）损坏游戏室内的玩具或其他游戏材料，也不允许损坏游戏室内的墙壁、地板、窗户、家具或其他实物。其他相对普遍的规则是，在治疗结束之前，儿童要一直待在游戏室，当治疗师指出治疗时间已经结束时，他们才准许离开。许多治疗师也有一条规则，即未经允许，儿童不能离开治疗室去卫生间、去喝水，等等。大多数治疗师还限制儿童从游戏室拿走玩具，有些治疗师还限制儿童从其他地方把玩具带进游戏室。

这些限制通常被认为是不可协商的，尤其是那些禁止伤害他人和财产的规定，实际上所有的游戏治疗师都在执行这些限制。治疗师是否实施其他限制取决于：①治疗师的理论视角；②治疗师的实践背景；③治疗师的个性；④儿童的个体情况和个性。

理论视角的影响

大多数非指导性治疗师（例如，以儿童为中心、体验式、荣格心理分析、故事式和心理动力学游戏治疗师）都试图将限制保持在最低限度，以便创造一种最佳的自由氛围。这些治疗师很少使用可协商的限制，坚持绝对和临床限制，偶尔还使用强制限制。吉诺（Ginott, 1959）建议避免有条件的限制，因为它们有被破坏的倾向：

> 应该以一种让儿童毫不怀疑的方式来介绍你设置的限制，即在游戏室里哪些行为是不可接受的……"只要你不把我弄得太湿，你就可以泼我"，这样的限制只会招来一大堆麻烦。

整合非指导性和指导性元素的游戏治疗师（如阿德勒式、认知行为式、折衷取向、完形和对象关系式游戏疗法的治疗师）使用所有四类限制。他们设置绝对、临床及强制限制，而且他们经常制定一些本质上可以协商的规则。这些规则通常围绕可能会制造小麻烦或混乱但可能并不危险的行为（例如，儿童是否能把纸从画架上取下来，放在地板上画画，或者是否允许儿童在游戏室关灯）。治疗师和儿童一起讨论在这种情况下什么是合理的，从而建立可协商的限制（Kottman，2003）。例如，如果儿童想往沙箱里倒六杯水，而治疗师觉得只需要一杯水，他们就可以进入一段旨在产生折衷方案的对话——也许是三杯。

值得注意的是，协商的限制应以明确和可衡量的方式加以界定，从而避免吉诺（Ginott，1959）对条件性限制的缺点的描述。治疗师不应该使用一个表述模糊的限制（如"用力踢球是违反规定的"），而是应该与儿童协商，直到达成一个表述具体的限制（如，"把球踢到灯上，窗上或治疗师身上是违反规定的"）。

更偏向指导性的游戏治疗师（如生态系统和游戏疗法的治疗师）倾向于把条例作为一种限制方式。他们告诉儿童将使用哪些玩具，以及在治疗中会做什么。因为他们把游戏计划以一种不容商量的形式提出，而不是一种选择，所以儿童大多数情况下会服从。因此，他们避免了必须在正式过程中进行限制的程序。当儿童不遵守治疗师的安排时，治疗师可能会决定进行物理干预，以确保他们遵守，或者可能会决定改变路径，提出一个"新的游戏计划"，并引入另一项活动。

物理干预是一个有争议的选择。选择进行物理干预的游戏治疗师必须接受安全训练，如果决定对儿童进行物理限制或强迫儿童服从，他们必须考虑可能的法律或道德后果。

一些游戏治疗师认为，对儿童的接受取决于游戏室里的纵容程度（S.Bratton，2009；Landreth，2009）。为了表达接受意愿，这些游戏治疗师在游戏室里几乎不设置任何规则。对于荣格心理分析游戏治疗师来说，游戏室是一个儿童可以公开表现他们的破坏性冲动的场所，所以几乎没有活动受到限制（E.Green，2010）。在完形游戏疗法中，当儿童表现出攻击性的能量时，治疗师可能比出现其他问题时对儿童更宽容（F.Carroll，2010；L.Stadler，2010）。在阿德勒游戏疗法中，我本人可能会比其他疗法的治疗师更倾向于限制。虽然我总是希望成为受欢迎的游戏治疗师，但我相信这并不需要我对儿童纵容。我有很多来访者故意测试限制，所以我必须制定规则和违反规则的后果。我认为有时候过多的纵容会让儿童觉得在游戏室是不安全的。

个人应用。当你考虑你最喜欢哪种游戏治疗的时候，考虑一下你对设置限制的看法很重要。你应该考虑一下，你是更愿意几乎不设置任何限制，还是有一些适度的限制，其中一些你必须与来访者一起制定。考虑一下你是否喜欢把条例作为你的治疗单元中设置限制的工具，规定儿童使用什么游戏材料以及如何使用。还要看你是否会对为确保儿童遵守你的指令的物理干预感到紧张，也必须考虑你对纵容的立场，以及纵容与在游戏室中营造接纳和安全氛围之间的关系。

治疗师的从业背景的影响

实际上，游戏治疗师的从业背景也影响着治疗师所限制的行为类型。治疗师的工作背景和工作类型可能决定他们执行各种规则的严格程度。以下示例说明治疗师的背景对设置限制的影响：

1. 乔治是一名学校心理辅导员，他将治疗游戏作为一种干预手段。他比那些在心理健康领域工作的游戏治疗师更有可能限制野蛮的行为和不恰当的语言，因为这些行为违反了学校的规定。他认为，允许儿童在他的办公室无视校规，会鼓励他们在学校的其他场所做同样的事，这可能会给他们带来负面后果。乔治刚搬了办公室。去年，乔治的办公室离校长的办公室很近，所以他不允许儿童在治疗时大声喧哗。今年，他的办公室在健身房和自助餐厅旁边，所以乔治允许儿童在参加治疗单元时弄出噪音。不管乔治的办公室在什么地方，他都会为儿童安排一些时间和活动，帮助他们从他办公室相对自由和放松的氛围中过渡到教室里，前者没有太多规则，而后者往往有很多规则。乔治认为大多数儿童需要帮助，才能使他们的行为回到课堂可接受的模式。

2. 黄开办私人诊所，在一栋高档大楼里有一间办公室，里面摆放着精美的家具和琳琅满目的玩具。她的来访者既有大人也有儿童。她严格执行有关财产损害的规定。由于她个人对儿童对机械设备或玩具造成的损害所产生的费用负责，她不允许他们违反有关损害财产的规定。

3. 泰瑞在一所大学的诊所实习时，对禁止儿童在墙壁上乱涂乱画的规定执行得相当宽松。然而，当她毕业并成为诊所的主管后，她提高了警惕性，确保来访者遵守这方面的规定，因为她意识到重新粉刷墙壁不仅会花费很多钱，而且会带来很多不便。

4. 尤瑟夫是一名上门家庭顾问，也就是去来访者家中进行治疗。他把自己的玩具带到家庭指定的治疗空间，铺上毯子，把自己的玩具和艺术材料摆放在毯子上。他必须根据每个家庭的规则和价值观来调整自己的限制。例如，泰勒一家吵吵闹闹，生气勃勃，几乎没有什么规矩，而且经常发生肢体冲突。优瑟夫倾向于让这个家庭的儿童在游戏治疗单元上大声喧哗，但在执行有关伤害他人的规则、游戏结构的规则以及把玩具留在游戏区内的规则方面，他会非常坚持。而在赞德家时，赞德的父母严肃呆板，几乎没有留给儿童表现儿童天性的自由。在他们家里，优瑟夫可能会对大声喧哗的行为施加更多限制，这样赞德就不会因为在治疗治疗单元期间违反了家庭规则而受到父母的惩罚。

这些例子旨在说明，设置限制的数量和种类与治疗师出诊的物理条件有关。这是一个相当常识性的考虑，但它仍然很重要。你需要考虑你的工作背景和工作性质如何影响你的限制方式。我希望你在做这种决定时能积极而主动，同时考虑到你的现实情况。

治疗师个性的影响

治疗师的个性也会影响游戏治疗中限制的设置。治疗师必须能接受儿童在游戏室里被允许做的行为。同样重要的是，治疗师要对自己及来访者的安全感到放心。下面的示例说明了治疗师的舒适水平所产生的影响：

1. 轩非常需要控制自己和自己的生活情境。失去控制对她来说等同于失去安全感。因此，当她认为儿童的行为太疯狂或失去控制时，就会感到特别紧张。每当她感到儿童的行为失控时，她就会觉得有必要对他们的行为施加限制。

2. 让·弗朗索瓦对有些人可能认为是危险或失控的活动有很高的容忍度。当儿童表现得很出格、弄出很大噪音、动作很鲁莽时，他也会感到非常放松，从不觉得自己受到了挑战或受到了威胁。因此让·弗朗索瓦兹可能不会对儿童施加太多限制。

3. 亨丽埃塔天性胆小怕事。她不喜欢冒险，也不明白为什么有人愿意冒险。亨丽埃塔认为，儿童做的大多数事情都可能对自己或他人构成威胁。她可能比那些喜欢冒险的心理治疗师对行为施加更多限制。

基于儿童的行为，治疗师的个性也会影响他们对儿童的接受能力。有些行为对某些治疗师来说是无法忍受或难以适应的。如果不限制这些行为，他们对表现出这些行为的儿童的接受度和共情能力可能就会降低。

下面的示例说明了治疗师容忍特定行为的能力对设置限制的影响：

1. 泰利尔讨厌蛇。每当有儿童拿着玩具蛇靠近他的时候，他就会变得非常紧张，浑身冒汗。他可能会限制儿童把玩具蛇放在他身上，因为当他被蛇缠住的时候，可能无法把注意力集中在儿童以及儿童的问题上。

2. 杰米莱特的宗教信仰中禁止使用脏话。如果有儿童在她的游戏室里骂人，她会感到非常不适。如果她认为她的不适会阻止她保持对儿童的接受和正向关怀，她可能应该限制这种行为。

3. 德克是个极其心平气和的人。他当了十年的护士，对人的生理方面都很习以为常，他的理论取向是心理动力学，这种取向下来访者很可能出现倒退行为。如果一个儿童想用沙子和水制作"大便"，然后涂在游戏室的地板上，德克对这种行为也不会感到难以忍受，所以他很可能会选择不限制这种行为。

4. 娜塔莉需要条理和秩序。她在一家精神病院工作，经常为那些极其顽皮的儿童进行游戏治疗。当儿童进入游戏室时，他们经常把架子上的所有东西都倒在地板上。虽然她对这种行为感到不适，但她选择不去限制它。相反，她提醒他们，当他们这样做时，必须比平时早些收拾房间。

个人应用。对未来的游戏治疗师来说，重要的是要审视自己、自己的个性和自己的问题，了解自己在游戏室里能接受和不能接受的行为。如果你没有意识到一些可能会妨碍你接受儿童的行为，你可能会无意中损害与儿童的关系，并对他们造成潜在的伤害。你需要探索你自己的过去和现状——审视你的思想、态度、感受和偏见，以确定是否有你觉得无法容忍的行为。然后，你需要决定你是否能够解决这些问题，以便能够在儿童做出这些行为时保持一定程度的容忍。如果做不到这一点，你可能需要自动限制这些行为，以便接受儿童。如果某个儿童不断表现出让你无法忍受的行为，你可以选择把他转给其他不存在这方面问题的治疗师。

儿童个体的影响

发育年龄、个性和儿童的生活情境有时可能成为决定限制什么的因素。年幼者通常比年长者需要更多的规则和限制。对于非常年幼的儿童（2—5岁），设置较多的限制是很有帮助的，特别是那些与人身安全和财产损害有关的限制。很多时候，这个年龄段的儿童没有必需的经验基础来指导他们决定哪些行为会对自己、他人或游戏室造成伤害。通过设置限制并解释每一种限制背后的事实理由，治疗师能够教年幼的儿童如何判断一项活动是否有害。

就个性因素而言，有些儿童似乎比其他儿童需要更多的限制。吉塞尔（Kissel，1990）提出了一种概念化儿童的方法，使用这种方法可以深入了解儿童在游戏治疗过程中与设置限制相关的个性的影响，他认为有问题的儿童可以分为两种截然不同的类别——过于松散或过于拘谨。

过于松散的儿童比过于拘谨的儿童需要更多的约束和限制，因为这类儿童在自我调节和规则约束行为方面有困难。因为他们难以自控，他们可能需要治疗师的帮助，至少在游戏治疗关系的最初阶段，这样他们才能控制自己。通常，这些儿童似乎会在游戏室里加剧他们的行为，就好像他们试图强迫游戏治疗师设置限制。通常这种类型的儿童需要更多的限制。通常情况下，治疗师对过于松散的儿童比对过于拘谨的儿童进行更多的行为限制是合适的。他们可能会避免使用太多可协商的限制，因为协商过程可能会受到过于松弛的儿童的思维过程和行为的阻碍。

相比之下，过于拘谨的儿童太拘束，鼓励他们放松下来，随心所欲，也许会对他们有益。对于这类儿童，治疗师可以通过施加尽可能少的限制，允许他们尝试不"完美"的行为，从而积极促进他们的成长，如用飞镖枪射灯，往地板上扔沙子，只要这些行为的结果不会对治疗师或财产造成任何永久性伤害。

对治疗师所限制的内容有影响的生活情境通常与儿童的失控感有关。例如，身患绝症的儿童，最近遭受重大打击的儿童，或遭受过性或身体虐待的儿童，可能经常在生活中产生挫败感——他们无力阻止坏事的发生。根据这种挫败感在游戏室中的表现，治疗师可能需要对限制内容做出改变。有些有这种遭遇的儿童可能会在游戏室里表现得肆无忌惮，这就需要对他们的行为进行许多限制。有些儿童可能表现得胆小畏怯，拒绝在游戏室尝试任何新的行为。对于这些儿童，治疗师需要设置尽可能少的限制，以便鼓励他们尝试冒险行为。

· 何时设置限制 ·

大多数游戏治疗师认为，当儿童即将打破规则时设置限制比在最初阶段给他们展示限制清单更有帮助。这有助于避免与那些有好斗倾向的儿童之间的权力斗争，对这样的儿童来说，一份限制清单只不过是一份将来可能犯下的罪行清单。它也有助于鼓励更多胆小的儿童尝试去做一些他们通常会避免的行为。

最好的限制时间是在儿童就要违反规则之前。为了能够预测潜在的问题，治疗师必须对儿童的非语言行为保持高度警惕。大多数儿童在真正做游戏室里不允许做的事情之前，就已经通过肢体语言表达了他们的意图。例如，如果一个儿童准备用飞镖枪射击治疗师。她会拿起枪，装上飞镖，对准治疗师。这一刻就是设置限制的最佳时刻——在她瞄准目标之后和扣动扳机之前。

重要的是要避免过早或过晚设置限制。如果过早设置限制，儿童往往会对治疗师的意图产生怀疑——他们会因为你不信任他们而生气。如果过晚设置限制，就会错过阻止不当行为发生的机会。这可能会导致有些儿童因为做了不可接受的事情而感到内疚，或者因为做成了一些不合适的事情而洋洋自得。

有些儿童因为没有一份规则清单约束他们的行为而变得极度焦虑。这些儿童实际上更喜欢事先有一份内容明确的限制清单。为了帮助这些儿童，L. 格尼（L.Guerney, 1990）告诉他们："当你就要做一些违反游戏室规则的事情时，我会提醒你的。"这种方式使她躲开了被提供限制清单，同时也让那些渴望被约束的儿童知道，游戏室是有规则的，她不会让他们越界。

· 发布限制时的实际考量 ·

在讨论各种限制设置方法的具体步骤之前，讨论发布限制时的一些实际考量可能会有所帮助。治疗师必须监控关于与儿童互动的个人反应、态度和感受；调节说话的语气和肢体语言；避免训诫儿童或不必要地重复儿童的名字。

成功限制的关键因素之一是表达对儿童的接受和尊重，即使他们在游戏室里做了一些不合适或不能接受的事情。要做到这一点，你必须清楚地了解你自己的问题、反应、态度和情绪，这样才不会在不经意间向儿童传达不赞成的信息。通过了解自己的触发点，监控自己对儿童的身体和情绪反应，你将更有可能控制自己通过语言和非语言渠道发出的反馈。如果有一些行为是你无法接受的，你可以把反复表现出这些行为的儿童转给其他治疗师，或者你可以在游戏治疗关系之外解决你自己的问题，无论是请教你的治疗师还是督导。

当你发布限制指令时，非语言方面的交流通常比信息的内容更重要——无论是在语音（音调、音高、音量和速度）方面，还是在身体反应方面（体态、体态和面部表情）。重要的是使用你平常的语调，不要改变你平时和儿童说话的语调模式。例如，如果你通常使用平静、平和的语调说话，没有太多的音调变化，发出限制指令时也用这种说话方式。相反，如果你通常用一种生动活泼的方式说话，发出限制指令时也要使用相同的语调。

在和儿童交谈时，不要使用讽刺或平淡的音调，因为这两种音调都会破坏限制过程。当治疗师用讽刺、戏谑或居高临下的语气发出限制指令时，儿童往往会把这当成一种挑战、侮辱或贬低。他们往往不会服从以这种方式发布的限制指令，以此向治疗师表明，他不能命令他们做什么。当治疗师用软绵绵的声音或平淡的音调发出限制指令时，儿童往往会无视这种限制；当治疗师用升调结束限制指令时，儿童也会这样做。他们之所以不把这些限制当回事，因为他们从治疗师的语调中推断出这些限制没有被认真对待，或者治疗师不确定自己执行限制的能力。

使用你通常使用的音高也很重要。如果你的声音通常比较高，在大多数情况下，你发出限制指令时也要用那个音高。否则，你可能让儿童以为你很恐慌，或者你试图通过压制他们来控制他们的行为。如果你的声音通常相对较低，在大多数情况下，你发出限制指令时也要用那种音高。否则，你可能会把自己当时的焦虑情绪传递给儿童。然而，这项禁令也有例外。对一些儿童来说，降低你的音调会使限制更有效，因为他们更有可能服从用更低沉的声音传达的限制指令。但对另一些儿童而言，提高你的音量可能会传达出紧迫感，这可能会促使他们服从你的指令。

你的体态、动作和面部表情都能传达你的想法和感受，记住这一点很有用。同样，发出限制指令时的最佳策略是避免改变这些非语言交流渠道。如果你要改变任何一种非语言交流方式，应该是有意识地去做，事先已经考虑清楚你希望你的肢体语言传达什么。例如，如果一个儿童坐在你的腿上，你要告诉他你的腿不是用来坐的，如果他没有离开你的腿，你必须站起来，这样才能使你的语言和非语言信息保持一致。如果你在设置这个限制时一直坐着，就等同于传达两种相互矛盾的信息，这可能会让儿童感到困惑。

无论你选择用什么程序来设置限制，记住要言简意赅。如果你能避免说教或拖延过程，你将在设置限制方面取得更大成功。最有效的限制不需要治疗师作长篇累牍的解释或高谈阔论。保持简洁，保持快速。

很多时候，治疗师在发出限制指令时会过多地喊叫儿童的名字。这种重复似乎与治疗师的焦虑程度以及他们吸引儿童注意力的需要有关。治疗师可能认为，多次重复儿童的名字会增加儿童服从的可能性。这是错误的推理。治疗师应尽可能少地使用儿童的名字，以避免表现出不自信情绪。

同样重要的是要考虑儿童所在的文化以及在那种文化中管教儿童的方式。例如，在大多数美国土著家庭中，父母很少设置限制，并期望儿童自我约束，而在许多旧秩序的阿米什家庭中，不服从、反抗或固执的结果可能是鞭笞（Glover, 2001）。对一些亚洲儿童来说，一种限制可能被理解为丢面子，给家庭带来耻辱，给儿童带来羞耻和内疚（Kao, 2005; Kao & Landreth, 2001）。虽然游戏治疗师不必严格遵守每个儿童所在文化的管教模式，但必须了解这些模式是什么，并在设置限制时考虑到对该文化的尊重。

佩雷斯、拉米雷斯和克兰兹（Perez, Ramirez, & Kranz, 2007）认为，通常适用于游戏室的一些限制对于第一代墨西哥裔美国儿童是不合适的，应该根据该群体的文化特征进行调整。例如，对于这个群体来说，限制从游戏室拿走玩具或材料可能是不合适的，因为他们的文化中，分享玩具是玩耍的自然组成部分。另一个可能遭反对的限制是让儿童待在游戏室里，不允许他们在户外活动，许多墨西哥裔美国儿童习惯在户外玩耍。禁止朋友或家人陪同儿童参加治疗单元违反了墨西哥人"家庭主义"的文化价值观，即家庭成员之间相互帮助，共度美好时光和艰难时光，所以这一限制也不适合他们。该领域的从业者必须考虑来访者的文化规则和特征，以确保游戏室的规则不会违反来访者的文化传统。

· 设置限制的策略 ·

在游戏治疗中设置限制有许多不同的策略。其中一些与理论取向有关，另一些则由治疗师的偏好决定。本节所列的限制策略清单并非一成不变，也不算详尽。笔者选择了兰德雷斯（Landreth, 2002）、路易丝·格尼（Guerney, 1997）和科特曼（Kottman, 2003）所概述的方法。

兰德雷斯的方法

兰德雷斯（Landreth, 2002）用"ACT"来表示他的三步限制程序，这是对吉诺（Ginott, 1959）提出的程序的改编。

1.A（Acknowledgement, 确认）：确认儿童的情感、愿望和需求（例如，"你似乎真的在生我的气，你想向我开枪。"）。

2.C（Communicate, 表达限制）：用被动语气的表达形式表达对儿童的限制（例如，"我不适合被开枪。"）。

3.T（Target: 目标转移）：为儿童选定适当的替代行为并加以引导（如，"伊丽莎白，你可以选择向玩偶或沙袋开枪，来代替向我开枪。"）。

兰德雷斯强调治疗师必须明确界定什么是可接受的，什么是不可接受的。对于第三步，他还建议喊叫儿童的名字来吸引他们的注意力，并使用非语言暗示来转移儿童对最初行为目标的注意力。他承认，有时治疗师无法按顺序遵循这些程序——在某些情况下，更重要的可能是快速实施限制，然后确认儿童的行为。

针对那些用不合作态度回应"ACT"限制程序的儿童，兰德雷斯概述了第四个步骤，即陈述一个最终选择或"最终"限制。这包括儿童坚持不服从可能带来的后果（如，"如果你再选择向我开枪，就选择了今天放弃玩枪。"）。这种技巧的一个重要特性是，在选择互动将如何进行下去时，允许儿童的参与。尽管离开游戏室是可能发生的最终后果，但治疗师应尽量避免提出这样的后果，以便儿童有机会纠正自己的行为，继续参加治疗。

兰德雷斯强调治疗师必须在这个过程中锻炼耐心，尽可能避免使用第四步。他还强调，治疗师的语气和非语言行为必须始终让儿童体会到温暖、共情、尊重和接受，即使他们没有遵守限制。当儿童继续拒绝遵守限制时，兰德雷斯建议游戏治疗师要求父母进行干预，而不是使用物理干预，以免可能破坏与儿童的治疗关系。

格尼的方法

路易丝·格尼（Guerney, 1997）也坚持非指导性的、以来访者为中心的取向，但是她使用的三个步骤与吉诺（Ginott, 1959）和兰德雷斯（Landreth, 2002）所描述的不同。

1. 治疗师陈述规则（如，"你不能向我扔任何东西。"）。
2. 如果儿童再次表现出那种行为，治疗师提醒儿童相应的规则（如，"你还记得我告诉过你，你不能向我扔东西吗？"），同时警告儿童继续违反规则的后果（如，"如果这件事再发生，你就必须把球放下。"）。
3. 如果儿童第三次表现出这种行为，治疗师就要落实后果（如，"既然你决定再次把球扔向我，那么在接下来的治疗过程中，球就必须被放在架子上。"）。

格尼（Guerney, 1997）强调，治疗师不应该指出儿童的行为可能产生的影响，而应该简单地用非常实用的术语来描述禁令（如，"你不能用锤子爪把那个玩偶娃娃扯破。"）。虽然她有时实施与儿童违规行为相关的一种后果，但如果这种不可接受的行为继续下去，她也会实施让儿童离开游戏室的后果。

科特曼的方法

科特曼（Kottman, 2003）描述了在阿德勒游戏疗法中设置限制的四个步骤，其中包括治疗师和儿童之间的协商过程。

1. 治疗师以一种不带评判的方式陈述限制，强调这个限制是专门针对这种场景下的规则（例如，"向人开枪是违反游戏室规则的。"）。

2. 治疗师会反射儿童的情绪，或者猜测儿童行为的目的（例如，"我知道你现在很生气"，或者"你想让我知道我无法控制你的行为。"）。

3. 治疗师让儿童参与产生一种适当的替代行为（如，"我敢打赌你在游戏室里能找到其他可以射击的东西。"）。这句话为治疗师和儿童之间的协商过程开启一扇门，在这个过程中，他们为可接受的行为设计一个具体可见的协议（例如，"记住，除了我、你和镜子，你可以向任何东西开枪。"）。

对于大多数儿童来说，第三步是限制过程的最后一步。科特曼推测，让儿童参与制定在游戏室里可以接受的行为，会让他们产生一种当家作主的意识和权力感，从而阻止他们继续实施被限制的行为。然而，对于那些坚持不服从的儿童，还有第四步，其中包括治疗师再次反射情绪或猜测儿童行为的目的，然后制定继续违规逻辑后果（如，"如果你选择再次对我开枪，我们将需要决定会产生什么后果。"）。后果应与被禁止的行为有关，并显示对儿童的尊重，而非严酷的或惩罚性的后果。落实后果时适可而止是有益的，这样儿童就有机会在违规发生的同一时间段内做出适当的改变。设置5—10分钟的期限可以给儿童一个改正错误行为的机会，以更适合的方式使用某种玩具或处理某种情况。这种方法是为了防止儿童离开游戏室时产生挫败感。

关于后果延续多长时间的决定必须在第四步做出。治疗师可以等着看儿童是否履行在第三步制定的协议，而不是声明不服从协议所带来的后果；或者将第三和第四步结合起来，在确定协议时就确定后果。科特曼建议推迟后果的产生可以传达相信儿童会服从的信念。然而，这是一个个人偏好问题——每个治疗师都必须针对个案做出具体决定。

有些行为治疗师可能不希望其反复发生，比如故意打人或打碎玩具。对于这些情况，治疗师可以将第三步和第四步结合起来，或者在儿童真正打破限制之前，将后果作为一种选择呈现给他们（如，"如果你选择用剑攻击我，那么你就选择了在剩下的时间里丢掉剑。"）。使用这种先发制人式的技巧的一个缺点是，儿童没有参与后果的制定。然而，在某些情况下，对某些儿童来说，可能有必要这样做，以防止伤害的发生。

· 设置限制的示例 ·

为了展示本章描述的每种设置限制的方法，下面提供了几种不同的场景，并示例说明治疗师将如何使用每种方法进行限制。如果每个过程的描述在某些方面不够准确，那是因为笔者对该方法的理解有误，而不是该方法提出者本人的问题。

奥马尔（9岁）的父母把他描述为"我们的掌上明珠"，但是他的校长把他描述为一个叛逆的儿童，经常违反校规，攻击他人，破坏他人物品。在这一年里，他因损坏学校财产和伤害其他儿童而多次被送回家。他的父母不认为他应该受到这样的惩罚，但按照学校的要求，他接受了游戏治疗。在第三次治疗时，奥马尔走进游戏室，拿起一把塑料枪，开始敲打玩具屋里的塑料娃娃。其中有几个在治疗师介入之前被打裂了。

兰德雷斯的方法。"我看得出你想用枪打那些娃娃。不过这些娃娃不是用来砸的。奥马尔，你可以用枪砸枕头或毛绒玩具。"如果奥马尔没有停止，治疗师接着说："如果你选择继续用枪敲打玩具娃娃，你就选择了这次治疗不玩枪。"

格尼的方法。"你不可以用枪砸这些娃娃。"如果奥马尔没有停止，治疗师接着说："还记得我告诉过你，你不能砸娃娃吗？如果这种情况继续发生，你就必须把枪放在架子上。"如果奥马尔无视这个警告，治疗师可以说："既然你选择继续砸娃娃，那我们剩下的时间就只能把枪放在架子上了。"

科特曼的方法。"在游戏室里打碎玩具是违反规定的。我能看出你在为什么事情生气，但不能破坏玩具。让我们来想一个在游戏室里允许儿童敲打的东西。"治疗师和奥马尔达成了一项协议，奥马尔可以砸鸡蛋盒或撕纸来发泄自己的愤怒，而不是打玩偶。如果他依然如故，或者拒绝达成协议，治疗师可以说："我看你已经决定继续违反不准破坏玩具的规定。我们需要考虑一下后果，以防你继续破坏玩具。"治疗师和奥马尔协商出逻辑后果，奥马尔在15分钟内不许碰枪，不过在剩下的时间里，他可以尝试用合适的方式使用这个玩具。

洛蒂（4岁）走到水池边，把水倒进一个大水桶里。她拎起水桶，准备把水倒进沙箱里。

兰德雷斯的方法。为了在游戏室里营造一种宽容的氛围，使用兰德雷斯法的游戏治疗师很有可能不会限制这种行为。如果治疗师认为这种行为有可能制造混乱，防碍其他儿童玩沙子，他们就可能决定实施限制："我看得出你想把水倒进沙子里，但水不适合倒进沙子。洛蒂，你可以选择把水倒在水池里。"如果洛蒂无视治疗师的提醒，治疗师可以说："如果你选择往沙箱里倒水，就选择了在今天剩下的游戏时间里不玩水或沙子。"

格尼的方法。"你不可以把水倒进沙子里。"如果洛蒂坚持，治疗师接着可以说："记得我说过你不可以往沙箱里倒水吗？如果你继续这么做，你就得把水桶放下，把沙箱盖上。"如果洛蒂不服从，治疗师可以说："既然你决定把水倒进沙箱，水就得倒进水池，盖子也得盖在沙箱上。"

科特曼的方法。"往沙箱里倒那么多水是违反游戏室规定的。看起来你觉得把所有的水都倒进沙子里面很有趣，但是那样会把沙子弄得一团糟。你觉得多少杯水（把量杯递给她）能把沙子变潮，但又不会变得一团糟，以至于其他儿童不能在里面玩？"通过这种方式治疗师在和洛蒂协商，就合理的水量达成协议。如果洛蒂拒绝协商或不遵守协议，治疗师可以说："你想让我知道我不能命令你该怎么做。但是如果你选择往沙子里倒超过我们认为适度的水，你就选择10分钟内不玩水或沙子。"

加布里埃尔（5岁）很生气，因为治疗师设置了一个限制。她扑倒在地，开始用头撞水泥墙，尖叫着："你这个坏蛋。你不能命令我该做什么。"

无论采用何种限制方法，治疗师都必须先进行干预，以阻止儿童伤害自己。这种干预可能包括来自治疗师本人的制止，治疗师要求父母制止儿童，或者在儿童的头和墙壁之间放一个枕头。

兰德雷斯的方法。治疗师走过去阻止儿童撞头，说："你不能撞头。你很生气，因为我告诉你不能对着镜子开枪。加布里埃尔，你可以选择停止撞头，或者你可以选择让你妈妈来把你带出游戏室。"

格尼的方法。治疗师走过去阻止儿童撞头，说："你不可以把头往墙上撞。"如果她依然如故，治疗师可以说："记住我告诉过你，你不可以把头往墙上撞。如果你继续这样做，我们将不得不离开游戏室。"如果她没有停下来，治疗师接着说："既然你决定不停止撞头，我们将不得不离开游戏室。"

科特曼的方法。治疗师走过去阻止儿童撞到头，说："用头撞墙是违反规定的。你生气了，想让我知道我不能命令你该做什么。我保证让你选择其他东西击打2分钟，以发泄你的怒气。"治疗师和儿童协商后，他们决定让她击打枕头2分钟。

· 实践练习 ·

针对下列情景，用两种不同的限制方法的步骤进行实验。确定这两种限制的类型，并解释你选择用这些类型的理由。还要解释如果儿童不遵守限制，你会怎么做。

1. 塔米（8岁）是个被收养的儿童，她一直在为身份问题以及感觉自己在现在的家庭中是个局外人的问题而纠结。她的养父母是白人，她是非裔美国人。她是在4岁时被收养的，当时法院以身体和语言虐待为由，终止了她亲生母亲作为看护人的权利。当你提到也许玩偶娃娃（它被玩偶妈妈打了）希望不要继续和妈妈住在一起时，她似乎很激动。塔米停止玩耍，拿起一把剑，举到你的头顶上，用非常愤怒的声音说："我要砍掉你的头。"

2. 杰罗姆4岁。他的父母正在闹离婚，正处于一场激烈的监护权争夺战中。杰罗姆目前的问题包括夜惊、分离焦虑（和他的父母）、过度哭泣和对成年人的依赖。在第四次治疗中，他把玩具屋里的所有玩偶都拿出来，试图把它们塞进游戏室的烟囱里。

3. 因为在家和学校不服管教，琳达（6岁）被推荐接受游戏治疗。她对父母既粗鲁又无礼，还欺负她的两个妹妹。在第一次治疗中，她直视着你，把硬币放进嘴里，显然是准备吞下去。她说："我打赌你不能阻止我把这吃下去。"

4. 马拉奇（10岁）被诊断为发育迟缓但智力正常。学校的心理学老师认为他可能患有阿斯伯格综合征。他没有一个朋友，经常不理睬他的老师。他很少与人目光对视，而且似乎避免与人接触。他的父母和老师让你治疗他在社交技能和自尊方面的问题。在第六次治疗中，当他用勺子把玩偶士兵埋在沙箱里时，不小心把沙箱里的沙子撒了出来。他笑着又做了一遍，然后开始玩起用勺子扔沙子的游戏。

5. 胡安娜（4岁）的父母离婚了，他们共同抚养胡安娜和她的哥哥。她母亲带她来接受心理治疗，因为她觉得自己女儿的行为"失控"。胡安娜总是无视母亲的指示,据她母亲反应,"胡安娜和父亲在一起时,有太多的淘气行为逃脱惩罚。"在她的第三次治疗中,胡安娜从柜子里拿出手指画颜料,开始往自己脸上和裙子上涂,同时笑嘻嘻地哼着歌。当你叫她停下来时,她不理睬你。

6. 和第 5 题的场景一样,不同的是胡安娜往你身上涂颜料。

7. 根据他父亲的反应,伊扎克(5 岁)总是非常胆小。他的父母无法解释他为什么会这样,不过他们说,他的这种行为似乎源于他祖父的去世。在他开始接受治疗的时候,一遇到新情况他就哭,哭的时候全身都在颤抖。自从开始治疗以来,他在这个问题上取得显著进展。第十四次治疗进行到一半时,他笑着对你说:"我要出去到隔壁操场上玩。再见!"

8. 科伦拜恩(8 岁)是家里五个孩子中的老大。她的父母说,她总是自行其事,做任何她想做的事,不顾后果。事实上,她的父母告诉你,他们已经智穷才尽了,因为"似乎没有什么能让她改变主意。"在第五次治疗中,她走进游戏室,把玩具架子上所有的玩具统统扔下来,并故意摔破玩具。

9. 帕琳达(6 岁)是你辅导过的最"成熟"的孩子。每次他来游戏室上课时,就会安安静静地坐下来,向你描述他一周的情况。他不喜欢玩手指画颜料或沙子等"脏"东西。他的问题是呆板和缺乏孩子气,进行几次治疗以后似乎并没有取得多大进展。他的治疗只剩下三次了,所以在第七次治疗中,你决定采用更具指导性的手段。你让帕琳达把剃须膏喷到桌子上,然后用手涂抹。他告诉你他"绝对不会那样做"。你坚持让他那么做,他把剃须膏的喷嘴对准了你。

10. 特·肯雅(8 岁)在她 5 岁时被邻居的一个男孩性侵。当时她并没有表现出任何不良反应,但最近她开始与几个表兄妹模仿性行为。在和你的六次治疗中,她的行为都带有诱惑性,但没有做任何明显的跟性有关的举动。在第七次治疗中,她走近你,开始用她的胯部摩擦你的膝盖。

11. 德莫特(7 岁)自称是一个"野孩子"。他喜欢爬到高处,然后跳下来。他的腿已经摔断过几次,但他似乎没有从这些经历中吸取教训。他开始攀爬游戏室的架子,还扬言说:"我打赌我敢从上面跳下来。"

12. 珍妮(9 岁)很擅长运动,但她生活的其他方面似乎都很失败。她在学校的成绩很差，没有朋友，在家总是制造混乱。第一次来游戏室时，她想和你一起玩投球和接球游戏，你决定顺从。在随后的课程中，她只想做这个游戏。她的治疗已经进行了10次。到目前为止，每次她都坚持让你陪她玩接球游戏。你觉得这不是特别有帮助，在第11次治疗时，你决定拒绝她。她把球砸向你。

13. 文君（7岁）是一个模范学生，但他的老师让他来接受心理治疗，因为他表现出完美主义的负面影响。据他的老师反应，他对自己认为的个人"失败"有非常极端的反应——撕毁不是百分之百正确的作业，拒绝参加他不确定能否得高分的考试。他的父母说，他们对他有很高的期望，希望他尽最大努力，但当他失败时他们并没有使用体罚。在第一次治疗中，他画画的时候不小心把一些颜料洒在了地板上。他开始大哭起来，并且把颜料盒拿到水池边，准备把所有颜料都倒出来。

· 思考题 ·

1. 根据你以前和儿童打交道的经历，描述一下你在管理儿童的不良行为时的容忍度。

2. 根据你以前和儿童打交道的经历、和其他成年人的互动经历、实践练习，以及治疗经验，你认为什么样的不当行为会让你最焦虑？解释你的理由。

3. 对你来说，限制最困难的部分是什么？解释你的理由。

4. 你认为在游戏室设置限制的目的是什么？解释你的理由。

5. 你可能的工作背景将会对你设置限制方面产生什么样的影响？解释你的理由。

6. 你的个性或存在的问题会对你的限制方式产生什么样的影响？解释你的理由。

7. 你对条件限制持什么立场？你是愿意和儿童协商一些限制条件，还是更愿意采取一种非此即彼的立场？（如，"是的，你可以这样做。""不，你不能这样做。"）

8. 对于每种类型的限制，吸引你的是什么？

9. 对于每种类型的限制，你认为对你来说最困难的是什么？

10. 如果你想在游戏室里制定自己的限制策略，你会包括哪些步骤？解释每一步的作用。解释每一步是如何与你对儿童的看法相吻合的。

11. 你如何看待对儿童的限制？你如何决定是否对儿童进行物理干预？

12. 你认为限制儿童的行为会对你和他们的关系产生什么影响？

13. 你将如何根据儿童的种族或文化背景来调整你的限制策略？

14. 你对游戏室里的纵容持什么态度？你对几乎没有限制的纵容感觉如何？你认为必须纵容儿童才能被他们接受吗？当你允许儿童做一些可能会打扰或冒犯你的事情时，你怎么做到接受他们？

第9章
把责任归还给儿童

为儿童进行治疗的过程中，你也许会发现自己很容易就养成对他们百般照顾并替他们做决定的习惯。只要有可能，就必须避免这种做法，因为它可能对儿童的自信心和自我效能感有害。避免为儿童做他们能够（也应该）为自己做的事情的主要方法之一是将责任归还给儿童（Kottman, 2003; Landreth, 2002）。这种技能包括让儿童知道，无论是以直接方式还是间接方式，游戏治疗师相信他们有能力成功完成一种行为，或做出某个决定。

对大多数使用这种技能的游戏治疗师来说，其目标是赋予儿童以力量，暗示他们治疗师相信他们能成功，提升他们解决问题的能力，给予他们尝试他们通常可能不会尝试做某件事情的经历。通过将责任交还给儿童，治疗师试图向他们灌输一种自我效能感，并暗示他们某个任务或选择是他们力所能及的。尝试的真实经历本身往往就能鼓舞人，即使儿童没有完全做成他们想做的事情。当儿童意识到他们可以控制自己的行为和决定时，这会让他们体验到一种可能不会经常体验到的力量感。他们尝试的行为是否成功，决定是否正确并不重要。通过允许他们应对自己的选择所带来的结果，治疗师鼓励独立、自我责任和创造力（Kottman, 2003; Landreth, 2002）。在心理动力游戏治疗中，将责任交还给儿童还有一个目的：鼓励儿童将无意识的担忧投射到游戏/隐喻中（T.Tisdell, 2010）。

·何时把责任归还给儿童·

在儿童明确或含蓄地寻求帮助的情况下,以及在治疗师认为有必要帮助他们,即使他们并没有表示出寻求帮助的愿望的情况下,运用"把责任归还给儿童"的技巧往往比较合适。有时责任与行为有关,有时与决定有关。以下示例说明每一种情况:

★儿童明确寻求行为方面的帮助
"你能帮我系鞋带吗?"
"你能帮我把水龙头打开吗?"
"请帮我扣上外套的扣子。"

★儿童明确寻求决定方面的帮助
"你能告诉我这幅画应该用什么颜色吗?"
"你觉得我下一步该怎么办?"
"这个红色木偶是什么动物?"
"这是什么?"

★儿童暗示需要行为方面的帮助
"我不会系鞋带。"
"你是怎么使这个水龙头流水的?"
"我不会看时间。"

★儿童暗示需要决定方面的帮助
"我不能决定用什么颜色来画这艘船。"
"我不知道下一步该怎么办。"(看着治疗师)
"我想知道这个小东西是什么动物。"

★ 治疗师可能觉得有必要在行为方面主动帮助儿童的情况

儿童反复跳起，试图够到架子上的什么东西。

儿童一直试图系鞋带，但没有成功。

儿童正在往飞镖枪里装飞镖，但还没有完全弄明白怎么装进去。

★ 治疗师可能觉得有必要主动帮助儿童做决定的情况

儿童环顾一下游戏室，显然很难决定该做什么。

儿童摸了许多不同的玩具，拿起又放下。

儿童站在那里，手里拿着画笔，但没有在纸上画任何东西。

· 如何把责任归还给儿童 ·

把责任归还给儿童的方式主要有两种：直接方式和间接方式。直接方式只有一种，间接方式至少有四种变化形式：①使用儿童隐喻；②使用简短的鼓励性的回应；③重述内容、反射情绪或追踪；④运用耳语技巧（G.Landreth, 2009）。有时，治疗师可能会把直接方式和间接方式的要素结合起来。

当治疗师把责任归还给儿童时，常常不由得先描述儿童想要什么，然后使用"但是"一词作为转折，引起下文"交还责任"的内容（例如，"我知道你想让我帮你挑选涂房子使用的颜料，但是在这里，你可以自己决定涂什么颜色。"）。实际上，在这些示例中，使用"不过"一词比用"但是"一词更好（例如，"我知道你想让我帮你挑选涂房子使用的颜料，不过在这里，你可以自己决定涂什么颜色"）。在这种情况下，"不过"一词向儿童传达了一种积极的信息，而不是暗示儿童犯了一个错误或做了一些需要纠正的事情——"但是"一词往往会传递这种信息。

把责任归还给儿童的直接方式

在直接方式中，治疗师明确告诉儿童，是由他们执行某种行为或做出选择，没有外部援助。若儿童明确求助，治疗师只需让他们自己去做某件事或做某个决定（例如，"在这里，你可以对玩偶娃娃做任何你想做的事情。"），或说些鼓励的话语（"我敢打赌，你能决定你想对娃娃做什么。"）。

当治疗师认为儿童在含蓄地求助时，可以先猜测他们希望治疗师为他们做什么事情或做什么决定（例如，"你似乎想要我告诉你把花涂成什么颜色。"）。之后，治疗师会告诉他们，他们自己可以应对这种情况，或者自己做出选择（例如，"在游戏室里，你可以为自己做决定"），或者说一句鼓励的话（例如，"我相信你有能力弄清楚自己想做什么。"）。当治疗师感觉需要在行为或决定方面帮助儿童（即使他们没有问），他们可以先反射一种情绪，然后说一句鼓励的话，表明他相信他们自己可以对付（例如，"你好像为够不着顶层架子上的木偶感到泄气，我敢打赌你能想办法把它取下来。"）。

把责任归还给儿童的间接方式

把责任归还给儿童的其他策略则更为间接。如前所述，这种方式有四种变化形式。

使用儿童隐喻。治疗师可以通过隐喻将责任间接地归还给儿童。例如，如果儿童问治疗师老鼠应该藏在哪里，治疗师可以回答："老鼠可以自己选择一个地方躲开猫"，或者"鼠小姐，我敢打赌你能找到一个地方躲起来。"通过与儿童谈论游戏中的"角色"或直接与角色对话，治疗师可以鼓励儿童在不脱离儿童隐喻的情况下做出决定或实施行动。显然，这种方法只有在儿童通过隐喻进行交流时才有效。

使用最简鼓励性回应。间接归还责任的另一种方法是使用简短的鼓励性的回应（如，"嗯……"或"呃………"），或者当儿童寻求帮助时不予理睬（Landreth, 2002）。通过回避反馈，治疗师让儿童有时间去做决定或实施行动，而不需要治疗师的介入或输入。这种方法似乎在儿童间接寻求帮助的情况下效果最好。当儿童直接寻求帮助时，它也会起作用，但在那种情况下可能会让儿童感到一定程度的沮丧。

重述内容、反射情绪或追踪。通过重述儿童请求的内容（如，"你问我，那个红色小东西是什么。"），反射儿童的情绪（如，"你似乎有点儿急于知道现在到底是什么时候。"），或追踪（例如，"你触摸了所有的玩具。"），治疗师可以把责任间接地还给儿童。大多数时候，这种方法在儿童寻求帮助或表现得似乎需要帮助的情况下很奏效。

运用耳语技巧。治疗师也可以使用耳语技巧（G.Landreth, 2009）。耳语技巧通常用于角色扮演（参见第 13 章 "高级游戏治疗技巧"），但也可以用于将责任归还给儿童。例如，如果西格蒙德让治疗师告诉他把球藏在哪里，治疗师可以用耳语向儿童寻求指导（例如，"我应该说球在哪里？"）。这种技巧会让儿童负责为自己的问题找到答案。当儿童直接寻求帮助或建议时，使用耳语技巧似乎效果最好。

直接和间接相结合的方式

有时，治疗师可能需要使用直接和间接相结合的方式把责任归还给儿童。其中一种情况是当治疗师不知道儿童是否真的能完成任务，但想收集更多信息的时候。在这种情况下，治疗师可以先使用间接方式，重述儿童要求的内容，或反射一种情绪，并观察儿童的反应。例如，如果万鹏要求治疗师为她把一个拼图拼在一起，治疗师可以反射一种情绪，然后重述她请求的内容："你似乎担心也许不能把拼图拼在一起，所以你要求我为你做这件事。"当儿童回答了这个假设时，治疗师就能做出关于下一个干预的决定。如果万鹏纠正说，她知道怎么拼图，但感觉有点担心她的能力，治疗师可以使用直接回应，首先指出她的感受，然后把责任直接还给她，例如可以说："你对能否把拼图拼在一起感觉有点儿担心。我相信，只要你愿意努力，一定能完成。还记得上周吗？那时你就完成了一个拼图。"

如果儿童的反应表明，她很有可能无法成功完成手头的任务，治疗师可以建议合作方式，他们两人组成团队，一起成功完成任务。需要注意的是，只有当儿童寻求行为方面的帮助时，将直接方式与间接方式相结合，并建议合作才是合适的。这种方法对于儿童做决定时的求助不合适,因为尽管儿童可能会有一些不能成功完成的行为,但他们总是能够在游戏室里做决定,因为在游戏室里,所有的决定都是对的。因此,关于做决定的合作是不合适的,因为这涉及到治疗师为儿童做一些儿童可以独自做的事情。

· 何时不把责任归还给儿童 ·

把责任归还给儿童并不总是合适的。虽然每个治疗师都需要决定是否在特定情况下对儿童使用这种技巧,但在几种情况下,将责任还给儿童可能是禁忌(Goodyear-rown, 2010; Kottman, 2003; J.P.Lilly, 2010)。这些情况可能包括:①治疗师认为儿童无法对该行为负责;②儿童正在经历行为倒退,治疗师认为该行为适合他;③儿童的生活经历表明,儿童在某些情况下可能需要有人照顾;④儿童过去生活得不是很好,在短时间内需要特别的关爱。

儿童不能对该行为负责

对儿童来说,如果大人认为他们有能力做某件事情,而实际上他们却做不成,他们将会感到非常沮丧。如果治疗师不知道儿童是否真的能做某件事,建议和儿童合作完成这个项目通常会更有帮助和令人鼓舞。治疗师可以建议他们在活动中合作(例如,"让我们作为一个团队来做这件事。你把这根鞋带绕成圆圈拿着,我把另一根绕着它缠一圈。");或者让儿童告诉他如何完成某项任务(例如,"告诉我你想把它举多高,它应该挂在墙上什么位置。")。

这种策略避免让儿童产生"不能完成任务就是无能"的想法,因而不会为之沮丧。

行为倒退

如果治疗师的理论取向(如荣格心理分析、折衷取向和心理动力学)支持倒退对儿童治疗有利的观点,那么如果儿童正在经历行为倒退,治疗师可以选择不将责任还给儿童。例如，当索菲亚（9岁）模仿婴儿的声音说："我是小宝宝。你能用这条毯子把我裹起来吗？我自己做不到。"治疗师可以选择为她做这件事。

儿童的生活经历

有时，儿童的生活经历表明他们在某些情况下没有心理能力或准备照顾自己。这可能是由于某种创伤或儿童受照顾方面的某些因素，导致儿童在当前无法承担责任（Goodyear-Brown, 2010; J.P.Lilly, 2010）。弗兰克（8岁）就是一个可能影响这种技巧使用的创伤案例，他2岁时从楼梯上摔下来摔断了双臂。弗兰克感到与楼梯有关的巨大焦虑，不牵着成年人的手爬楼梯对他来说很困难。如果弗兰克要求治疗师在他们上楼去办公室时握住他的手，治疗师可以选择不把这个责任还给他。

在儿童的成长过程中，有些因素可能会影响把责任还儿童的决定，拉赫蒂（7岁）就是一个示例。拉赫蒂的妈妈在她1岁时去世，她的爸爸罹患重度抑郁症，不得不住院治疗，一直没有康复。拉赫蒂是由几个远房亲戚抚养大的，他们自己也有好多孩子，不能把太多的精力放在拉赫蒂身上。她依赖心很重，经常要求治疗师帮她做她自己能做的事情。拉赫蒂的治疗师认为，拉赫蒂比许多其他孩子更需要照顾，因此治疗师并不总是把责任还给拉赫蒂，即使在治疗师认为拉赫蒂有能力照顾自己的情况下也是如此。最后，当拉赫蒂开始感觉更加自信时，治疗师才把责任还给她。

儿童的现状

如果治疗师掌握了儿童当前生活情境的信息，他们可能决定在某个特定的时间不把责任归还给儿童。这可能包括儿童经历了特别糟糕的1周或1个月、某种创伤的周年日、不寻常的家庭动荡，等等。在这种情况下，即使是通常非常自立的儿童也可能会寻求帮助。当这种情形发生时，治疗师可能会决定放弃将责任还给儿童。例如，自从6岁的祖宾开始接受治疗以来，他总是自己安装飞镖。在父母告诉他他们要离婚的 1 周后，他要求治疗师帮他安装飞镖。祖斌的治疗师可能会决定为他做这件事，而不是把责任还给他。

· 不同理论取向的游戏治疗中的应用 ·

根据来自各种游戏治疗专家的信息，将责任还给儿童的技巧似乎是一种广泛使用的游戏治疗策略，用于阿德勒、以儿童为中心、认知行为、荣格心理分析、完形、折衷取向和心理动力学游戏治疗。在接受调查的专家中，故事游戏派专家（A.Taylor de Faoite）、游戏疗法派专家（E.Munns）和完形派疗法专家（F.Carroll）不使用将责任还给儿童的技巧。泰勒德·法奥埃特解释说，她不会使用这种技巧，因为她会利用这些情况与儿童"共同构建一种体验"。

关于在何种情况下使用这一技巧，所有使用这一技巧的专家的观点相对一致。当儿童要求他们做一些儿童可以独立完成的事情，或者要求他们做儿童没有尝试独自去做的决定时，他们往往会把责任归还给儿童。

来自非指导性游戏治疗师的调查表明，他们通常会使用相对简单的方法将责任还给儿童，很少结合直接和间接反馈。对于那些需要帮助做决定的儿童，大多数非指导性的游戏治疗师可能会使用某种变化的直接形式（如，"在这里，你可以做决定。"）。对于那些行为方面需要帮助的儿童，大多数非指导性的治疗师会使用一种间接的方式，如反射儿童的情绪，重述请求帮助的内容，追踪儿童的行为或者使用最简鼓励性回应语。

一些更偏向指导性的游戏治疗师建议，他们可能会使用更复杂的程序把责任归还给儿童。在把责任归还给儿童之前，他们可能猜测来自儿童交流信息的潜在意义（Kottman，2003）和给儿童解释为什么他们向治疗师寻求帮助、指导或许可（O'Connor，1997）。

R. 范弗利特（VanFleet，2010）特别指出，虽然她运用了将责任还给儿童的技巧，但如果儿童需要她的帮助，她总是会跟随儿童的引导，帮助儿童。她认为很难确切地知道儿童为什么要寻求帮助。她不赞成用直接鼓励的方法把责任归还给儿童（如，"你可以自己想清楚。"）。

·把责任归还给儿童的示例·

下面的示例包含了涉及到把责任归还给儿童之技巧的各种情况。每个场景之后都列出了几种把责任归还给儿童的方法，并且每种方法后面都标注了所属类型。

儿童明确寻求行为上的帮助

★唐坐在地上说："你能帮我系鞋带吗？"

1．"我想你可以自己系。"（直接回应兼鼓励。）

2．"你需要有人帮你系鞋带。"（间接回应，重述内容。）

3．"你似乎有点儿紧张，不知道能否系好鞋带。想和我一起试试吗？"（间接回应和直接回应相结合，反射情绪，并建议合作。）

★雷纳走到水龙头前说："你能帮我把水打开吗？"

1．"你可以自己做这件事。"（直接回应兼鼓励。）

2．"你想让我为你做这件事。"（间接回应，重述内容。）

3．"你希望我为你把水打开。你告诉我该做什么，我们可以互相帮助。"（间接和直接回应相结合，并建议合作。）

★上周自己扣外套扣子的腾格说："请帮我扣上外套扣子。"

1．"我注意到你上周全靠自己做的，我猜这次你也能自己做。"（直接回应兼鼓励。）

2．（治疗师）微笑着点头表示鼓励，但并没有伸出援手。（间接回应，最简鼓励性回应。）

3．"虽然你上周做了这件事，却没有信心能再做一次。你为什么不告诉我开头怎么做，然后我们一起做呢？"（间接和直接回应相结合，反射情绪并建议合作。）

儿童明确寻求做决定的帮助

★ 正在画画的罗薇娜抬起头问:"你能告诉我这幅画应该涂什么颜色吗?"

1. "在这里,你可以想涂什么颜色就涂什么颜色。"(直接回应。)

2. "你想让我告诉你应该把这幅画涂成什么颜色。"(间接回应,重述内容。)

3. (治疗师)低声对儿童说:"我该说什么颜色呢?"(间接回应,使用耳语技巧。)

★ 山姆把恐龙放在一边,问道:"你觉得我接下来应该做什么?"

1. "你可以自己做出选择。"(直接回应兼鼓励。)

2. "嗯。"(不予回答,等待他自己做出决定;间接回应,最简鼓励性回应。)

3. "你想让我告诉你该怎么做。"(间接回应,重述内容。)

★ 西拉拿起一个木偶问:"这个红色木偶是什么动物?"

1. "在这里,你想让它是什么动物就是什么动物。"(直接回应。)

2. "我们问她。"然后转向木偶说,"你是哪种动物?"(间接回应,使用儿童隐喻。)

3. "你希望我能告诉你它是什么动物,在这里,你可以自己做决定。"(间接回应和直接回应相结合。)

★ 莱尔拿起一个玩具问:"这是什么?"

1. "这取决于你。"(直接回应兼鼓励。)

2. "你想知道它是什么。"(间接回应,重述内容。)

3. (治疗师)小声说:"那是什么?"(间接回应,使用耳语技巧。)

儿童含蓄地请求行为上的帮助

★克莱尔坐在地板上噘着嘴说:"我不会系鞋带。"

1."听起来你想要别人帮你系鞋带,我敢打赌你自己能找到办法做这件事。"(猜测潜在的信息,然后使用直接回应和鼓励。)

2."你有些为自己感到难过,觉得自己做不了这件事。"(间接回应,反射情绪。)

3."你听起来有点儿泄气。让我们想办法一起把鞋带系起来。"(间接回应和直接回应相结合,反射情绪并建议合作。)

★利亚姆走到水池边问:"你是怎么让这个水龙头出水的?"

1."试试吧,我相信你能弄明白。"(直接回应兼鼓励。)

2."听起来你想让我告诉你水龙头是怎么出水的。嗯……"(猜测潜在的信息,然后使用间接回应和最简鼓励性回应。)

3."我想你能弄明白,但你不确定自己能做到。你为什么不把手放在我的手上,我们一起看看能不能把它打开?"(猜测潜在的信息,然后结合直接回应和间接回应,并提出合作建议。)

★莱斯问道:"这朵花要涂成什么颜色?"

1."在这里,花儿可以选择任何颜色。"(间接回应,使用儿童隐喻。)

2."在这里,你可以为花儿选择任何你想要的颜色。"(直接回应。)

3."我猜也许你认为花儿应该有某种颜色,在这里,你可以决定这样的事情,因为花儿没有'对的'颜色。"(猜测潜在的信息,然后使用直接回应兼鼓励。)

★明看起来很伤心,说:"我不知道怎么看时间。"

1."你可以编一个时间,这就是在游戏室里的时间。"(直接回应兼鼓励。)

2."你听起来有点儿难过,因为你不知道怎么看时间。"(间接回应,反射情绪。)

3."我猜你想让我告诉你现在几点了。嗯……"(猜测潜在的信息,然后使用间接回应和最简鼓励性回应语。)

4."听起来你不确定自己能看懂现在是几点,所以你需要一些帮助。我们怎么能看出时间?"(猜测潜在的信息,然后建议合作。)

儿童含蓄地寻求做决定的帮助

★德莱尼说:"我不能决定把这艘船漆成什么颜色。"

1."听起来你希望我为你做决定,在这里,这是你要做的决定。"(猜测潜在的信息,然后使用直接回应兼鼓励。)

2."你感觉自己做不了决定。"(间接回应。)

3."我们问问船吧。嘿,小船,你想变成什么颜色?"(间接回应,耳语技巧。)

★凯尼莎斜眼看着治疗师,抱怨道:"我不知道下一步该做什么。"

1."我相信你能自己解决这个问题。"(直接回应兼鼓励。)

2."你不清楚自己现在该做什么。"(间接回应,反射情绪。)

3."我想你希望我能替你做决定,我知道你可以自己计划下一步做什么。"(猜测潜在的信息,然后使用直接回应兼鼓励。)

★铃木一郎说:"我想知道这个小东西是什么动物。"

1."在这里,你想让它是什么动物就是什么动物。"(直接回应。)

2."我想……"(间接回应,最简鼓励性回应。)

3."听起来你好像在想,我应该告诉你那是什么动物,在游戏室里,你自己负责做那些决定。"(猜测潜在的信息,然后使用直接回应兼鼓励。)

4.(治疗师)小声说:"你想要它是什么?"(间接回应,耳语技巧。)

治疗师主动向儿童提供行为上的帮助

★香农反复跳跃,试图够到放在架子高处的什么东西。

1."我知道那很难够到,不过我敢打赌你能想出办法把它取下来。"(直接回应兼鼓励。)

2."这件事看起来有点儿让你为难,不过你一直在努力。"(间接回应,反射情绪。)

3.治疗师什么也不说,只是同情地看着她,并思考为什么这对她来说是个问题。(间接回应,最简鼓励性回应。)

★狄米一直在尝试系鞋带,但没有成功完成这项任务。

1."即使很难,你也没有放弃。我们能想个办法合作完成这件事吗?"(间接回应,反射情绪,然后提出合作建议。)

2."这似乎真的很难。我想我们可以共同合作来完成这项任务。我应该先做什么?"(提出合作建议。)

★卡玛拉试图玩飞镖枪,但还没有完全弄明白它的工作原理。

1.治疗师点点头,看上去很同情她,但什么也没说。(间接方式,最简鼓励性回应。)

2."来这里的大多数孩子都不知道怎么玩飞标枪。我们一起努力,来解决这件事好吗?"(提出合作建议。)

治疗师在儿童做决定时主动提供帮助

★胡安把游戏室环顾一圈,显然很难决定该做什么,说:"有这么多东西啊。"

1."这里有很多东西。"(间接回应,重述内容。)

2."哇,一个人可能会被这里的所有玩具弄得不知所措。"(间接回应,反射情绪。)

3.（治疗师）沉默不语。（间接方式，最简鼓励性回应。）

★珍妮特摸了许多玩具，拿起又放下。

1."有这么多可选的玩具，你看起来有点儿眼花缭乱。"（间接回应，反射情绪。）

2."你摸了这里的很多玩具。"（间接回应，追踪。）

3.（治疗师）沉默。（间接回应，最简鼓励性回应。）

· 实践练习 ·

对于下面的每一个场景进行如下实践内容：①标出场景类型（如，儿童明确求助，治疗师需要帮助儿童做出决定，等等）；②为每种场景生成两种把责任归还给儿童的方法；③为每种方法确定所属类型（如，直接回应，直接回应兼鼓励，间接回应及反射情绪等），并解释为什么在这种场景下选择这种特定的方式；④描述一些你决定不把责任归还给儿童的情况。

1. 杰罗姆（4岁）手握画笔站着，但没有在纸上画任何东西。
2. 纳塔莉亚（6岁）问："我应该把这个女孩的头发涂成红色还是绿色？"
3. 科尔姆（7岁）说："我觉我不应该进入沙箱。"
4. 耶苏（5岁）说："打开这个罐子真的很难。"
5. 穆比纳（9岁）试图打开盒盖，却打不开，她坐在地上哭了起来。
6. 帕特里克（8岁）看着治疗师说："在这里骂人是违反规定的吗？"
7. 泰沃（3岁）问："这个小人叫什么名字？"
8. 洛根（6岁）试图揭开沙箱的盖子，他转身对治疗师说："我自己做这件事太难了。"
9. 夏洛特（8岁）问："其他来这里的孩子用这个干什么？"

10. 利龙（9岁）说："我想从这堆枕头上跳下来。"但他没有跳下来，只是看着治疗师。

11. 托马斯娜（6岁）拿起玩具收银机问："这个东西怎么操作？"

12. 桑提亚哥（5岁）爬到一把椅子上，站在上面，开始往下跳，同时喊着："帮帮我。我要掉下去了。"

13. 菲奥诺拉（7岁）说："我不能把积木放回盒子里。"

14. 扫罗（8岁）把飞镖枪举到你面前，问："这个怎么玩？"

15. 他试着开枪，但没有成功，于是把枪递给你，问："为什么不行？"

16. 他拿回枪，说："告诉我怎么玩。"

17. 琪琪把一个玩偶拿到你跟前，问："妈妈应该做什么？"

18. 乔凡尼（6岁）说："这只狼在想它是否应该吃掉那只熊。"

19. 杰曼（4岁）问："这匹马应该怎么飞？"

20. 鲁吉塔（6岁）尝试给自己梳头，但她的头发太乱，她很生气。

21. 太郎（8岁）问："我写在纸上的这道数学题的正确答案是什么？"

思考题

1. 解释你对"把责任归还给儿童"这个基本概念的理解。你认为这对儿童有帮助吗？为什么？

2. 根据你过去与儿童打交道的经验、做的实践练习结果，以及治疗经验，你更偏爱使用哪种方法把责任归还给儿童？解释你的理由。

3. 根据你过去与儿童打交道的经验、做的实践练习结果，以及治疗经验，你不喜欢使用哪种方法把责任归还给儿童？解释你的理由。

4. 在哪些情况下，你不会使用将责任交还给儿童的技巧？为什么？

5. 如果儿童在游戏室里向你寻求行为上的帮助，解释一下你所认为的最佳回应方式。

6. 如果儿童在游戏室里做某个决定时向你寻求帮助，解释一下你所认为的最佳回应方式。

7. 在哪些情况下，即使儿童没有寻求帮助，你也会觉得有必要帮助他做出某种行为或决定？与这些情况相关的你的个人因素是什么？

8. 你如何看待使用一些鼓励的话作为一种把责任归还给儿童的方法，如"我敢打赌你能自己解决这个问题"，或者"你的动手能力很强，我相信你可以在没有我的帮助的情况下做这件事"？

9. 你如何看待"用最简鼓励性回应或沉默"作为一种把责任归还给儿童的方法？

10. 你觉得用耳语技巧把责任归还给儿童怎么样？

第10章 处理问题

在游戏治疗中，儿童经常会问治疗师问题。治疗师必须拥有处理这些问题的策略，这样才能在与儿童的关系中保持一致。有几种处理问题的方法。回应儿童问题的方法部分取决于问题的性质，部分取决于治疗师的个人偏好和理论取向。

游戏治疗中儿童问题的特征

儿童在游戏治疗中提出的大多数问题可以分为四类：实际问题、私人问题、关系问题以及课堂活动问题（Landreth, 2002; O'Connor, 2000）。在决定用哪种策略来回答特定的问题时，治疗师要考虑的一个重要因素是问题的类型。

实际问题

实际问题是那些要求常识信息的问题。尽管这些问题可能具有潜在含义，但通常是对简单数据或反馈的请求。以下是一些实际问题的示例：

"现在几点了？"

"这是什么？"

"我能上厕所吗？"

"我妈妈在哪里？"

"胶水在哪儿？"

"今天是我们早下课的日子吗？"

"我们今天能玩个游戏吗？"

"这个木偶是狗还是狼？"

"我能用锤子打镜子吗？"

私人问题

有时儿童会问关于治疗师生活状况的私人问题。根据我的经验，当儿童问我私人问题时，他们通常觉得有必要增加他们对我生活的了解。他们这样做可能是因为他们觉得自己已经"暴露无遗"，因为我对他们的了解往往比他们对我的了解更多。另一个原因是他们想增进与我的联系，或者因为他们希望探索我的"资历"。有时，儿童问私人问题的目的是为了进一步了解治疗师。下面是一些私人问题的示例：

"你有孩子吗？"

"你必须上学才能学会和小孩一起玩吗？"

"你住在哪里？"

"你为什么要给小孩看病？"

"你结婚了吗？"

"你妈妈在哪里？"

"你有兄弟姐妹吗？"

"你最喜欢什么颜色（或食物）？"

"为什么我的皮肤是棕色的而你的是白色的？"

有时，稍大一点的儿童或更老成的儿童会问一些过于私密的问题，以震惊治疗师或从治疗师身上获得权力感（Kottman, 2003; O'Connor, 2000）。其他缺乏教养或经历过性虐待的儿童可能认为这类问题在人际交往中是可以接受的。这类不恰当的私人问题包括：

"你喜欢性吗？"
"你和你的妻子／丈夫做那件事吗？"
"你穿什么睡觉？"
"你觉得哪种男生／女生很可爱？"

关系问题

通过关系问题，儿童询问他们和治疗师之间的治疗关系以及个人关系，探究治疗师对他们的感觉。他们可能会区分治疗师的个人情感和专业视角。儿童更愿意让治疗师"真正"关心他们，而不是出于工作的需要。此类问题的目的可能是为了确定儿童和治疗师之间关系的牢固程度。这种信息可以帮助儿童避免做出与治疗师的情感承诺不相称的情感承诺（Kottman, 2003）。关系问题通常包含两层问题：一是明显的字面问题，二是深层的问题。例如，在"还有谁来这里"这个问题中，明显的字面问题是要求提供其他来访者的名字，而深层的问题是"还有其他儿童像我一样得到你这么多的关心吗"。以下是关系问题的示例：

"你喜欢我吗？"
"还有多少孩子来这儿？"
"我是你最喜欢的小孩吗？"
"你像爱你自己的小孩一样爱我吗？"
"你觉得我特别吗？"
"你有没有注意到我不像其他孩子那样有胳膊？"
"你见到我高兴吗？"
"有一天我能成为你的孩子吗？"
"你喜欢亚洲人吗？"

"如果可以，你愿意收养我吗？"

"我不在的时候你想我吗？"

"你不希望我多待一会儿吗？"

与治疗有关的问题

兰德雷斯（Landreth, 2002）列出了儿童在游戏治疗中经常问的问题。其中许多问题似乎聚焦于治疗本身。在这些问题中，儿童想知道"游戏治疗过程的设置以及他们与游戏治疗师之间关系的边界"（Kottman, 2003）。这些问题的目的通常是寻求治疗师的帮助或在游戏室里探索规则。有时，儿童是试图让治疗师读懂他们的想法或为他们做决定。同样，在很多情况下，他们会问某个大胆的事实问题（如，"我可以用飞镖枪射你吗？"），其中往往夹带着更微妙的潜台词（如，"这里有什么规则？""你会让我做伤害你的事情吗？"）以下是课堂问题的示例：

"如果我把谷仓涂成红色，你会更喜欢吗？"

"我能把这个球扔到你脸上吗？"

"我们要在这里待多久？"

"你觉得我现在该怎么办？"

"你为什么这么说？"

"你为什么总是谈论情绪？"

"你为什么从来不回答我的问题？"

"你不知道怎么投球和接球吗？"

"下一步我该怎么办？"

"你能猜到我在画什么吗？"

"你能帮我系鞋带吗？"

"我妈妈什么时候来接我？"

"你怎么跟我爸爸说我们在这里做的事情？"

"我能把油漆洒在地毯上吗？"

双重类别问题

这里所介绍的类别并不具有排他性。一个表面上看起来是实际问题的问题可能隐含着一个关系问题或课堂活动问题。例如，当杰基问"我认识其他来这里的小孩吗？"她可能在问一个直截了当的实际问题：她学校里有没有其他同学可以和她一起结伴来治疗室？她也可能在问一个关系问题，因为她对可能也得到治疗师关爱的其他她认识的儿童感到嫉妒。

这不是一个非此即彼的情况。如果某个特定问题符合不止一种类别，那可能是儿童意识到了问题的两面性，并有意问了一个双重含义的问题。然而，这对大多数儿童来说太复杂了。通常，当一个问题具有双重含义时，儿童只关注问题的字面意思，而意识不到其潜在含义。当治疗师猜测潜在含义时，很多时候儿童会做出一种识别反射，这是一种无意识的反应。当儿童做出这种反应时，说明他们承认了治疗师猜测的准确性，潜在的意义被意识化了（Kottman, 2003）。

·回应类型（附示例）·

虽然在游戏治疗中有无数的方式来回应儿童的问题，但大多数回应都可以归为以下八类：①回答问题；②忽略问题；③最简鼓励性回应；④重述问题；⑤猜测问题的目的；⑥把责任归还给儿童；⑦用另一个问题回答；⑧礼貌地拒绝回答。下面将一一解释所有这些回应的原理，描述适合每种回应的问题类型，探索使用某种回应的理论方法，并在可能的情况下给出示例。

回答问题

有时候，在治疗中处理儿童问题最明智的策略就是直截了当地回答他们，特别是对那些直接询问信息的问题。这尤其适用于那些没有潜在含义的实际问题和旨在通过挖掘更多关于治疗师的信息来消除儿童疑虑的私人问题。许多接受调查的游戏治疗专家（卡罗尔、德鲁斯、古德伊尔–布朗、格林、芒斯、斯塔德勒和泰勒德·法奥埃特）认为，这是他们处理儿童问题的惯常方法。这似乎更多地与个人偏好，而非理论取向有关，尽管两个以儿童为中心的游戏治疗师（雷和范弗利特）都表示，如果儿童坚持问，他们会首先反射问题的内容，然后再回答。在心理动力学游戏疗法中，治疗师不太可能回答私人问题，因为他们认为这会干扰来访者的移情体验（T.Tisdell, 2010）。

如果治疗师决定回答问题，其回答应该简短直接，传递比如时间、日期、方向等简单的信息。有时，最真实的回答是"我不知道"，治疗师说这句话时一定不要觉得难为情。

有些关系问题需要回答，但对于这些问题，治疗师需要给出更具创造性的回答。比如对"你喜欢我吗？""有一天我能成为你的孩子吗？""我是你最喜欢的孩子吗？"之类的问题，治疗师需要传递一种关爱的感觉，但不一定要给儿童一个直接、真实的答案。有些问题如果如实回答，可能会伤害儿童的感情，这种情况下，给他们一个令他们感到安心和关爱的含糊回答往往更合适。例如可以说：

"我关心所有来这里和我一起玩的孩子。"
"我认为小孩是世界上最棒的人。"
"我非常关心你。"
"你是一个很特别的孩子。"
"你对我来说真的很重要。"

对于这些问题，有时最好的回答是把对问题目的的猜测或对问题含义的解释与旨在向儿童传递接受、理解、和关心的非具体性回答结合起来。大多数非指导性治疗师可能不会选择这种类型的回答，但更多的指导性治疗师发现，这是一个用来应对来自儿童的那些非常棘手的问题的宝贵策略。

下面提供的几个示例中，每个问题后面的回答都结合了对儿童提问的目的、动机、问题含义的猜测以及一个令儿童安心的非具体性回答。

★玛丽亚问："我是你最喜欢的小孩吗？"
1. "听起来你想知道我是否喜欢你。我很关心你。"
2. "我在想你也许在担心我是否喜欢其他小孩胜过喜欢你。对我来说，你是一个非常特别的小孩。"
3. "看来你可能有点嫉妒我接待的其他小孩。我觉得你很棒。"

★查理问："我对你来说和你儿子差不多吗？"
1. "看来你真的想让我亲近你。你对我很重要。"
2. "听起来你可能想当我儿子。虽然你不可能真的成为我儿子，但我觉得和你很亲近。"

★美岛莉问道："当我不再来这里时，你还能记得我吗？"
1. "你似乎担心我可能会忘记你是一个多么可爱，多么特别的孩子。我永远不会忘记这一点。"
2. "也许你担心我会忘了你？即使你不再来接受游戏治疗，我也不会忘了你。"

忽略问题

在某些情况下，治疗师可能会选择忽略问题，目的是鼓励儿童自己发现或确定答案（G.Landreth, 2009）。这种回答适用于任何类型的问题，但可能更适用于实际问题和课堂活动问题，因为儿童问这些问题的目的是想让治疗师为他们解决问题。这种反应方式适用于任何理论取向的治疗师。

当选择这种回应方式时，治疗师在忽略问题的同时不要忽略了儿童，这一点很重要。治疗师应该用一种关心的方式进行眼神交流和微笑，以非语言的方式传递一种鼓励，即儿童可以在没有治疗师帮助的情况下自己回答问题。

使用最简鼓励性回应

最简鼓励性回应是一种旨在用尽可能少的语言向儿童传递兴趣和理解的咨询反应。这些回应语包括简单的回答，如"哦""嗯""我明白了""是的""好的"。另一种最简鼓励性回应是重复儿童的叙述或问题中的一两个单词（如，当儿童问"我应该把这幅画涂成什么颜色"时，治疗师可以反问："什么颜色？"）。治疗师也可以只是对儿童微笑和点头。当治疗师选择不回答儿童的问题时，眼神交流和倾听的姿势在给予最简鼓励性回应时是很重要的，这样儿童就会意识到治疗师在关注游戏室里发生的事情。

在游戏治疗中，治疗师通常应该避免回答儿童在没有任何帮助下就能回答的问题。使用最简鼓励性回应是一种与儿童沟通的方法，能够让儿童明白，治疗师虽然没有回答其问题，但已经注意到了这些问题。这种方法实际上是一种拖延策略，通过这种策略，治疗师希望儿童在被提供的间隔时间内自己解决问题。这一策略适用于所有四种类型的问题，但可能最适用于实际问题和课堂活动问题，因为这两类问题儿童通常可以在没有治疗师辅助的情况下自行解决。虽然非指导性的游戏治疗师比指导性的游戏治疗师更有可能使用这种策略来回答问题，但所有的游戏治疗师都可以有效地使用这种策略，并在理论上保持一致。

重述问题

这种方式的回答是对儿童提出的问题的口头映射。这种策略的目的是将主动权交还给儿童，这样儿童就必须考虑是否要再次问这个问题，还是自己找到答案，或者决定问题的答案是否值得探究。有时，向儿童重复问题的要点也有助于为儿童阐明问题的目的或意图。这种策略适用于所有四种类型的问题，并且最常用于非指导性方法。

当治疗师重述问题时，可以用陈述语气，也可以用疑问语气，这取决于治疗师说话的语调和用词。如果治疗师决定以陈述语气重述问题，那只是告诉儿童他们在问什么。有时治疗师会对问题进行解释；另外一些时候，儿童的原话最能表达问题的意思。以下是一些用陈述语气重述问题的示例：

★儿童问："现在几点了？"
治疗师回答："你想知道现在几点了。"

★儿童问："你有孩子吗？"
治疗师回答："你很好奇我有没有孩子。"

★儿童问："你喜欢我吗？"
治疗师回答说："你想知道我对你的感觉。"

★儿童问："你喜欢亚洲人吗？"
治疗师回答："你想让我告诉你我对像你和你家人这样的亚洲人的感觉。"

如果治疗师决定用问题重述问题，可以只重复原来的问题，只是改变必要的用词，使句子变得有意义，或者改变单词来解释原来的问题。因为许多非指导性的游戏治疗专家倾向于避免问问题，他们通常会选择不使用这种技巧。下面是一些把问题重新表述的示例：

★儿童问："现在几点了？"
治疗师回答："现在是几点？"

★儿童问："你有孩子吗？"
治疗师回答："我有孩子吗？"

★儿童问："你喜欢我吗？"
　　治疗师回答："我喜欢你吗？"或者"我在乎你吗？"

　　★儿童问："我应该把这个涂成红色吗？"
　　治疗师回答："你应该把它涂成红色吗？"

　　有些问题，特别是关于种族或文化的问题，不应该使用这种策略来回答。如果一个孩子问："你喜欢亚洲人吗？"重述这个问题从文化角度是不明智的，因为儿童很容易把这样的回答理解为治疗师不接受他们的文化背景。

猜测问题的目的／解释

　　在一些更具有指导性的游戏疗法中，包括阿德勒疗法和生态系统疗法，治疗师会猜测问题的目的，解释问题的含义，或解释儿童提问的原因（D.Holtz, 2010; Kottman, 2003; O'Connor, 2010）。这个过程有助于阐明儿童的意图，并帮助儿童了解问题传递的任何潜在信息。为了避免把治疗师的意思强加到儿童的问题上，治疗师可能会选择以试探性假设的形式给出这样的回答。这个过程允许儿童对治疗师猜测的准确性和相关性给出反馈。因为儿童可能不会以语言的形式给出反馈，治疗师在分享假设期间或之后必须密切观察儿童的行为或游戏活动。

　　虽然这种策略对于有多种解释的实际问题有效，但对于有关治疗师的私生活、儿童和治疗师之间的关系以及课堂活动方面的问题更有效。这是由于这三种类型的问题具有双重性质，其双重信息频繁出现。这种策略有助于儿童发现问题可能的潜在含义。治疗师的猜测应该反映出对儿童的非语言交流及语言交流所传递信息的最佳理解，还应该反映治疗师在整个治疗过程中观察到的任何其他信息或行为模式。这种猜测永远不应该"凭空而来"，而应该从治疗师在持续的关系中对儿童的了解、与父母、老师、兄弟姐妹的互动以及其他有关该儿童及其生活的信息来源中自然而然地产生。

因为对问题目的和含义的解释依赖于理论视角，治疗师产生的假设将反映他对儿童及其动机的看法。解释的深度也取决于治疗的阶段和特定的儿童、儿童的发育水平、儿童的问题是具体还是抽象，直接还是间接。

下面的示例有些是对问题目的做的猜测，有些是对问题含义的解释以及对儿童提问原因的解释。

★楚兰问："这是什么？"

1. "你似乎认为这个问题有正确答案。"
2. "我想有时候你在自己做决定时有点儿紧张。"
3. "好像有时候你想让我帮助你，告诉你某个东西是什么。"

★马里奥问："我们今天能玩游戏吗？"

1. "听起来你好像已经想好今天要做什么了。"
2. "我猜你愿意决定我们今天在这里要做什么。"
3. "你好像在想今天上午我是否愿意和你一起玩。"

辛西娅问："你住在哪里？"

1. "你似乎对我和我的生活很好奇。"
2. "我想你想更多地了解我。"
3. "我知道关于你的事情比你知道关于我的事情多，你好像觉得有点儿不公平。"

★达乌德问："你觉得我现在要做什么？"

1. "你似乎希望我能猜一猜你的计划。"
2. "我想知道你是不是感到自己很强大，因为你知道一些我不知道的事情。"

3."好像你想让我告诉你下一步该做什么。"

把责任归还给儿童

回应儿童问题的其中一种方法是将责任还给他们（参见第9章"把责任归还给儿童"）。治疗师采用这种策略时通常是针对询问具体信息的实际问题，如关于玩具、游戏程序或游戏室规则的问题，或者课堂活动中儿童要求治疗师帮助他们或为他们做决定的问题。这种回应方式既适用于非指导性，又适用于指导性的游戏治疗师，不过，有一些表达方式（如鼓励式评论）可能更适合指导性治疗师。将责任还给儿童的示例如下：

"你可以自己决定。"

"我敢打赌你能猜出来。"

"在这里，它可以是你想要的任何东西。"

"只有你自己知道你下一步要做什么。"

用问题来回答

有时候治疗师可能会选择用另一个问题来回答儿童的问题。若想获取儿童问题所涉及的话题方面的更多信息、弄清儿童在问什么或探求儿童问题背后的目的或深层信息，可以直接这么做。

这种回答策略适用于任何类型的问题，取决于问题的内容和上下文以及治疗师的理论取向。大多数非指导性的治疗师通常不会在与儿童的互动中提出问题，因为他们认为提出问题会增加引导儿童的可能性。因此，他们对这种技巧的使用会少于那些更具指导性的治疗师。

用问题回答问题的另一种策略是使用耳语技巧（G.Landreth, 2009）。在这种情况下，当儿童问一个问题时，治疗师用耳语一样的声音问："我应该说什么？"促使儿童给出答案的内容和方向。耳语技巧最适合于实际问题和课堂活动问题。在回应个人问题或关系问题时使用这种策略会有点儿奇怪，因为此类问题确实需要治疗师提供信息。无论是非指导性的，还是指导性的游戏治疗师，使用耳语技巧都会感觉得心应手。虽然它确实把控制权交给了儿童，但如果一个更具指导性的治疗师想要分享对治疗过程的控制权，可以选择用耳语技巧和其他回应方式交替进行。

拒绝回答

有一些问题，比如那些违反了社交方面的适当界限的个人问题或在其他方面不合适的问题，治疗师应该拒绝回答。这些问题可能包括"你为什么要收养你的儿子？""你喜欢丁字裤吗？""你多久过一次性生活？"治疗师拒绝回答时可以说："我选择不回答那个问题。""我不回答那样的个人隐私问题。""那涉及到个人隐私，不适合公开。"当治疗师通过拒绝回答来设置一个限制时，重要的是要避免流露出指责语气。因为这类问题会引起听者强烈的情绪反应，所以治疗师必须注意拒绝回答问题时的态度。

这种方法的使用可能更多地取决于治疗师的个人偏好和对社交界限的需要，而不是取决于治疗师的理论取向，因此适用于所有的游戏治疗。几位接受调查的专家（德鲁斯、古德伊尔-布朗、奥康纳和提斯德尔）建议，限制这类问题对于设立良好的治疗界限至关重要。

· 实践练习 ·

首先判断下面的问题是哪种类型的问题。如果问题中存在潜在信息，请解释你对该信息的理解，并描述你这么理解的原因。然后设计几种适当的回应，并解释这些回应对儿童有何意义。

1. 詹妮弗（7岁）在第一次治疗中胆怯地问："你现在能告诉我该做什么吗？"

2. 平时非常腼腆的什洛莫走进游戏室，问："你觉得我是个好孩子吗？"

3. 安纳利斯（4岁）喜欢以各种方式控制课堂。在第六次治疗中，她提出你和她一起玩猜谜游戏。她问："我是什么动物？"

4. 王星（5岁）拿起玩具枪说："这能弄出什么声音？"

5. 莎莉（8岁）喜欢玩玩偶玩具，并用它们来替她"说话"。她抱起玩偶娃娃和玩偶妈妈，把玩偶妈妈转向你，问："你觉得我的女儿小莎莉今天是不是又不听话了？我应该打她一顿吗？"

6. 切尔（9岁）特别喜欢玩沙袋，在第十次治疗中，他环顾一下游戏室，说："你把沙袋放哪里了？你不知道这是我在这里最喜欢做的事吗？"（补充问题：如果你把沙袋拿走，以鼓励切尔玩其他玩具，而不只是玩沙袋，你该如何回答？）

7. 奥瑟利亚（6岁）坐在角落里，看上去很伤心/无聊/痛苦。虽然她通常对来这里上治疗课很兴奋，但今天她说："我必须每周都来这里吗？"

8. 杰里米（9岁）在第一次治疗中说："你能给我讲讲你自己的事情吗？"

9. 伊赫弗（7岁）正在画画。她现在的问题是害怕冒险，并且过于顺从他人。她的妈妈担心她"没有创造力"。她总是让你帮她做决定。她问："我能把树叶涂成蓝色吗？"

10. 克里斯托弗（5岁）直视着你的眼睛，问："你怎么才能阻止我把颜料泼到你的裤子上呢？"

11. 英格丽德（7岁）像旋风一样冲进游戏室，手里拿着她今天想做的事情清单。她一进来就问："我能在这里玩多久？"

12. 艾丹（6岁）的妈妈一个月后就要生宝宝了，这是她的第10个孩子。艾丹问："你怀孕了吗？"（或者，假如你是男的，问题换成"你的妻子怀孕了吗？"）

13. 在游戏室里，玛丽（9岁）最喜欢木偶龙。在第三次治疗结束时，她先是反复告诉你她是多么喜欢那个木偶，然后问："你喜欢把东西和别人分享吗？"

14. 劳尔（7岁）的父亲是墨西哥人，母亲是亚洲人。他来到你的办公室，问:"我怎么才能知道我是棕色人种还是黄色人种?"

15. 萨拉琳(6岁)在第二次治疗中问:"你为什么说话这么有趣?"

· 思考题 ·

1. 你认为知道儿童在问什么类型的问题(私人问题、关系问题、与治疗有关问题或信息问题)会帮助你做出回应吗?解释一下原因。

2. 你认为哪一类问题会给你个人带来最大的麻烦?解释为什么这类问题对你来说很难处理。

3. 你认为你将如何应付不恰当的私人问题?

4. 你认为哪种处理问题的方法对你来说最合适?解释你的理由。

5. 你认为哪种处理问题的方法最不适合你?解释你的理由。

6. 在有些关系问题中,深层的信息似乎揭示了儿童需要你的关注和认可,你处理这些关系问题的策略是什么?解释你的理由。

7. 你对治疗师在治疗中问儿童问题有什么想法?你认为在游戏治疗中可以问儿童哪些问题?解释你的理由。

8. 作为上面问题的后续问题,你对在游戏治疗中治疗师担任主导角色持什么立场?解释你的理由。

第11章
基本技巧的整合：游戏治疗的艺术

在前面的章节里，本书对基本的游戏治疗技巧做了单独介绍。这种策略是教授游戏治疗技巧的最简单方法。但这种训练方法也存在缺陷，即忽略了游戏治疗的"艺术"。游戏治疗的艺术包括：①判断何时使用某种技巧的过程；②不同技巧整合在一起，以创建一个比单一技巧运作更顺畅、功能更有效的混合技巧；③治疗师的个性和交流风格与游戏治疗技巧的融合。本章的目的是探讨这些问题。

· 判断何时使用某种技巧 ·

在游戏治疗中，选择合适的技巧来促进改变是很重要的，但这不是一个简单的任务。在特定情况下选择使用何种技巧的过程是多方面的。它取决于治疗师的理论取向、直觉和经验、治疗师的个人偏好和个性、儿童本身、儿童的生活背景、游戏的过程、治疗的阶段以及许多其他因素。

遗憾的是，没有办法将这些因素按照某种层次顺序排列，或者在选择过程中赋予它们特定的权重——记住，这就是游戏治疗的"艺术"方面，而"艺术"是无法量化的。选择"正确"技巧的真正关键是要记住没有绝对正确的技巧。几乎所有的游戏治疗技巧都适用于大多数情况下的游戏室。没有什么神奇的公式可以用来决定在某种特定时刻使用哪种技巧，所以你不应该花费大量的时间和精力为每种情况寻求完美技巧。（笔者在这里真正想说的是，我相信，在游戏治疗中，针对一个儿童有多种"正确"方法，试图每次都产生完美方法是浪费时间和精力。）

你必须做的是相信游戏治疗的过程，相信你自己，相信儿童——他们将是你最好的老师。你必须相信，游戏治疗的过程将以一种对儿童有益的方式自然进行下去。你必须相信，在游戏室里，你不大可能做对儿童造成永久性伤害的事情。你必须相信，儿童会让你知道你需要怎样帮助他们，当你犯错时他们也会让你知道。

（我知道你心里还是希望有一套简单的规则，我很快就会告诉你是什么。）作了上述声明之后，现在让我解释一下下面的每种因素如何影响技巧的选择。

理论取向

每一种理论取向都对何时以及如何使用特定的技巧提供了一定程度的指导。在学习游戏治疗时，你应该缩小研究范围，把注意力放在你最感兴趣的理论上。你需要阅读专门介绍这些具体理论的书籍、书籍的某些章节和期刊文章，以便了解更多关于这些理论取向中技巧应用的规范。附录 A 包含了进一步探索该领域的参考资料。如果你正在考虑进行折衷取向游戏治疗，需要对许多不同的理论有深入的了解，以便扩大干预措施的选择面（Gil & Shaw, 2009）。

治疗师的直觉和经验

很多时候，使用某种技巧的决定源于治疗师的直觉，直觉会告诉治疗师哪种技巧用在某个特定的儿童身上最有效。这可能是由于他们能够从儿童身上识别出几乎无法察觉的非语言暗示，能够把关于儿童的态度、情绪、想法和感知线索整合在一起，形成观察模式；也可能是由于很多其他因素。

作为一名治疗师，你需要磨练自己的直觉，学会倾听。在决定何时以及如何将可用的技巧应用到游戏治疗中时，直觉起到很好的引导作用。它可以帮助你决定：①何时追踪、重述内容或反射一种情绪；②是追踪儿童还是追踪游戏物品；③反射什么情绪；④是帮助儿童还是将责任还给儿童；⑤何时单独使用某种技巧，何时结合若干技巧进行综合干预。

在这个过程中，经验也会有所帮助。通过观察和记忆不同的儿童对特定干预的反应，你将逐渐形成关于某个特定技巧何时有效，何时无效的一般准则。从经验中，你会发现有些技巧对某些类型的儿童很有效，而另一些则不然。你将学会如何为你的各种干预措施限，以获得最佳效果。就游戏治疗的每个阶段使用的技巧所占比例来说，你将会懂得什么样的比例对你来说是最合适的。

经验还可以指导你决定如何有效地利用每种技巧。从过去与儿童的互动中，你将意识到并不是所有技巧的所有应用方法都适合你。你可能已经观察到其他游戏治疗师成功地使用了这些技巧，但你可能仍然对使用这些技巧感到不适应或不自信。

例如，我本人就不擅长使用被动语气进行限制。虽然当我使用其他限制方法时，儿童几乎总是遵守我设置的限制，但当我使用被动语气的限制技巧时，他们往往置之不理。我看到这种技巧对其他许多治疗师都很有效，我意识到这是一种宝贵的技巧——对其他人来说。

治疗师的个人偏好和个性

治疗师的个性和处世方式将对他们运用各种游戏治疗技巧产生重大影响。这些因素将影响他们使用的干预措施及其使用方式。例如，不习惯进行情绪反射的治疗师很少这么做——他们专注于追踪和重述内容，可能会忽略反射情绪的机会。喜欢照顾他人的治疗师往往难以将责任还给儿童——他们通常更愿意为儿童做事情，而不是看着儿童自己艰难地做决定和完成某件任务。健谈的治疗师往往会用长篇大论解释某种干预，而那些追求繁胜于简的治疗师，往往会选择用繁琐的方法来运用某种技巧。

你的个人偏好和个性对治疗过程产生影响是正常的，也是可接受的，但必须避免让它们的影响模糊你的临床判断，或妨碍你为你的来访者提供最好的治疗。因为你的辅导方式和你的个性之间的交互是不可避免的，你必须充分了解自己，以便监控你对技巧的使用，确保你不会让你的问题主导你的选择和技巧的应用，以至于损害来访者的利益。

儿童个体

儿童的个人喜好和个性也会影响游戏治疗的过程。某些儿童对某些技巧的反应比他们对其他技巧的反应要好。各种技巧的应用方法亦如此。例如，有些儿童讨厌你在课堂上反射自己的情绪，并拒绝任何讨论情绪的尝试。对于这类儿童有几个选择：一是避免与他们进行情绪反射；二、如果你认为情绪反射正是他们所需要的，那就每次治疗单元增加一些情绪反射，或者逐步引入更多的情绪反射，这样这些儿童就可以学会处理他们难以忍受的情绪。当你做这方面的决定时，很多因素在发挥作用，包括你对儿童发展和精神病理学方面的了解、对理论的理解、你的直觉、与相似的儿童打交道的经验，以及你的个性与来访者个性的交互等等。

在游戏治疗过程中，把注意力放在个体儿童身上是很重要的，记住游戏就是交流。儿童会让你知道哪些技巧对他们来说是有效和有帮助的，哪些没有——这在一定程度上是通过儿童对各种干预的语言反馈和非语言反馈实现，但主要是通过游戏实现。你的主要工作是真正地"倾听"，观察模式，并愿意调整与儿童的互动以及对具体策略的选择，以适应对他们来说有效的一切。

儿童的生活背景

儿童的生活背景是决定在治疗单元上使用哪些技巧的另一个因素。在选择干预策略时，需要考虑儿童生活中当前的和近期事件，因为他们的反应、情绪、态度、想法和行为会因他们的处境及文化或种族背景而有所不同。还需要考虑发生在儿童家庭中的互动模式，以避免和儿童的关系中重复任何功能失调的模式。儿童的当前问题也可能对他们在治疗单元上的态度和互动模式产生影响，你可能需要相应地调整你的干预措施。

了解每个儿童的生活情境对你来说很重要。这使你能够对干预方式做出必要的调整，以适应可能对儿童产生影响的因素。这些因素可能包括家庭成员的死亡、生日、失败的成绩单、特殊的假期、丢失的宠物或任何其他可能导致儿童在游戏室里表现出奇怪的或不寻常行为的事件。例如，一个最近经历过某种创伤的儿童可能比其他儿童需要更多的情绪反射。一个过度依赖父母，但其母亲最近重返职场的儿童，最初可能需要大量的照顾，这可能会妨碍"把责任归还给儿童"这种技巧的应用。

儿童表现的一些症状会影响治疗师对技巧的选择，或者影响这些技巧的应用方式。治疗师对儿童来接受治疗的各种原因的了解——具体诊断、发育危机、关系困难，等等，将有助于针对性地制定干预策略（Gil & Shaw, 2009; Goodyear-Brown, 2010; Kottman, 2003）。

一个典型的示例是对患有 ADHD 的儿童进行的游戏治疗，这些儿童需要大量的约束（Kaduson, 1997/2009）。在游戏室里，这种约束包括尽早和经常性地设置限制。因为患有 ADHD 的儿童往往不会概括因果关系，所以在设置限制的同时你可能需要解释违反限制的后果。大多数患有 ADHD 的儿童都不能很好地理解非语言暗示，而且他们往往不注意间接的反馈，所以你很可能需要使用直接的而非间接的方式进行干预。尽量不要把几种不同的技巧结合起来，以免儿童难以承受。

游戏过程

再强调一遍，游戏是一切，你需要根据游戏中发生的事情调整你对各种技巧的应用。例如，如果黛西正在经历许多非常情绪化的问题，并且主题是以情绪为导向，那么你可能有必要增加情绪反射的次数。如果朱利安花费大量精力描述他的生活，你可能需要切换成重述内容模式，以确保他意识到你在倾听他的诉说，并尊重他在交流方面做出的努力。如果帕德米挑战她通常不会违反的限制，你可能需要让她放松一些，让她尝试一些她通常没有勇气尝试的行为。这样的示例不胜枚举。重要的是，每次治疗，每次治疗的每一时刻本身就是一个世界。你必须对游戏室里当下正在发生的事情保持警惕，并乐意据此调整你的干预选择。

治疗的阶段

从直觉上讲，治疗师使用的干预措施在治疗过程早期给儿童带来的心理风险有限，而在治疗过程后期可能给儿童带来心理风险。当然，你必须自己决定是否相信这一点，以及是否愿意调整你的惯例以预防这种可能性。如果你的回答是肯定的，那么你还必须决定你认为哪些技巧可能对儿童来访者有潜在的心理风险。游戏治疗的不同理论方法对游戏治疗过程的展开有不同的观点，所以对你来说，探索你想要遵循的特定方法，了解每个阶段发生了什么以及治疗师在每个阶段的角色很重要。

·整合和注入技巧（附示例）·

掌握了每一种基本的游戏治疗技巧后，你可能会注意到，运用这些技巧时你仍然会感到不自然和做作。有两种整合技巧的方法可以改善这一点。其中一种方法涉及面比较窄、比较具体——将各种技巧相互融合。另一种方法涉及面比较宽，且更为抽象抽象——将技巧注入到你自己的自然交流和交互方式中。

尽管你可以同时专注于这两种转变，但请记住，技巧的融合是一个比较容易、比较快的过程，而将技巧注入你的交互风格将是一个比较缓慢、也可能比较痛苦的转变。我建议你从练习技巧的相互融合开始，然后逐渐过渡到你身为普通人的沟通方式和身为游戏治疗师的沟通方式之间的协调和融合。

技巧的整合

要实现从孤立技巧到综合技巧的转换，必须首先学习如何将基本技巧融入干预技巧中。此外，还必须判断哪些技巧能够顺利融合，哪些技巧会相互冲突。有几种明显的自然组合，其应用效果还不错，但请记住，对一个游戏治疗师有

第11章 基本技巧的整合：游戏治疗的艺术

效的方法可能并不适合另一个游戏治疗师，所以你需要进行试验。

练习各种技巧的孤立使用以及综合使用，并反复尝试决定何时整合以及如何限定干预期限，这对你来说也很重要。这同样没有可以套用的公式，将取决于儿童的发展水平、儿童的具体情况、儿童处理信息的一般方式、治疗阶段，以及与你的偏好、个人风格和专业技巧相关的各种因素。

整合技巧的技术。将一种技巧与另一种或多种技巧相结合的过程相对简单。你把使用第一种技巧时要说的话或要做的事考虑进去，然后决定如何将其和使用第二项技巧时要说的话或要做的事融合起来。以下是关于几种融合方法的建议。

1. 使用一个复合句把两种技巧融合在一起，形成一种混合干预。
2. 把两种技巧融合成一个简单的句子，使用一个情感词来描述儿童做某种行为的方式或对某件事的反应。
3. 可以使用几个句子进行干预，每个句子都包含不同的技巧。
4. 你可以谈论游戏物品或对着它们说话，有时使用隐喻或把游戏物品拟人化。
5. 如果对儿童及其情况有足够的了解，可以把两种不同的技巧联系起来进行因果归因。

这些只是一些基本的组合策略，但这个列表还不完全。将多种技巧融合在一起使用的方法不胜枚举，这将取决于你的想象力以及你是否愿意尝试这个创造性过程——将两种或两种以上的技巧融合起来，生成新的方法。

大多数游戏治疗师可能愿意使用前三种整合技巧的方法中所描述的程序。然而，许多非指导性的游戏治疗师可能会对后两种方法中描述的指导特性/解释特性感到难以适应。这两种策略对于愿意主导来访者而不是由来访者主导的治疗师来说可能会更容易接受。

下面的示例展示了整合各种基本技巧的几种不同方法。

★你想把情绪反射和追踪干预结合起来。你的情绪反射是"你今天看起来很生气",追踪干预则是"你在击打沙袋"。可能的混合干预措施如下:

1. "你在击打沙袋,而且你今天好像很生气。"(使用复合句。)

2. "你今天好像在愤怒地击打那个沙袋。"(使用情绪反射作为描述。)

3. "你在击打沙袋。你今天好像很生气。"(使用两个独立的句子。)

4. "我敢打赌那个家伙(沙袋)一定认为你今天很生气,因为你把它打得太狠了。"(把游戏物品物体拟人化。)

5. "你打沙袋是因为你今天很生气。"(因果归因。)

★你希望将重述内容与追踪干预融合在一起。你的情绪反射是"你现在看起来有点悲伤",重述内容是"你想念你的祖母"。可能的混合干预措施包括:

1. "你想念你的祖母,你好像现在正为此感到难过。"(使用复合句。)

2. "想念你的祖母让你感到难过。"(使用情绪反射作为描述。)

3. "你想念你的祖母。你现在看起来很悲伤。"(使用两个独立的句子。)

4. "你很难过,因为你想念你的祖母。"(因果归因。)

★你想把情绪反射与把责任归还给儿童结合起来。你的情绪反射是"你表现得有点紧张,不敢自己做决定。"你的"把责任换给儿童"的干预措施是"在这里,你可以自己做选择。"可能的混合干预措施如下:

1. "你对自己做决定表现得有点紧张,在这里,你可以自己做出选择。"(使用复合句。)

2. "在这里,你可以自己决定事情,即使你可能对做出选择感到有点紧张。"(使用情绪反射作为描述。)

3. "你表现得有点紧张,不敢自己做决定。在这里,你可以自己做出选择。"(使用两个独立的句子。)

第11章　基本技巧的整合：游戏治疗的艺术

混合干预措施的产生和实施的几个重要方面包括：限制长度、监控交流过程中的非语言因素、避免隐藏的信息或潜台词。将两种不同技巧结合在一起，往往使句子变得冗长，使信息复杂化，这可能会带来儿童无法理解的信息。也许解决这一问题的最好办法就是所有的表达都要尽可能简单短小。记住，你说得越多，儿童就越有可能听不懂或理解不了你的信息。

治疗师在这个过程中使用的语气和对不同单词的强调会影响干预所传递的意义。由于混合干预比孤立的技巧句子更长、更复杂，更有可能被非语言交流歪曲。例如，根据语调和对不同单词的强调，上面列举的混合干预之例，"你表现得有点紧张，不敢自己做决定。在这里，你可以自己做出选择。"可以传递非常鼓舞人的信息，也可以传递非常令人沮丧的信息。通过用乐观、积极的语气强调第二句中"你"这个词，治疗师可以向儿童暗示自信和一种授权感。相反，如果用讽刺或怀疑的语气强调"在这里"，治疗师可能会传递这种怀疑：除了在游戏室里，这个儿童是否还能在其他地方自己做决定。这个问题最实际的解决办法是，治疗师密切注意自己的非语言交流模式，以避免无意中传递的信息可能会使儿童感到沮丧。

有时候，某些词，比如构成复合句的连词，可以传递违反治疗师本意的信息。一个例子是当治疗师用"但是"这个转折连词将"情绪反射"与"把责任归还给儿童"结合起来时。这可能会导致如下的混合干预形式："你似乎不确定自己是否会做出正确决定，但在这里，你可以做决定。"对一个缺乏安全感的儿童来说，这种干预可能传递如下信息："我们会让你来做决定，即使你可能会弄错。"去掉转折连词通常可以防止这种情况发生。

在实施干预之前，由于治疗师通常没有大量的时间来分析他们的干预中可能隐藏的信息，完全避免这种混合干预的潜在陷阱可能是不现实的。然而，重要的是密切监控儿童对这些干预的反应，特别是第一次使用时。这么做的目的是为治疗师提供一个采取纠正措施的机会，并在未来使用类似的混合干预时避免这一问题。

判断哪些技巧可以融合，哪些技巧相互冲突。判断哪些技巧可以很好地融合在一起，哪些技巧不能融合在一起，有几条基本的指导原则。然而，这种判断在很大程度上取决于个人倾向和经验。

追踪和重述内容都是简单、具体的技巧。结合在一起使用，这两种技巧通常可以完美地互为补充，并防止单一干预的过度使用，以免无意中伤害儿童的自尊心。追踪和重述内容的整合可以让治疗师的语言听起来比单独表达时更有趣。

情绪反射可以与所有其他基本技巧很好地融合在一起——追踪、重述内容、限制、将责任还给儿童以及回答问题。如果可能的话，大多数设置限制的程序都包括一个用来反射情绪的步骤，所以这些技巧往往是经常性地结合在一起的。情绪反射也能提升追踪和重述内容的效果，让这些相当肤浅的技巧变得更有深度。在实施"将责任还给儿童"这种干预措施的过程中融合情绪反射的内容，治疗师往往能够探究儿童做决定或采取行动时的潜在问题。

追踪和重述内容不能很好地与限制技巧融合，因为它们通常不会在限制过程中添加任何内容。然而，根据具体的限制程序，一些治疗师喜欢结合使用"把责任归还给儿童"的技巧。例如，把责任归还给儿童的直接鼓励法（如，"我敢打赌你能想出一个办法来做这件事。"）。在阿德勒式治疗师设置限制时非常有效。通过引导儿童生成适当的行为，这一策略可以和阿德派设置限制的第三步相结合，也可以和决定逻辑后果的第四步相结合。

你需要对各种技巧的应用进行试验，以进一步探索哪些技巧适合你，以及哪些技巧在组合使用时出现冲突。同样，当使用某种组合时，你需要监控儿童对你的组合的反应和你的感受，以收集这个过程的信息。

将技巧注入到你的个人互动风格中

当你对整合这些基本技巧的技能获得信心以后，就需要把注意力转移到你在游戏室里仍然感到不适的情形上——那些时候，你觉得你的干预能力很弱，你的表达也不流畅、不自然。当你开始意识到这些不适感所包含的模式时，努力使你的个人互动风格与基本游戏治疗技巧相结合是很有帮助的。

意识到你在游戏室里何时感觉不适实际上是这个过程的第一步，因为在很多情况下，这种不适源于你在游戏室里表现得不自然。在进行游戏治疗的过程中，当你认识自身不适的能力增强时，你可以考虑一下导致你不适的原因。你需要确定这种不适感是否与以下因素有关：①你努力"正确地"做事，这种努力经常会破坏你与他人互动的自然方式；②你对特定主题或技巧怀有的焦虑；③学习一项新技巧时的正常不安；④其他因素。当你开始注意到自己在游戏室里表现得不自然的情形时，你必须问自己如何才能做到更自然、更舒畅。想象在游戏室里用你自己的话来使用这些技巧，或者想象在更放松的环境中使用这些技巧，比如面对你的朋友和家人，这么做是有帮助的。有时候你可以和你的家人，你认识的其他儿童，或者你的朋友一起练习一些基本的游戏治疗技巧，这样可以让你的表达更流畅，并且培养一种让你感觉更自然的说话方式。在游戏室里练习你更为熟悉的各种干预措施的表达方法也是很有帮助的，这可以帮助你在游戏治疗中与儿童相处时形成自己的个人风格。

要成为一名高明的游戏治疗师，最重要的因素是获得在游戏室里和儿童相处的经验，尝试各种游戏治疗技巧，学会听从并相信自己对儿童的判断和了解。另一个重要因素是愿意不断为自己的成长而努力，注意并尊重对自己和自己的思维过程的直觉——作为一名专业人士和一个普通人，无论是在游戏室内还是室外。

·实践练习·

针对下列每个场景进行如下实践：①写下你对儿童进行干预的表达；②标明你使用了哪些技巧，并说明为什么选择这些技巧；③如果你使用了混合技巧，描述你整合技巧所使用的方法。你不必拘泥于本章所描述的方法。请运用你自己的想象力和个人沟通方式，以创造性的方式运用这些技巧。因为笔者相信针对比较熟悉的儿童进行混合技巧的干预比较容易，所以这里给出了发生在两个儿童身上的连续性故事，以便你拥有一个持续的治疗过程。请为每个场景生成两到三种干预方式，以探索处理同一种情况的不同方法，这将对你很有帮助。

1. 乔纳（9岁）在第五次治疗时走进游戏室，看起来很沮丧，说："我不想在这里。我不喜欢这个地方，我也不喜欢你。"

2. 乔纳站起来，环顾一下游戏室，说："我不知道在这里做什么。"他拿起玩具枪，对准地板，没有打响，又把枪放回去，（用一种厌恶的声音）说："看，这地方真讨厌。"

3. 乔纳看着你说："这里有什么好玩的事情可做吗？我应该画一幅画吗？那可能也不好玩。"

4. 你回答后，他说："嗯，我知道你不会帮我的。你永远不会做这件事。你就和我的学校老师一样。"他转身走向沙箱，开始往地上倒沙子。

5. 当你阻止他把沙子倒在地板上时，他却不理采你。

6. 乔纳站起来说："你今天真叫我心烦。我要出去看看我爸爸还在不在。"他朝门口走去。

7. 乔纳坐在地上哭着说："我知道。你就是不喜欢我，我想做的事情都不让我做。我要我爸爸。"

8. 突然，他站起来，仍然哭着，拿起一把玩具枪，指着你，嘴里发出打枪的声音。

9. 乔纳看着你说："怎么回事？难道你不想保护自己吗？拿把枪还击呀。你怎么啦？"

10. 乔纳笑着说："嘿，这太好玩了。剩下的时间我都想这么玩。好吧，你是警察，我是强盗。你得阻止我逃跑。我刚抢了一家银行。"

11. 艾莉森（6岁）是一名寄养儿童，由于父母虐待她，她被带离了父母身边。她平时是个很健谈的孩子，但今天（第十次治疗）对你说得很少。她假扮玩偶妈妈，对最小的玩偶娃娃说："你知道，这是你的错。你必须受到惩罚。"

12. 艾莉森继续玩游戏，她把小娃娃挪到墙角，嘴里发出呜咽。她转过身去，你才发现她哭了。

13. 艾莉森把小娃娃移到床边，把它放在床上。她拿起玩偶妈妈放在床边。她模仿玩偶妈妈的声音说："你这个小淘气鬼。是想躲着我吗？"

14. 艾莉森转向你，用一种非常缓慢、悲伤的声音说："她能躲到哪里去呢？她怎么能躲开呢？她不知道。"

15. 艾莉森把娃娃递给你，说："你现在来玩吧！"然后走过去开始画画。

16. 她说："我要给你画一幅画。我该画什么呢？"

17. 她画了一幅房子着火的画面，人们趴在窗边大喊："救命！救我！"有几个人站在那里看着大火，但他们似乎并没有想去救人的意思。

18. 艾莉森转向你说："那些人只是在旁观。他们本来可以救人，但他们不打算这么做。"

19. 她停止画画，走到房子那边抱起玩偶妈妈。她把它放进沙箱里，拿起一把铲子，开始用沙子埋它。她笑着看看你，又转向沙箱，继续往它身上撒沙子。

20. 她看了看你脸上的表情，说："我想把她丢在这里。你能帮我再埋深点儿吗？"

● 思考题 ●

1. 直觉在你的生活中扮演什么角色？

2. 在1—10的范围内（1表示没有，10表示比你认识的任何人都多），你会如何评价你对他人的直觉强度？解释你的评级。

3. 在1—10的范围内（1表示没有，10表示比你认识的任何人都多），你会如何评价自己对自己直觉的信任程度？解释你的评级。

4. 你对自己和自己的问题了解多少？你认为可能影响你与儿童及他们家人相处的主要问题是什么？

5. 与游戏治疗的"科学"相比，你认为游戏治疗的"艺术"有多重要？请解释一下。

6. 游戏治疗的"艺术"中你来说重要的元素有哪些？请解释理由。

7. 为使游戏室里的互动和其他关系的互动变得更加和谐,你遇到的最大障碍是什么?请解释一下。

8. 你认为将你个人的交流和互动方式与游戏治疗的技巧结合起来的最重要策略是什么?

第三部分

高级技能及概念

第12章
识别隐喻及通过隐喻交流

阿朗佐（6岁）的妈妈是黑人，爸爸是亚洲人。祖父祖母、外祖父外祖母都断绝了与这个家庭的联系，这使得他爸爸妈妈之间的关系非常紧张。阿朗佐把所有玩偶按照肤色分开，分别摆放在沙箱边缘的两个不同"营地"里。他把一个棕色小玩偶放进救护车里，在两个营地之间来回转移，但是没人愿意把小玩偶从救护车里抱出来。

洛伊斯（8岁）因为广泛性焦虑问题来接受游戏治疗。她向你讲了她妈妈给她读的一本书。故事的情节是这样的：有一个家庭，家里的每个人都有害怕的东西。这家人收养了一只狗，这只狗也害怕很多东西。所有家庭成员都帮助狗，他们自己也不再害怕了。

罗杰（7岁）被诊断患有ADHD。他的当前问题是冲动和拒绝完成学业。他走进游戏室，在房间里转来转去，撞到你的椅子上，说："我是一辆火车头，我停不下来。即使有辆车挡住了我的路，我也会直接从上面碾过去。"

这只是遍及游戏治疗过程中的种种隐喻的其中三个例子。隐喻出现在儿童独自表演或要求治疗师进行角色扮演的游戏场景中，存在于儿童讲述的发生在自己或他人身上的故事中；隐喻是儿童编的奇幻故事；隐喻还出现在儿童对电影、电视节目和书籍的情节总结中。在游戏治疗中，儿童用故事和隐喻来探索和揭示自我，思考世界及其运作方式，研究与他人的关系，并与游戏治疗师交流。当隐喻发生时，游戏治疗师的工作就是识别每一个隐喻，倾听隐喻并试着去理解它对那个特定的儿童在那种特定的环境中意味着什么，并把这个隐喻作为和儿童交流的工具。

· 识别隐喻 ·

儿童讲的每一个故事，通过游戏表演出来的每一个故事，或者写的每一个故事，都有助于形成一种自我形象——一种他可以看到、参考、思考和改变的形象，一种有助于其他人理解讲故事者的形象。每当儿童描述自己或他人的经历时，都会构建自己过去的一部分，增加他的自我认识，并将这种认识传递给其他人。每当儿童编造一个可能发生在他本人或他人身上的故事时，他就扩展了他的世界（Engel, 1995）。

游戏治疗师的主要工作之一是识别儿童的隐喻——注意游戏中呈现的各种形象和故事，并承认它们的隐喻潜力。通过在游戏室里听故事的象征性内容，游戏治疗师可以通过儿童的眼睛来观察他们的世界，在游戏中的形象和故事与儿童生活中的情境和关系之间建立联系。

一旦你开始倾听和寻找隐喻，你就会发现它们无处不在——它们会出现在儿童的故事里，他们的木偶戏里，他们的图画里，他们对朋友的描述里。你的第一个任务就是开始注意到它们，并告诉自己，儿童的游戏里可能包含某种象征性的信息。当你意识到游戏中经常有一个"隐藏"的故事时，你需要考虑这些隐喻在你的来访者的生活中意味着什么。

· 理解游戏治疗中隐喻的含义 ·

隐喻是象征性的，而不是直接的，所以隐喻的意义可能隐藏在故事或游戏中。游戏治疗师的工作是试图理解隐喻的含义，以便更好地理解儿童对自我、他人和世界的感受、态度、关系和看法。

一些游戏治疗师，如 C.C. 诺顿和 B.E. 诺顿（C.C.Norton & B.E.Norton, 2006/2008）及艾伦（Allan, 1988），认为某些符号在不同的儿童身上具有相同的含义。他们认为，大多数时候，当儿童用一个特定符号讲故事时，这个符号就有一个特定的普遍意义。例如，在一个关于鸟的故事中，鸟象征着转变，或者在对房子的描述中，房子象征着儿童的家庭。尽管艾伦建议，根据一个普遍的标准来解释所有符号的意义时必须谨慎，坚持这种观点的游戏治疗师倾向于认为某些符号的意义在不同儿童和文化中是相同的。

其他游戏治疗师认为隐喻是特殊的和现象学的（Kottman, 2003; Landreth, 2002; Oaklander, 1978/1992）。对于那些坚持这一观点的人来说，隐喻中的符号在那一特定时刻对于那个特定儿童来说是独一无二的。从这个角度来看，要想完全理解隐喻，唯一的方法就是考虑儿童的过去和文化、讲故事的时间背景、儿童的发展水平，以及许多其他因素。

J.P. 莉莉（J.P.Lilly, 2006）将这两种思考符号和隐喻的方式结合起来。他认为，某些符号的原型意义在所有民族中都是一样的，与他们的文化或个人经历无关。除了这个原型意义，莉莉还提出，对于任何给定的符号，都可以有一种受文化影响的意义解释，以及对该符号意义的个人解释。

你必须考虑自己对符号和隐喻意义的理解。不管你在这个问题上的立场如何，重要的是要试着理解隐喻的信息，并以一种宽容的、耐心的方式把这种渴望传递给儿童，而不是强迫儿童以更直接的方式交流。对很多儿童来说，只要你愿意倾听并试着理解隐喻的信息，就足以改变他们看待自己、他人和世界的方式。

即使你无法理解隐喻的含义，考虑一下各种可能也是有帮助的。通过思考特定的故事或游戏可能传达的不同信息，你可以更好地理解儿童的动态。在很多情况下，对于游戏所传达的信息并没有一个"正确"的答案。通过思考那个隐喻中所有可能的信息，你可以了解到很多关于儿童和他们看待世界的方式。

有时候故事的具体内容并不那么重要。儿童想要表达的可能是一种情绪或态度，而不是关于某个特定情境的具体信息——故事的情绪基调可能是隐喻的信息。例如，如果山姆告诉你他的足球队赢得超级杯冠军的故事，他可能并不真的在乎谁赢了这场比赛——他可能只是高兴和乐观，认为他的生活正朝着他希望的方向发展。

同样重要的是要记住，并不是每个故事或场景都有隐藏的含义。很多时候，在儿童的叙述中并没有隐含什么——关于一只鸟的故事可能只是关于一只鸟的故事。

隐喻及其含义的示例

在以下每个游戏场景或故事之后，隐喻的含义都有几种可能的解释。在这些特定场景下，可能所有解释对那个特定的儿童来说都是正确的，也可能无一正确。

*拉希德（7岁）走进房间，把玩偶家庭（除了那个小男孩）埋在一堆沙子下面，说："没有什么能救他们。"

1. 拉希德的家人遇到了困难，他认为情况无可救药。

2. 拉希德认为，家庭秘密正在伤害这个家庭，但公开谈论这些秘密永远是不可接受的。

3. 拉希德看到他的家人在一场战争中丧生。

4. 拉希德认为他的工作是解决家庭问题，（因为他是确诊的病人），但他只是不知道如何着手去解决。

5. 拉希德看了一部恐怖电影，在这部电影中，整个家庭都被活埋了，只有儿子活了下来。

*约翰（6岁）给你讲了这样一个故事："从前，有一只鸟住在一个笼子里，它想飞走。有一天，这只鸟逃走了，但是一只老鹰看到了它，并向它发起了攻击。小鸟从天上掉下来摔死了。"

1. 这只鸟象征着约翰，他觉得自己好像被困住了。

2. 约翰相信被困住比与外界打交道更安全。他害怕如果他从现在的处境中逃脱，他的生活会更糟。

3. 约翰相信更强大的人是危险的，尤其是当他们想要得到他们想要的东西的时候。

4. 约翰认为试图满足他的需要是危险的。

5. 约翰看见一只鸟被一只更大的鸟袭击了。

★在第二次治疗中，吉诺（4岁）用积木搭了一个堡垒。他把各种各样的木偶放在你和堡垒之间，告诉你他们是警卫。他走到道具篮子前，拿了一套盔甲和几把剑，藏在堡垒里。

1. 吉诺害怕你，觉得有必要保护自己免受你的伤害。

2. 吉诺有安全问题，认为他需要确保自己受到保护。

3. 吉诺认为，有些人在生活中自我保护过度，使自己与世界隔绝。

4. 吉诺想表达的是他知道如何照顾自己。

5. 吉诺担心你会了解到他不确定想让你知道的事情。

★绫子（5岁）的妈妈在她4岁的时候去世了。她爸爸似乎很难照顾好自己和三个孩子。绫子给你讲了一个花园的故事，那里的花朵有园丁照料，它们都很快乐，很幸福。然而，园丁决定离开，现在所有的花都蔫了，花园里长满杂草。

1. 绫子的妈妈是一名"园丁"，现在她走了，所有的"花朵"（孩子）都在艰难地活着。

2. 绫子认为她的妈妈是自己"决定"离开的。

3. 绫子不相信她的爸爸有能力照顾这个家庭。

4. 绫子的妈妈在他们的院子里有一个花园，由于无人照料，各种花现在濒临死亡。

5. 在绫子的文化中，花园象征着成长和幸福。

★托德（9岁）讲述了他最近看的一部电影的情节。他讲到主人公被数量庞大的敌人打败了。看过一两部动作惊悚片的你应该知道，真正的剧情很可能是主角打败了数量庞大的敌人。

1. 托德认为他的生活中有太多他不能克服的障碍。
2. 托德对世界持悲观的看法，他认为英雄不会赢，无论他们如何努力。
3. 托德觉得他生活中的每个人都想打败他，他没有朋友或盟友。
4. 托德认为他的情况很糟糕，没人能帮助他。

· 使用儿童隐喻与儿童交流 ·

必须避免"打破"隐喻——要求儿童解释隐喻的含义或向儿童解释隐喻的含义（Kottman, 2003; J.P.Lilly, 2010）。打破隐喻会向儿童传达一种对他们间接交流的愿望缺乏尊重的信息，并暗示他们的交流应该是直接的，具体的。游戏治疗师不是去打破隐喻，而是进入隐喻，并使用它来间接地与儿童交流。

无论治疗师是否完全理解儿童隐喻的深层含义，仍然有可能使用隐喻与他们沟通。当儿童使用间接的表达方式，尤其是故事和隐喻时，如果治疗师也愿意使用同样的间接表达方式，让儿童做出积极反应的可能性很大。

无论是使用基本的干预技巧，如反射情绪、把责任归还给儿童，或更复杂的干预措施，如传授解决问题的技巧、表达新的信息、针对问题情境建议替代方案或做出解释，治疗师都可以把儿童的隐喻用作一种工具。治疗师也可以把隐喻用作询问儿童生活或人际关系的工具，使用一种间接方式提问。

在所有这些情况下，治疗师要做的只是把儿童所讲的故事内容作为一种运用那种特殊技巧的契机。例如，布赖恩正在讲一个老鼠被猫追赶的故事。治疗师可以使用基本的技巧来追踪老鼠的行为，重述猫说的话，并反射老鼠的情绪。治疗师可以问老鼠如何摆脱掉猫，或者建议他找人帮忙阻止猫。

使用儿童的隐喻时，你应该考虑故事中的哪个角色代表了儿童的观点。这将指导你选择使用哪个角色作为干预的焦点。如果你想向儿童表达共情和理解，最好把注意力放在隐喻中代表儿童的那个角色上。如果你想促进儿童共情的发展，把注意力放在故事中的其他角色上通常是有帮助的。

· 监控儿童对隐喻的反应 ·

如果治疗师决定使用隐喻与儿童交流，对他来说很重要的一点是监控儿童对隐喻的反应。大多数情况下，儿童会不知不觉地接受治疗师的隐喻，并继续使用它来传达更多的信息。如果治疗师和儿童都喜欢某个特定的隐喻，他们可以在以后的治疗中继续使用这个隐喻，作为一种循环使用的交流模式。

或者，儿童可能对治疗师使用的隐喻产生消极反应。这种负面反应可能表现为一种不易察觉的非语言反应，如摇头或皱眉，也可能是公然拒绝治疗师使用隐喻，比如否定治疗师对故事所作的任何更改，或拒绝在未来的互动中使用那个隐喻。

当这种情况发生时，治疗师必须查明儿童的消极反应是针对治疗师使用隐喻的方向还是针对隐喻的篡改。如果是针对治疗师使用隐喻的方向，儿童可能只是拒绝接受自己不喜欢的内容（如，在上面所举的例子中，布莱恩可能会说："老鼠不会寻求帮助的。你在说什么呀？"），或直截了当地表达不赞成（如，"我不想再讲这个故事了。你不知道你在说什么。"）。当这种情况发生时，治疗师可能只是需要调整其方向或调整对隐喻的使用。例如，当治疗师建议老鼠如何躲避猫时，布莱恩可能不喜欢。他完全满足于老鼠被猫追赶，并告诉治疗师他讲的故事与他无关。毕竟，他认同猫的想法，认为捕捉小动物没有错。为了将来使用布莱恩的隐喻，治疗师需要慎重判断哪个角色代表布莱恩。

有时治疗师只是把隐喻理解错了，就和在更直接的交流中可能犯错一样。他们可能错误地反射了一种情绪，或者错过了重述内容的要点。当这种情况发生时，儿童的反应通常是相对温和的纠正，比如"不，老鼠不害怕。他喜欢被追逐。"

有些儿童不愿与治疗师"分享"他们的隐喻。他们对治疗师使用他们的隐喻的负面反应通常表现为对治疗师使用隐喻所做的任何事情的强烈排斥。对于这样的儿童，治疗师最好避免使用他们的隐喻。取而代之的是，治疗师必须想出向他们提建议的其他方式（直接或间接）。

· 使用儿童隐喻进行沟通的示例 ·

下面是治疗师使用儿童的隐喻与儿童进行沟通的示例。

★阿郎佐（6岁）有一个黑人母亲和一个亚洲父亲。祖父祖母、外祖父外祖母都断绝了与这个家庭的联系，这使得他父母之间的关系很紧张。阿朗佐把所有的玩偶按肤色分成两组，摆放在沙箱边的两个不同的"营地"里。他把一个棕色人种的小玩偶放进救护车里，在两个营地之间来回转移，但是没人愿意让小玩偶从救护车里出来。

1. "每次他停下来，其他人都不让他出来。"（追踪。）
2. "看起来他可能很孤单——好像他想找个地方停下来，而其他人不让他停下来。"（反射情绪和解释。）
3. "他似乎只能继续转移。他一定是累坏了。"（解释与反射情绪。）
4. "我想知道里面的人是什么心情。"（隐藏的问题。）
5. "外面那些人对救护车里的人说了什么？"（提出问题。）
6. "到底发生了什么事，那些人不让他停下来？"（提出问题。）
7. "他似乎找不到地方停下来。"（解释。）

★罗杰（7岁）被诊断患有ADHD。他现在的问题是冲动和拒绝完成学业。他走进游戏室，在房间里转来转去，撞到你的椅子上，说："我是一辆火车头，我停不下来。即使有辆车挡住了我的路，我也会直接从上面

第12章 识别隐喻及通过隐喻交流

碾过去。"

1. "你只是觉得自己停不下来。"（重述内容。）
2. "你相信你无法让自己停下来。"（解释与认知重构。）
3. "停不下来一定有点吓人，火车头先生。"（反射情绪。）
4. "如果有辆汽车挡路，火车可能会从这辆汽车上面辗过。"（重述内容。）
5. "如果没有人给这列火车任何帮助，它就会撞车。"（解释。）
6. "火车头先生，总是停不下来，你现在心情如何？"（提出问题。）
7. "火车怎么才能停下来呢？"（引导解决问题或生成替代行为。）
8. "如果有人帮助火车刹车，会怎么样？"（引导解决问题或生成替代行为。）

* 露易丝（8岁）因广泛性焦虑问题来接受游戏治疗。她给你讲述她妈妈给她读的一本书。故事的情节是这样的：有一个家庭，家里的每个人都有害怕的东西。这家人收养了一只狗，这只狗也害怕很多东西。每个家庭成员都帮助狗，他们自己也不再感到害怕。

1. "每个人都害怕一些东西，但是狗帮助了他们，尽管他自己也害怕。"（重述内容、反射情绪。）
2. "他们找到了帮助他们解决问题的人。"（解决问题的技巧建议。）
3. "终于找到了帮助他们克服恐惧的人，他们心情如何？"（提出问题。）
4. "他们找到了一种克服恐惧的方法。"（解释。）
5. "这只狗帮助了家里的每个人。这件事发生时他心情如何？"（解释和关于感觉的问题。）
6. "我敢打赌，那只狗一定为帮助这一家人克服了恐惧感到非常自豪。"（反射情绪。）

* 拉希德（7岁）走进房间，把玩偶一家人（除了那个小男孩）埋进一堆沙子里，说："什么也救不了他们。"

1. "知道什么也救不了他们，他们一定很沮丧。"（反射情绪。）

2. "我敢打赌，埋在那么深的沙子下面，他们一定很害怕。"（反射情绪。）

3. "除了那个小男孩，全家人都被埋了。我想知道那个小男孩的心情如何？"（提出问题。）

4. "他们被埋了，什么也救不了他们。"（追踪和重述内容。）

5. "如果有人想帮助他们，该怎么做？"（让儿童参与解决问题。）

6. "我敢打赌那个小男孩真的很想念他们，想让他们知道他爱他们，不会忘记他们。"（反射情绪与解释。）

★约翰给你讲了这样一个故事："从前，有一只鸟住在一个笼子里，它想飞走。有一天，这只鸟逃走了，但是一只老鹰看到了它，并向它发起了攻击。小鸟从天上掉下来摔死了。"

1. "这只鸟不想再住在笼子里了。他感到被困住了，想要逃走。"（重述内容和反射情绪。）

2. "小鸟试图自己照顾自己，但结果并非它想的那样。"（解释。）

3. "他很兴奋，因为他逃跑了，然后又变得害怕，因为老鹰在追他。"（反射情绪。）

4. "他一定很沮丧——心想他会得到他想要的东西，后来却被人抢走了。"（反射情绪和解释。）

★在第二次治疗单元上，基诺（4岁）用积木搭了一个堡垒。他把各种各样的木偶放在你和堡垒之间，告诉你他们是警卫。他走到道具篮子前，拿了一套盔甲和几把剑，藏在堡垒里。

1. "你找到了确保自己安全的方法。"（鼓励解决问题的技巧。）

2. "警卫站岗是为保护你。"（鼓励解决问题的技巧。）

3. "有堡垒，有盔甲，有警卫，还有一些武器保护你，你会感觉更安全。"（反射情绪。）

4. "谁住在堡垒里？"（提出问题。）

5. "对住在堡垒里的人来说，可能危险的东西是什么？"（提出问题。）

*绫子（5岁）的母亲在她4岁的时候去世了。她父亲似乎很难照顾好自己和三个孩子。绫子给你讲了一个花园的故事，那里的花朵有园丁照料，它们都很快乐，很幸福。然而，园丁决定离开，现在所有的花都蔫了，花园里长满杂草。

1. "听起来这些花儿现在感到非常悲伤和孤独。"（反射情绪。）

2. "我猜这些花一定为园丁的离开感到生气。"（解释和反射情绪。）

3. "这些花需要什么才能安好？"（提出问题和引导解决问题。）

4. "附近有人能顶替园丁的位置吗？"（提出问题和引导解决问题。）

5. "花儿能做些什么来照顾自己呢？"（提出问题、引导解决问题、把责任归还给儿童。）

*托德（9岁）讲述了他最近看的一部电影的情节。他讲到主人公被数量庞大的敌人打败了。看过一两部动作惊悚片的你应该知道，真正的剧情很可能是主角打败了数量庞大的敌人。

1. "我敢打赌，在付出了那么大的努力之后，他一定感到非常沮丧。"（情绪反射。）

2. "所以，尽管他尽了最大的努力，事情还是没有按照他想要的方式发展。"（重述内容）。

3. "他还能做些什么来救自己呢？"（提出问题和引导解决问题。）

4. "如果他在电影一开始就交了一个朋友，然后向这位朋友求助，结果会怎样？"（解决问题和替代行为建议。）

5. "如果是你，你会怎么做？"（提出问题和引导解决问题。）

实践练习

对于下面的每个场景，请写出对隐喻含义的三种可能解释。写出三种你可以使用隐喻与儿童交流的方式，标记出你所进行的干预类型（反射情绪、解释等）。

1. 德韦恩（9岁）告诉你下面的故事："我有一个朋友是一个非常好的棒球投手。他喜欢扔快球，没人能击中。但是有一天，他遇到一个很厉害的击球手，不管他多么努力，这个击球手总是能击中他投出的每一个球。从那以后，他就不再打棒球了。"

2. 玛丽·乔（4岁）正在玩偶屋里做游戏。玩偶爸爸开始对玩偶妈妈大喊大叫并打她。玩偶娃娃们吓得藏到床底下。玩偶妈妈走了进来，对孩子们大喊大叫，因为他们把床底下的东西弄乱了。

3. 杰克（7岁）想玩超能战士游戏。他告诉你，他要当绿色超能战士，因为这种战士力量最强大，而你当粉色超能战士，因为她毫无力量。然后他说："你知道女孩没有男孩强壮。"

4. 在陪杰克做游戏时，他告诉你，你必须帮助他攻击"圆肚人"，因为他们是坏人。他递给你一把剑，说："帮我消灭他们。"大约两分钟后，他把你的剑拿走，说："你做不好这件事。我想我不需要你的帮助。你回去守卫堡垒，我一个人去打圆肚人。"

5. 赛义德（8岁）一直在表达对你的失望，因为你继续反射她的情绪，即使她一再告诉你她不喜欢你这么做。她开始抱怨她的妈妈，说："她从来不做我让她做的任何事情。我一再尝试让她听我说话，但有时我觉得自己就像一只被她踩扁的虫子。她根本不在乎我怎么想。"

6. 霍（6岁）拿起所有的枕头，在自己周围筑了一堵墙。他看着这堵墙，皱皱眉头，又拿起其他玩具，把它们堆在枕头上，让墙变得更高。他走到墙中间，坐下来，开心得笑了。

7. 巴哈蒂（4岁）让玩偶妈妈摇着一个玩偶娃娃，给它唱歌听。突然，玩偶娃娃"哭"起来。玩偶妈妈试图安慰娃娃，但娃娃还是哭个不停。玩偶妈妈看起来很沮丧，皱着眉头，喃喃自语。最后，当她试图安慰娃娃的所有努力失败后，玩偶爸爸来到玩偶之家，把玩偶妈妈扔在地板上。

8. 迈尔斯（9岁）讲述了一个他看过的电视节目，在这个节目中，主人公有一个他非常信任的朋友，但这个朋友突然变成了怪物，并杀死了主人公。

9. 夏琳（5岁）正在画画。她画了一座房子，一些树，一些花，和一个又大又明亮的太阳。然后她拿起黑色颜料，非常仔细地涂在整张纸上，直到这张纸全部被涂成黑色。

10. 查克（7岁）拿起手铐想铐在你手上，说："你将成为我的囚犯。"当你阻止他把你的双手铐在背后时，他把手铐铐在自己手臂上，拿掉钥匙，把它埋进沙子里。

11. 拉提法（8岁）发现她的妈妈患有晚期癌症。在游戏室里，她小心翼翼地在沙箱里布置了一个小镇，每个人物都是经过精心安排的。然后她拿起魔杖，疯狂地搅动沙子，嘴里说着："这是龙卷风。它正在摧毁这座城市。"

12. 凯西（7岁）最近认识了他爸爸的未婚妻和她的两个孩子。他走进游戏室，开始用木偶表演灰姑娘的故事，重点是表现继母和她的两个女儿的邪恶。

13. 卡桑德拉（6岁）给你讲了一个故事：有一个忙忙碌碌的蜜蜂，它总喜欢对其他动物指手画脚，告诉它们应该做什么，应该如何生活。蜜蜂没有朋友，但它似乎无法阻止自己颐指气使，不管森林里的其他动物如何反应，它还是会继续这种弄巧成拙的行为。

14. 每当你让斐利贝（5岁）感到沮丧或生气时，他就会把恶龙拿来咬你的手臂。当你们和睦相处时，他甚至不会注意到恶龙的存在，但是只要他对你生气，恶龙的牙齿就会露出来。

· **思考题** ·

1. 哪种类型的隐喻呈现方式（在儿童的游戏里；在儿童讲的故事中；在儿童做的剧情简介中）可能是让你最难识别的？请解释一下。

2. 对你来说，在游戏治疗中识别和使用儿童隐喻最困难的方面是什么？请解释一下。

3. 你是更愿意与儿童直接交流，还是更愿意通过隐喻与儿童间接交流？请解释一下。

4. 你是相信特定的符号具有某种普遍意义，还是每个人会对相同的符号赋予相同的意义，或者这两种情况的的结合？解释你的理由。

5. 如果你不明白一个隐喻的意思，这会给你带来多大的不便？你将如何处理这个问题？

6. 有人认为"打破"儿童的隐喻是对他们的不尊重，你对此有何看法？

7. 如果儿童拒绝你在游戏治疗过程中使用他们的隐喻来交流，你认为你将如何处理？

8. 你将如何运用你对儿童民族或文化背景的理解来解读他们的隐喻？

第13章 高级游戏治疗技巧

可以使用在游戏室里的咨询技巧的数量受限于治疗师的想象力。如果治疗师愿意创造性地尝试各种干预策略，不怕承担风险，就能创造出许多可能对游戏治疗有用的技巧。鉴于本书只是一部概述性的著作，不可能列出并描述所有可能的游戏治疗技巧。如果读者对游戏治疗技巧感兴趣，有许多有用的文本资源可供参考（Goodyear-Brown, 2010; Kaduson & Schaefer, 2003; Malchiodi, 2008; Rubin, 2007/2008; Schaefer & Cangelosi, 2002）。

有几种游戏治疗技巧适用于多种不同的游戏治疗方法。在本章中，我选择介绍后设沟通、治疗性隐喻、互说故事和角色扮演，因为这些技巧可以应用于许多不同的理论取向，而且可以用相对简单和具体的方式加以描述。对于每一种游戏治疗技巧，本章首先对其进行描述，接着解释使用这种特殊技巧的目的，并提供了几个如何使用这种技巧的示例，最后还设计了实践练习，以便读者可以试验这种技巧的应用。

·后设沟通·

"后设沟通指的是治疗师从和儿童的互动中跳出来，就其和儿童之间的交流进行沟通。通过后设沟通，治疗师可以帮助儿童注意和理解他们自己的交流模式"（Kottman, 2003）。非阿德勒式的游戏治疗师经常称这种技巧为"软解释"（D.Ray, 2009）。下面列举一些适合用后设沟通进行回应的情况：

1. 治疗师与儿童互动的模式。(如,"我注意到当我把椅子挪到你身边时,你似乎有点紧张。")

2. 儿童交流的模式。(如,"似乎每当兔子女士想要别人做某事时,她的声音就会变大。")

3. 儿童的非语言交流。(如,"你看我的样子好像你不确定是否可以对着窗户开枪。")

4. 儿童对治疗师的陈述和问题的反应。(如,"当我问你和你爸爸周末过得怎么样时,你看起来有点儿生气。")

5. 儿童在几次治疗中的行为、反应、认知、情绪或态度的模式。(每当他提到他的父母在森林里迷路时,狼似乎很伤心。)

6. 儿童在游戏室里的行为、反应、认知、情绪或态度的模式,延伸到游戏室之外的其他情境和关系中。(如,"我注意到在这里你喜欢命令我。我猜你在家也喜欢命令妈妈吧。")

7. 代表儿童个性、应对策略、人际互动风格、解决问题的方法、解决冲突的方法或自我形象的行为、反应、认知、情绪或态度模式。(如,"你似乎喜欢用大喊大叫来让别人做你想做的事。")

有时这些情况可能重叠。例如,儿童对治疗师的陈述和问题的反应可以通过儿童的非语言交流来表达,或者治疗师和儿童互动的模式可以通过儿童的交流模式来体现。

根据这些模式或反应是表现为儿童隐喻的一部分,还是表现为儿童的行为、交流或者与治疗师互动的一种功能,治疗师可以在隐喻中或直接进行后设沟通。正如在第9章"将责任还给儿童"中提到的,如果儿童觉得隐喻性的沟通比直接的沟通更令人愉快,那么配合儿童的沟通方式就非常重要。

倾向于非指导性的游戏治疗师通常要么避免后设沟通,要么将后设沟通的使用局限于客观描述某种行为或模式,不增加任何推测或猜想内容。其他偏指导性的游戏治疗师也可能使用这种形式的后设沟通,但更有可能使用涉及猜测儿童行为意义的方式。

后设沟通的目的

后设沟通的目的是帮助儿童开始注意和理解他们自己的沟通模式（Kottman, 2003）。很多时候，儿童没有意识到他们在以某种方式做出反应。即使当他们意识到他们的模式时，通常也没有抽象的语言推理技能来概念化这些有关他们自己和他们的互动模式的意义。通过指出儿童行为、反应、态度、情感、交流和认知中的模式，治疗师可以帮助儿童思考模式中的可能含义，并帮助他们了解与潜在主题相关的问题。因为游戏治疗过程经常涉及到非语言交流，所以游戏治疗师注意观察儿童的非语言表达是很重要的，尤其是当他们似乎在问一个问题时。注意并评论儿童对治疗师干预措施的反应也是很有帮助的。尽管成年人会对治疗师的评论和问题给予口头反馈，但儿童往往不会对治疗师说的话给出清晰的口头反馈。治疗师有责任阐明这些反应，这样儿童就能意识到自己对治疗干预的反应，并能够在成长过程中使用这种信息。

如何进行后设沟通

由于后设沟通涉及的是隐蔽或含蓄的模式和反应，所以它在本质上是推测性的。因此，治疗师最好以一种试探性的方式表述后设沟通，以避免将其想法强加给儿童。当游戏治疗师对儿童的模式做出猜测（而不是断言）时，儿童有机会对后设沟通做出反应，而无需感到有必要进行防御或反驳治疗师。有时儿童只是不愿意承认那个特定的模式，有时治疗师对潜在问题或交流模式做出了错误猜测，有时儿童希望纠正或澄清治疗师的解释。为了保持一种试探性的立场，治疗师会使用一些非肯定性的词或短语，比如"可能""也许""我猜""我在想""好像"，等等。通过保持所做假设的不确定性，治疗师的目标是让儿童明白，他们不一定要承认这种沟通或同意信息的内容。

后设沟通有三种基本类型。一种是简单地描述行为或模式，而不添加任何关于行为或模式含义的猜测（如，"我刚说到关于你妈妈的那件事，你就皱起了眉头。""打败蛇以后，袋熊妈妈又蹦又跳。"）。第二种方法是更加关注行为或模式的意义的解释，不注重对行为或模式的描述（如，"当我说你妈妈似乎很高兴和你继父结婚时，我想你有点儿生气。""当袋熊妈妈打败了蛇时，她似乎非常兴奋。"）第三种方法是结合前两种方法——治疗师描述行为或模式，推测它可能代表的意义（如，"就在我说你妈妈似乎很高兴和你继父结婚后，你就皱起眉头。我想我这么说让你有点儿生气。""当袋熊妈妈打败了那条蛇的时候，她好像既兴奋又自豪。好像她曾担心自己是否能打败他。"）

儿童对后设沟通的反应

注意儿童对后设沟通的反应很重要。有些儿童似乎不理解或对后设沟通没有反应。有时这是因为治疗师的解释不正确或不准确，出于某种原因，儿童不好意思或不愿意纠正治疗师。也可能是由于儿童的发展水平或认知能力欠缺。理解后设沟通需要较高的认知和接受语言的水平，有许多儿童尚未发展出理解这种治疗性评论的能力。有些儿童只能进行非常具体的思考，可能无法识别模式或潜在的问题，即使在治疗师启发的情况下。后设沟通对这些儿童来说不是一项很有效的技巧，可能应该避免应用在他们身上。

许多儿童不愿意"拥有"某些感觉、反应或态度，或者不愿承认某些潜在的问题，所以他们可能不会以可预测的方式对这些模式的后设沟通做出反应。有时这些儿童只是忽视了后设沟通，有时他们反应过度——激烈地否认后设沟通的准确性或质疑游戏治疗师的智慧或洞察力。对于这些儿童，游戏治疗师需要考虑关于模式和主题的后设沟通是否继续进行下去，以便最终能帮助儿童认识到自己的问题，并坦然地承认它。有时，这是最合适的做法，而有时，等到儿童更愿意承认他们的潜在问题和主题时，这种做法会更有疗效。

对于那些我认为有能力理解后设沟通内容，但出于其他原因没有做出建设性回应的儿童，我经常与他们交流他们对我最初的后设沟通的反应。其他时候，尤其是对那些对我的后设沟通有极端负面反应的儿童，我只是说："嗯，这是需要考虑的事情，"而不是和他们争论他们是否接受我对某一特定行为的解释。

后设沟通的示例

针对下列每个场景，都有几种可能的后设沟通方法。笔者尝试列举了其中三种方法。

每当在游戏治疗中不能随心所欲时，阿吉特（7岁）就对女性治疗师大发脾气。他有时会冲治疗师大喊大叫，逼近她，还会做一些其他的事情，似乎是为了恐吓治疗师答应他做他想做的事情。治疗师可以通过下列评论进行后设沟通：

1. "当我不做你想让我做的事情时，你似乎会生气。"
2. "我注意到，当我不做你想让我做的事情时，有时候你对我大喊大叫，站得离我很近。"
3. "我猜你认为如果你对我大喊大叫，站得离我很近，我就会做你想让我做的事情。"

埃琳娜（5岁）是个非常热情开朗的儿童。她总是对她的治疗师表现得非常热情，见面时和她拥抱，告别时亲吻她的脸颊。当治疗师宣布她们只剩下三次治疗时，埃琳娜停止了那些热情的举动，在治疗中表现得很冷漠。

1. "你似乎有点难过，因为我们只剩下三次在一起的时间了。"
2. "我注意到，自从我提到我们只剩下三次在一起的时间之后，你好像就不再拥抱我了，我们在一起的时候你也不怎么笑了。"
3. "自从我提到我们只剩下三次在一起的时间之后，你就不再拥抱我了，也不怎么笑了。我在想你可能感到悲伤，并且生我的气，因为我们不能在一起了。"

★爱波妮（6岁）在游戏治疗中非常安静。每当她在学校过得不顺心，或者与父母发生冲突时,她会变得更加安静。每次治疗前她的妈妈在等候室里向治疗师报告她有什么问题时,情况尤其如此。

1. "爱波妮,我注意到你今天很安静。"
2. "爱波妮,当你在学校过得不顺心,你似乎特别安静。"
3. "我注意到,当你妈妈告诉我你在学校过得不顺心时,你似乎很少说话。"
4. "我猜你感觉今天过得有点糟糕,所以你才不想多说话。当小孩过得不顺心时,这种情况就会发生。"
5. "我在想,当你妈妈告诉我你们俩相处得不好时,你感到有点尴尬,而当这种事情发生时,你只是不想谈论这件事,所以你会变得非常安静。"

★贾斯汀(4岁)害怕世界上的许多东西——例如,她害怕蛇、虫子、消防车和救护车。每当她在治疗中看到这些东西或谈论它们时,她说话的声音就会变得很大、语速变快。

1. "我注意到,每当你在房间里看到玩具消防车或救护车时,你的声音就会变大一点。"
2. "每当你看到那边架子上放着的消防车和救护车时,你似乎都有点紧张。"
3. "当你看到玩具消防车时,你的声音就好像会变大。我猜把它放在游戏室里让你感到有点紧张吧。"

亚历山大(7岁)被他的生母虐待。他4岁时被送到了在祖母身边。治疗师站起来关上游戏室的窗户,亚历山大缩了一下身子。

1. "我注意到,当我站起来关窗户时,你好像吓了一跳。"
2. "在我看来,当我站起来关窗户时,你有点害怕我走近你。"
3. "当我站起来关窗户时,你好像吓了一跳,仿佛你以为我可能会伤害你似的。"

斯文（6岁）总是试图取悦他生活中的成年人，而且在这方面表现得特别迫切。他正在画画。一开始他问治疗师他应该画什么，她把做决定的责任还给了他。每画一笔，他就会转过身来，观察治疗师的反应。

1. "我注意到你在往我这边看，好像想看看我是怎么想的。"
2. "你好像在担心我是否会喜欢你的画。"
3. "你似乎在往我这边看，好像在担心我可能不喜欢你的画。"
4. "我在想，你想确保我喜欢你画的每一笔画。"

贝卡（9岁）不喜欢治疗师谈论她的非语言反应。每当治疗师这么做时，贝卡会说，"不要谈论这个"或者"你什么都不知道"。

1. "每当我提到你的身体在做什么，你总是告诉我不要谈论它。"
2. "在我看来，当你的身体对游戏室里发生的事情有反应时，你希望我没有注意到。"
3. "我在想，当你耸肩、微笑或点头的时候，你想让我不要指出来。"

· 治疗性隐喻 ·

治疗性隐喻是为某个特定儿童和该儿童的情况而专门设计或挑选的故事。治疗师在故事中安排了很多角色（包括盟友和对手），代表该儿童生活中的形形色色的人，并将主人公和盟友置于他们必须处理类似于该儿童所面临困难的问题情境中。故事角色表达的情感与该儿童以及该儿童生活中的其他人所经历的情感相似（Saldana, 2008）。治疗师一定要解释故事中每个角色的视角，以展示看待问题的不同方式。在努力克服问题并尝试了各种可能的解决方案后，主人公找到了某种解决困难的办法。

之所以在故事中包含与儿童、儿童生活中的其他人以及与儿童的情境相似的人物和情境，目的是帮助儿童识别人物，探索故事中呈现的各种观点，并考虑将故事中问题的可能解决方案应用到儿童本人身上。治疗师不会指出儿童的生活和故事之间的相似之处,而是让儿童自己决定是否承认这些相似之处,还是把故事仅当成一个故事。

如何设计和传达治疗隐喻

一些专门研究隐喻开发的治疗师提出了设计治疗性隐喻的程序(Brooks, 2002; Close, 1998; Mills & Crowley, 1986; Trottier & Seferlis, 1990)。借鉴他们的成果,结合我本人的经验和我的学生的经验,我制定了以下用来设计游戏治疗中的儿童隐喻的步骤(Kottman & Ashby, 2002)。

1. 用足够的细节描述场景和初始情境,这样儿童就能想象到这种场景和情境。开始的场景不应该与该儿童的生活环境完全相同,但应该有几个相似之处。故事可以设置在自然环境中(如"在森林中"),在"神话环境中"(如,很久以前在龙宫里),或者在现实环境中(如在我曾经工作过的学校)。

2. 详细描述角色,让儿童对他们的性格有一个大致的了解。角色应该包括:①故事的主角——代表儿童;②故事的反面人物——代表给主角带来问题的某个人或某一情况;③智囊团——代表有智慧的人或不参与斗争的人,他们可以为主角遇到的困难提供建议、新的视觉或可能的解决办法;④主角的一两个盟友——代表愿意和主角一起经历困难,能够提供支持、鼓励、建议、新观点或可能的解决方案的人。根据儿童所处的环境、兴趣和发展水平,这些角色可以是真实的、虚构的,或幻想的。我发现,如果主角以及大多数其他角色与该儿童的性别相同,往往有助于他或她接受故事。

3. 描述主要的问题、困境,或主角经历的斗争以及盟友时要具体详尽,使儿童可以想象和理解那种困难。问题情境可以与该儿童的困难有一些相似之处,但这种关联不应该太明显,以免让儿童怀疑这"只是一个故事"。

4. 随着故事的发展,主人公必须在处理问题的方法上有所进步。这种进步可能包括尝试一些有效的解决方案,获得一些新的处理问题的技能,或者采用一种看待问题的新视角，使问题看起来不再像不可克服的。然而，解决办法不应该来得太容易。在找到解决办法之前，主人公可能会遇到挫折，或者不得不尝试几种不同的方法来处理问题。这确保儿童不会把进步看成是来自治疗师的哄人开心的口头保证。"重要的是让儿童觉得主人公已经赢得了最终的解决方案，而不是让它就这么发生了。主人公还必须负责做出最后的决定，并为解决方案付出大部分努力。智囊团和盟友可以提供帮助，但他们不应该负责克服障碍或提供问题的解决方案。

5. 用一种具体的方式描述解决过程，清楚地说明主人公在与问题情境相关的情感、态度、感知或行为上发生了什么变化。把困难的某些方面留到以后解决往往是有益的，以避免暗示所有的问题都可以解决。然而，在故事的结尾，主人公一定在学习如何应对这种情况上取得了进步。解决过程应包括主人公：①对自身和情境有所了解；②对他人及他人对自身的看法有所了解；③对与他人的关系和互动有所了解；④培养了对自己、他人和生活的积极态度；⑤获得有助于今后应对问题情境的技能。这些收获应该与儿童在生活中需要获得的收获相关。

6. 解决过程结束后，主人公和其他角色（有时包括反面角色）应该庆祝一下，肯定主人公身上发生的变化。庆祝活动通常包括一场聚会、一个仪式，或者一次简单的交谈，主人公向其他角色解释自己从这次克服困难的过程中学到了什么，其他角色祝贺主人公的进步或改变。有时候，治疗师会选择在故事的结尾添加某种寓意或启示，但许多儿童对这种巩固方法缺乏积极回应，也许是因为该方法可能显得过于严厉或过于武断。

根据笔者的经验，如果治疗师根据儿童的发育年龄来调整讲述的方式，治疗性隐喻在游戏治疗中可能效果更好。年幼的儿童（3—8岁）似乎对动物角色比对人更感兴趣。做以下事情对这个年龄段儿童也会有所帮助：①用动物木偶或人物把故事表演出来；②边讲故事边画一幅图画来说明隐喻；③在讲故事之前先给他们看一本说明故事内容的绘本。对于这个年龄段的大多数儿童来说，视觉元素是必不可少的，因为视觉元素有助于他们理解和接受故事。笔者通常先告诉他们，"这个故事里的动物会说话。"然后用不同的声音来讲述这个故事，模拟每一种动物的声音。

对于这个年龄段的儿童，故事还需相对简短。笔者为非常幼小的儿童（3—4岁）编的故事只有2—3分钟。对于5—6岁的儿童，可能会讲3—4分钟长的故事。对于7—8岁的儿童，故事可能会稍微长一点，但可能不会超过5—6分钟，否则你的听众就会分散注意力。

对于来接受游戏治疗的年龄较大的儿童（7岁以上），治疗师可以决定是否使用动物角色、真实人物、卡通人物或书籍、电视节目或电影中的虚构人物。角色身份的确定应该基于特定儿童和他们的喜好和兴趣。对于一些儿童，治疗师可以借用他们在讲述的故事中已经产生的角色。还有些儿童可能有一个明确的兴趣或爱好，这种兴趣或爱好可以指导治疗师进行角色界定。许多儿童喜欢听真实人物的故事——其他儿童、他们的家人以及朋友。我通常会编造出这些"真实"人物，或者把熟人"改头换面"，以确保儿童不会认出他们。

许多年龄较大的儿童不需要年幼的儿童所必需的视觉输入。然而，利用下面的方法实验使用视觉输入的效果通常会有所帮助——一些隐喻使用视觉辅助手段，另外一些不使用，观察每个儿童对这两种方式的反应。一些年龄稍大的儿童喜欢把隐喻表演出来，可以利用这一点把故事拍成微视频，供他们课后观看，或者进行录音，供他们在家里听。也可以通过木偶表演或使用其他玩具进行表演来做这件事。

年龄较大的儿童也能接受较长的故事。针对不同的儿童，可以尝试长度不同的故事。但是大多数8岁或8岁以上的儿童都能对一个持续8—10分钟的隐喻保持兴趣。

对于不擅长编隐喻故事的治疗师来说，有一些为有特定问题或情况的儿童设计的治疗性隐喻资源。治疗师可以原封不动地利用这些故事，也可以将它们改编成适合个体儿童的故事。以下是一些治疗隐喻性隐喻的资源：

1.《安妮的故事：针对常见心理问题讲故事》(Annie Stories:Story telling for Common Issues,Brett, 1988)

2.《心理治疗中的隐喻》(Metaphor in Psychotherapy,Close, 1998)

3.《更多安妮的故事：治疗性故事技巧》(More Annie Stories:Therapeutic Storytelling Technique,Brett, 1992)

4.《童话镇：治愈受虐儿童的治疗性故事》(Once Upon A Time:Therapeutic Stories to Heal Abused Children,Davis, 1990)

5.《教导和治愈的治疗性故事》(Therapeutic Stories That Teach and Heal,Davis, 1997)

6.《在心理咨询和游戏治疗中使用超级英雄》(Using Superheroes in Counselling and Play Therapy,Rubin, 2007b)

阅读疗法是治疗师不用创作隐喻故事就能表达隐喻的一种方法。在阅读疗法中，治疗师可以使用专门针对儿童特定问题编写的治疗书籍，也可以使用恰好涵盖与个体儿童问题相关主题的书籍。治疗师选择一本书来帮助儿童理解他们的经历、学习应对策略或考虑不同的观点。儿童通常会认同角色，有时也认同故事本身。用于阅读治疗的书籍应该与儿童生活中的具体问题有关，并为他们提出面对和解决问题的方法。根据玛考尔蒂和基恩斯-格林贝格（Malchiodi & Ginns-Gruenberg, 2008）的观点，治疗师必须预读书籍，以确保它们适合特定儿童，与儿童的当前情境相关，适合儿童的发育年龄，编写质量高，插图美观（用于绘本），并调动想象力和感官。你需要在被动式或互动式阅读疗法中做出选择（S.Gladding & C.Gladding, 1991）。在被动式阅读疗法中，儿童阅读（或治疗师为他们朗读）特定的书籍或故事，这些书籍或故事里面有可能包含让他们认同的人物或事件，作为一种增加他们的理解力和洞察力的方式，但治疗师并不让儿童参与讨论从这本书中学到什么。互动式阅读疗法包括儿童阅读（或治疗师为他们朗读）故事或书籍，然后与治疗师进行讨论，以促进、加强和整合特定的概念。治疗师甚至可以让儿童在沙盘里编故事或表演故事（S.Jackson, 2003; C.Nelson,

2007）。

虽然一般性隐喻非常有用，但笔者鼓励治疗师为自己的个体来访者设计隐喻。设想一下这个过程可能有点儿令人生畏。然而，一旦使用了几个专门为个体儿童设计的隐喻，并且看到他们为此感到多么兴奋和荣幸，你可能就会愿意冒险尝试这种干预，即使你认为自己不善于创作。

治疗性隐喻的示例

下面的每个场景后面都为场景中的儿童提供了一个隐喻示例。

*拉托亚（6岁）住在廉租房中，她亲眼目睹她的保姆在一次驾车枪击事件中被枪杀。从那时起，她就相信人和怪物会伤害她。当她妈妈要去上班时，她总是缠着她的妈妈，拒绝和她的新保姆在一起。她还为妈妈的安全担忧。

为拉托亚设计的隐喻：

小杰基是一只熊，住在一个阴森幽暗的森林里，那里住着许多危险的动物。这些危险的动物有时会伤害森林里的其他动物，其他动物都很害怕——尤其是小杰基。因为太害怕了，小杰基永远不会去森林里玩，每当她妈妈要离开家，到森林里找浆果时，她就会哭。她的朋友狐狸弗雷迪和猫头鹰奥利维亚告诉她，只要她出来和他们一起玩，他们可以合作起来，确保她的安全，但她仍然很害怕。

一天，小杰基正和她妈妈的朋友大熊贝蒂聊天。贝蒂是一只非常聪明的熊，有时会帮忙照看杰基。贝蒂提醒杰基，这些危险的动物通常只在晚上出来，而且它们几乎总是待在森林的某些固定地点。贝蒂告诉杰基，如果杰基只待在森林里比较安全的地方，如果她只在白天去外面玩，如果她有一个和弗雷迪及奥利维亚合作的计划，以保证他们自己的安全，她在森

第 13 章　高级游戏治疗技巧

林里基本上就不会有危险。杰基、弗雷迪和奥利维亚制定了一个计划——轮流站岗，提防任何危险的动物——一个小伙伴站岗时，另外两个小伙伴玩耍。

第二天他们尝试了这个计划。站岗有点无聊，所以他们增加了轮岗的次数。杰基站岗的时候，看到一群豺狼沿着小路向她的朋友们走来。她急忙大声警告弗雷迪和奥利维亚，让他们赶紧躲起来，但她不知道自己藏在哪里。突然，她想起贝蒂曾经给她讲过一个故事，说自己小的时候为了躲避一只更大更凶的熊，爬上了一棵树。杰基迅速爬上了树，豺狼们甚至没有注意到她。杰基为想出这个主意感到自豪。

豺狼走后，弗雷迪和奥利维亚回到空地上玩耍，但他们发现杰基不见了。她在树上忍不住笑了起来，他们抬头看到了她。他们也笑了起来。她爬下树以后，她的两个朋友都告诉她，他们认为她非常聪明，因为她找到一种保证安全的办法。他们决定去杰基家里，告诉她妈妈和贝蒂，他们是如何想出这个妙计的。杰基告诉大人们，她已经找到一种保证自己安全的办法，觉得自己可以放心地在森林里玩耍。杰基的妈妈和贝蒂为这三个孩子制定的计划和保护自己的办法感到骄傲，他们做了蜂蜜蛋糕，举行了一个派对。

★罗德里戈感到很难堪，因为他已经9岁了，还在尿床。他的父母尝试了各种各样的补救办法，包括一晚上把他叫醒几次，让他去上厕所。他父亲最近尝试用"激将法"逼他改掉这个毛病。他告诉罗德里戈，如果不停止"不像男子汉的行为"，他就永远成不了一个男人。罗德里戈确信他不可能改掉这个毛病，所以不管别人怎么做，似乎都无济于事。

为罗德里戈设计的隐喻：

当我还是一名学校心理辅导员的时候，我们学校里有个孩子（他的名字叫安东尼奥）有个洒出东西的坏习惯。无论在什么情况下，每当他喝水、牛奶或果汁时，都会洒出来——洒到自己身上和其他所有东西上。他对自己的这种行为感到非常难为情。他班上的许多同学都开始取笑他，这更让他难堪。他的爸爸妈妈试着帮他想办法停止这种行为，但他们的建议似乎都不管用。他们三个都非常沮丧。

有一天，安东尼奥来到我的办公室和我谈论他的问题。我真的不知道该给他什么建议，所以我请了他的两个朋友（加尔文和达利斯）来帮我们想出一些解决这个问题的办法。加尔文指出，甚至在拿起杯子时，安东尼奥就非常担心，以至于手颤抖得厉害，这让他很难把杯子拿稳。加尔文说听到安东尼奥在水还没有洒出来之前就喃喃自语："我知道我会把水洒出来。"在我看来，也许问题在于，安东尼奥已经认定他会把东西洒出来，所以每次他的想法都会成真。我问安东尼奥，他是否能想出一个办法来改变他对自己这种行为的看法。安东尼奥告诉我，他确实总觉得自己会把东西洒出来，所以就变得特别紧张和担心，以至于很难控制自己。安东尼奥决定，从现在起，每次喝水时他都要提醒自己："我喝这杯水时一定不要洒出来。"加尔文和达利斯建议他在附近放一个空杯子，如果他觉得自己可能会洒出水来，就把杯子里的东西倒进那个空杯子里，以此来证明自己可以倒出水而不是洒出水。安东尼奥决定尝试这两种方法。

第一天，他总是忘记提醒自己："我喝东西时一定不要洒出来。"但加尔文和达利斯在午餐时提醒他，他的父亲在晚餐时提醒他。尽管有一次他还是洒出了一点，但他设法把大部分都倒进了空杯子里。第二天，他感觉提醒自己比昨天容易了些，他甚至不需要空杯子了。事实上，他觉得总是放个空杯子在旁边有点傻，第三天和第四天，计划进行得很顺利。第五天，安东尼奥把喝的东西洒出了两次。他很沮丧，以至于想放弃这个计划，但加尔文和达利斯提醒他，并不是每件事都会一帆风顺，每个人在学习新东西时都必须练习。他们还告诉他，如果他不继续努力实现他们帮他想出的计划，他们会感到失望和生气。因此，在那一周剩下的时间里和接下来的一周里，安东尼奥不断告诉自己，他在喝东西时可以不洒出来，而且大多数时候，这招奏效了。

第二周周末，安东尼奥来到我的办公室，告诉我事情的进展情况。他说："虽然不是一帆风顺，但情况比以前好多了。我想，我过去总以为我办不到喝东西时不洒出来，现在我知道我能办到。我只需要坚定不移地告诉自己，我能办到；另外，当我做得不够完美时，我必须学会放松。"安东尼奥愿意尝试一种全新的方式去看待自己，并且坚持不懈，这给我留下了深刻印象。放学后，我邀请安东尼奥、加尔文和达利斯一起去麦当劳。安东尼奥喝了一大杯饮料，一滴也没洒出来。

· 互说故事 ·

互说故事是理查德·加德纳（Gardner, 1971/1986）提出的一种心理咨询策略，治疗师要求儿童讲一个有开头、中间和结尾的故事。然后，治疗师使用和儿童一样的开头——人物、场景和困境——来讲述一个故事。新的故事应该比原来的故事包含更多建设性的解决问题的技能和更实用的解决方案。

互说故事背后的理念是，儿童的故事在某种程度上代表了他们的世界观。这些故事可能代表了他们对人际关系的看法、对生活中问题情境的看法、对解决问题的适当方式的看法或他们对自己和他人的看法。互说故事的目的是利用儿童的故事作为跳板，提供关于关系、他们自己和他人的不同观点；看待他们生活中的问题情境的不同方式以及更能为社会所接受的解决问题的方法。治疗师的故事通常旨在教导行为者处理问题情境的新方法和与他人互动的不同策略。

如何使用互说故事

这个过程的第一步是让儿童讲一个故事。儿童喜欢给愿意听他们讲故事的成年人讲故事，所以通常这种讲故事的邀请就足以开启这个过程了。为了让故事更具体，游戏治疗师可以建议儿童在讲故事的过程中融入玩具和其他游戏媒体（Kottman, 2003; Kottman & Stiles, 1990）。对于年龄较小的儿童（7岁或7岁以下），建议儿童选择一组木偶、动物或其他玩具作为故事中的角色来设置场景将会有所帮助；假装这些角色会说话；用它们来讲述一个故事（Kottman, 2003）。

大龄儿童（8岁或8岁以上）可能不愿使用木偶和动物，但他们可能愿意使用微型人物，如沙盘人物来讲述故事。为了鼓励这个年龄段的儿童讲故事，治疗师可以设定这种场景——让儿童扮演电视或广播节目里的嘉宾，受邀给观众讲故事，治疗师扮演节目主持人，重讲儿童讲的故事。为了增加场景的真实性，治疗师可以把故事录下来。这种方法的另一个好处是，儿童可以把录音带回家，想听多少遍就听多少遍。另一个适用于大龄儿童和青少年的技巧是，使用一个可以编故事的计算机程序（Porter, 2007）。

因为让儿童投入到故事中很重要，所以笔者通常建议故事最好是原创的，而不是电影、书籍或电视节目中的情节。然而，有一些儿童认为自己不会编故事。对于这些儿童，我就让他们借用现成的故事情节，因为他们往往会把自己的世界观加进所讲述的故事里，通过自己看待人际关系和情境的方式来过滤原故事的情节，这样故事揭示更多的是他们自己，而不是电影、书籍或电视节目（Kottman, 2003）。

很多时候，儿童讲的故事很短，没有太多的细节或情节。这些故事经常会在儿童没了主意，停止叙述时突然结束。你可以选择稍微追问一下，以引出更多的故事细节。这将取决于儿童对你的追问的反应。有些儿童愿意接受这种追问，甚至喜欢你对他们的故事怀有的兴趣。在你问了几个问题后，这些儿童往往会重新投入到故事中来，在没有进一步提示的情况下，会讲述更多故事情节。还有些儿童会对你的追问感到不满，他们的反应就好像你在批评他们讲故事的能力。你必须注意他们的非语言反应，并相应地调整你的行为。这个过程的第二步是用隐喻的方式听故事。听儿童的故事时，你需要思考这个故事是如何反映他们的世界观，以及他们生活中的情境和关系的。考虑以下问题有助于你对故事的理解（R.Gardner, 1986; Kottman, 2003）：

1. 根据你对这个儿童的了解，故事中的角色和他本人有怎样的联系？
2. 故事中的情境与这个儿童通常遇到的情境有何相似之处？
3. 故事中的哪个角色代表这个儿童？
4. 你认为代表这个儿童的角色怎样？
5. 故事中哪个角色代表这个儿童生活中的重要人物，或者儿童正在与之抗争的某个特殊情境涉及到的人？
6. 故事的情绪基调是怎样反映这个儿童对世界的感知的？是反映了儿童乐观的心态，还是悲观的心态？
7. 这个故事是怎样反映这个儿童的自我认知的？
8. 关于这个儿童对自己处理问题的能力的看法，你从这个故事中能看出什么？
9. 这个故事是否能反映这个儿童对他人的态度？
10. 关于这个儿童对关系和互动的模式和主题的认知，这个故事揭示了什么？
11. 故事中关系和互动的模式和主题与你观察到的这个儿童的模式和主题相似吗？
12. 故事中处理冲突或问题情境的通常方法是什么？
13. 故事中处理冲突或问题情境的通常方法与这个儿童通常使用的方法相似吗？
14. 你对这个故事的情感反应是什么？

基于这些问题以及其他有助于你理解原始故事的问题所引发的思考，你会通过故事内容对这个儿童的各个方面有一些理解：儿童本身、儿童的生活、与他人的关系、自我形象，以及处理困难的惯用方法。关于这个故事，你也可以探究一些与理论相关的问题。例如，如果你是一名认知行为游戏治疗师，可以思考这个故事是如何揭示儿童的自言自语的。如果你是一名阿德勒游戏治疗师，你可以思考，关于不良行为、"关键C"和儿童的个性优先，这个故事揭示了什么？

这个过程的第三步是重讲故事，故事的中间和结尾要更具适应性和社会适切性。在准备重讲时，你要考虑以下问题：

1. 你会留下哪些角色？为什么？
2. 你会增加任何角色吗？如果是，你会在这个角色中融入哪些特征？
3. 为什么那个或那些角色对这个儿童很重要？
4. 你想通过这个故事鼓励儿童拥有什么样的积极性格或特点？
5. 你想在故事中加入一些负面行为的后果吗？如果是这样，什么样的后果既合适，又不会听起来显得说教或挑剔？
6. 如果原故事的情绪基调是消极的或悲观的，你怎样融入一种更积极、乐观的基调呢？
7. 你如何融入与他人互动的更有建设性的模式？
8. 你如何在故事中融入更适合社交的方法来解决冲突或解决任何困难？
9. 你如何鼓励儿童专注于他们的优点？
10. 你如何利用故事元素来教儿童看待他人的新方法？
11. 你如何利用故事让儿童知道别人是如何看待他们的？
12. 你如何利用故事提高儿童对解决问题能力的信心？
13. 你如何融入更多关于角色的情感和反应的描述，使用角色来示范情感的表达？

当你听儿童给你讲一个可能持续30—60秒的故事时，这些要考虑的因素似乎显得很多。开始使用互说故事的方法时，在重讲故事之前，你可能需要给自己额外的时间把这两份清单都看一遍。你可以先把儿童讲的故事录下来，在治疗结束后听一听，下次治疗再给儿童讲述改编后的故事。这样做可以给你一些时间思考原先的故事，再在下次见面时重讲这个故事。

就像治疗性隐喻一样，有很多重述故事的方式。你可以使用儿童使用的方式（木偶表演、微缩模型、动物模型等），或者你也可以换成其他的方式（画画、制作一本书、制作个性化的磁带等）。切记重讲故事时不要强调你在重新讲述故事——不要让儿童误以为故事的原始版本有什么问题。当你介绍你的故事版本时，告诉儿童你对他们讲的故事和故事中的人物非常感兴趣，这让你想起你想要讲述的关于这些人物的另外一个故事，这么做会有所帮助。

重要的是要记住，每一个游戏治疗师都可能对原始故事的含义和潜在信息有不同的理解，并且会设计一个与其他游戏治疗师完全不同的版本。重讲故事没有完美的版本，所以没有必要为每一个细节的"对"与"错"而纠结。可以在儿童讲故事的那次治疗单元上讲其中一个版本，然后在随后的课上再讲其他版本。

互说故事的示例

★斯凯拉（7岁）的学校心理辅导员向他推荐游戏治疗，据说他在课堂上比较害羞和内向，但在操场上却非常好斗。辅导员推测，他的这种表现与他学习成绩不好，其他学生因此取笑他有关。不过，斯凯拉身体很强壮，力气很大，所以他可能是在操场上实施报复。他用动物木偶作为道具，讲述了下面的故事：

从前有一只狐狸，他很难捉到小动物吃。当它和其他狐狸一起玩的时候，它们就取笑它。它们说："你真笨；什么也做不好。你怎么回事啊？"它听了以后就会扑到它们身上，咬它们的耳朵。没人愿意和它交朋友。它们说："走开，不要打搅我们。"

一种可能的改编版本：

从前有一只狐狸名叫索耶，它很难捉到小动物吃。对此它感到非常沮丧，它尝试了很多不同的方法去学习更好地追踪小动物。尽管索耶学习很努力，可它还是有困难。当它和其他狐狸一起玩游戏的时候，它们说："追踪对你来说为什么那么难？你怎么回事啊？"索耶说："我不知道，但我真的想学会追踪本领。"另外两只狐狸（桑迪和福克西）说："我们会帮助你学习的。"其他的小狐狸仍然对它很刻薄，说："你根本不是一只狐狸。你本应该知道如何追踪的。"索耶决定，如果它最终能跟桑迪和福克西学会追踪本领，这些小狐狸就会为取笑它付出代价。它每天和桑迪及福克西一起练习，慢慢变得越来越擅长追踪。它为自己感到非常自豪，对桑迪和福克西说："非常感谢你们帮助我。没有你们的帮助，我想我是学不会的。"索耶追踪松鼠并捉了几只回来，送给桑迪和福克西表示感谢。它不理睬其他小狐狸，决定和桑迪及福克西做更好的朋友，因为它们帮助它解决了困难。

*林迪与她的母亲和继父住在一起。虽然她最初和继父相处得很好，但他越是想在家中树立家规，林迪就变得越生气。林迪的母亲和继父都非常愿意消除这个家庭矛盾，但他们不知道如何应对林迪时而挑衅、时而顺从的行为。林迪坐在椅子上讲了这个故事：

从前有一只谁也不想要的小猫。它想找个地方住，但它妈妈不想和它一起住，它爸爸也不想和她一起住。它去了祖母家，祖母也不想要它。它有点伤心，但后来又感到很生气。它来到家里人住的房子前，把它们都推倒了。小猫以为这样做会让它感觉好受一些，但实际上并没有。它感觉比以前更糟了。

一种可能的改编版本：

从前有一只小猫叫萨布，它以为没有人要它。萨布的爸爸说它不能和萨布住一起，因为它晚上要工作，它担心自己照顾不好它。萨布的妈妈说它可以和萨布住在一起，但是萨布和它妈妈的新丈夫相处得不太好，所以这么做行不通。萨布的祖母已经上了年纪，连自己都照顾不好。尽管它想让萨布和她住在一起，但它觉得这对萨布来说不是最好的选择。

不过，祖母很有智慧，它知道萨布的爸爸、妈妈和继父都非常爱萨布。

祖母告诉萨布能帮助萨布想出一些新办法，让萨布试着与继父相处。它们想出一些好主意，但萨布仍然不确定这些办法是否行得通。祖母问萨布，它是否愿意和它的妈妈、继父和祖母开个会，讨论一下如何解决这个问题。祖母提醒萨布，它的继父以前从未做过父亲，所以它可能需要萨布的一些帮助，来学习如何当一个父亲。萨布知道祖母为它着想，所以同意试着解决这个问题。

它们开了会，都决定再尝试一次。萨布搬回来和它的妈妈及继父一起住，并且着手训练继父如何成为一个好父亲。它的继父也特别想成为一个好父亲，所以它对萨布言听计从。事情还不完美，但一天比一天好。

★文举（5岁）通过发脾气来控制他的家庭，得到他想要的东西。每当他的父母试图让他服从他们的要求或拒绝他提出的要求时，他就会扑倒在地，大喊大叫、又哭又闹，还会向他们扔东西。他用动物形象表演了下面的故事：

这是狮子王。它说："我是国王，每个人都必须照我说的去做。这些都是住在树林里的其他动物。它们问："如果我们不照你说的去做，你会怎样？"狮子王说："我要吼你们，抓你们，强迫你们做我想让你们做的事情。"其他动物说："好吧，我们会照你说的做。"

一种可能的改编版本：

大狮子利奥是一头非常强大的狮子，它有很多朋友。利奥喜欢森林里的其他动物服从他的命令。然而，当它们不服从他的命令时，它就感到不解和生气。它决定强迫他们服从它的命令，冲他们吼叫，还抓它们。他已经伤害了几只动物，所以当它来到它们那片森林时，所有的动物都躲了起来。利奥很失望，因为没人愿意和它做朋友，也没人愿意和它一起玩了，所以它决定给被它伤害的动物们道歉。它问它们如何才能和它们再次成为朋友。它们说："你不可能永远当森林之王。大家得轮流来当。有时候你当,有时候我们当。你不能因为我们不听你的就冲我们发火,或伤害我们。"利奥决定试试它们的方法,看看效果如何。它不喜欢让其他动物按它们自己的想法行事,但不管怎样,它还是这么做了,它很高兴,因为它有了很多新朋友。

★自从被带离吸毒的父母身边后,卡莉莎(8岁)已经换过好几个寄养家庭了。有时是由于卡莉莎与寄养家庭成员相处不融洽,有时是由于与卡莉莎的行为无关的因素。她表演了一个木偶剧:

从前有一只浣熊,它不能和自己的亲生爸爸妈妈住在一起,因为它们陷入了麻烦。它想和狼一家住在一起,但因为它骂人,它们就把它送走了。它想和一群蜜蜂住在一起,但它们一直蜇它,所以它离家出走了。它试着和蜗牛一家住在一起,但它们不想要它,因为它不分泌粘液。它担心永远找不到一个自己的家。

一种可能的改编版本:

从前有一只名叫黑眼睛的浣熊,因为父母不能照顾她,黑眼睛不能和它们住在一起。社工福克西太太试图为它找到最好的住处。福克西太太起初把它送到一个狼的家庭,但后来意识到这是个错误,因为狼爸爸狼妈妈只擅长抚养小狼。黑眼睛认为是它做错了什么,它很难过,但福克西太太告诉它这不是它的问题——这是狼的问题。福克西太太又把黑眼睛送到了蜜蜂家。然而,蜜蜂一家没有受过足够的训练,不能与其他不习惯被蜇的动物生活在一起,总是不小心就蜇黑眼睛一下。黑眼睛想,也许它做了什么惹蜜蜂生气的事情,所以蜜蜂才蜇它。福克西太太解释说,这不是任何人的错,蜜蜂只是还没有准备好当养父母。福克西太太又把黑眼睛送到蜗牛家,但也没有用。蜗牛不习惯和不分泌粘液的动物生活在一起。黑眼睛为自己的身体不够黏滑,不能融入蜗牛家庭而感到难过,但福克西太太说:

"我觉得你这样就很棒。"后来，福克西太太终于想到了一个好主意。她说："我怎么没早想到这一点呢。"她把黑眼睛送到浣熊家。浣熊一家认为黑眼睛是一只很棒的小浣熊，从此它们幸福地生活在一起。

· 与儿童进行角色扮演／参与儿童游戏 ·

与儿童进行角色扮演或参与儿童游戏是所有参与调查的游戏治疗专家在治疗中使用的技巧之一。根据治疗师的个人偏好和理论取向，玩角色扮演或参与儿童游戏有许多不同的方法。这些方法包括耳语技巧（G.Landreth, 2010）、角色转换和行为训练。

耳语技巧

耳语技巧由治疗师和儿童之间的互动组成，治疗师控制游戏（或角色扮演）的方向和内容。这种游戏确保儿童参与互动中发生的事情；它也可以成为一种将责任还给儿童的策略。

如何使用耳语技巧。在使用耳语技巧玩角色扮演时，治疗师至少使用三种不同的声音：①自己的声音；②角色的声音；③耳语的声音。治疗师用自己的声音来做治疗性的评论——追踪、重述内容、反射情绪、后设沟通等。治疗师使用角色声音（或多个声音）代表自己正在扮演的角色，用耳语的声音征求儿童的建议。通过悄悄问"我该说什么？""我该怎么办？"时，治疗师让儿童参与决策过程，鼓励儿童参与并承担责任。

在我与儿童的互动中，我注意到，当我小声询问他们时，大多数儿童都很有可能给我指点。我不知道为什么，但是这个策略很有效。当治疗师最初使用耳语时，有些儿童不知道该怎么做。然而，如果治疗师继续问下去，并且给他们一两句提示，如："现在你应该告诉我该说些什么""我要等你告诉我该做什么"，儿童通常会有所回应。如果他们连这些提示都不回应，治疗师可能需要与他们交流他们为什么这么做。也许是因为他们不敢告诉一个成年人该做什么，也许是因为他们认为治疗师试图欺骗他们，也许是因为他们还不习惯拥有掌控权，或者不知道角色扮演中的下一步会发生什么，等等。

新入行的治疗师往往很难记住使用自己的声音继续以治疗的方式与儿童互动。他们太沉迷于表演，以至于忘记了耳语技巧的独特功能。重要的是要记住，即使你是儿童游戏中的搭档，你的真实身份仍然是治疗师。

当儿童被"卡住"时。在某些情况下，治疗师可能会觉得儿童被"卡住"了。在这些情况下，儿童一遍又一遍地重复扮演完全相同的角色，表演同样的行为、说同样的话语，似乎没有新的领悟或学习新的行为。这种重复可能源于儿童利用游戏来释放情绪——作为一种用来获得对某种经历或关系的掌控感的方式，或作为一种宣泄——或为了表达痛苦的感受。在这种情况下，儿童在游戏场景结束后往往会感到放松和平静。然而，在其他时候，儿童在游戏结束后会显得烦躁和困惑。在这些情况下，他们可能表现出游戏后创伤（Gil, 1991/2006; Goodyear-Brown, 2010; Terr, 1990）——在表演中，儿童感到再次受到创伤，而不是获得掌控感。

当感觉儿童好像被卡住了时，治疗师有必要考虑那部分游戏对儿童产生怎样的影响。如果它在某种程度上确实能抚慰儿童，就让儿童继续"卡"在那里，直到他们觉得有必要跟随游戏继续往前走。治疗师不应该仅仅因为自己对那部分游戏感到厌倦，就干涉儿童的做法。

然而，如果治疗师认为儿童在进行重复性的创伤后游戏，他们可以改变方向玩角色扮演，而不是使用耳语技巧向儿童询问下一组指令。治疗师可以做点什么或说点什么，把游戏盘活，推动其继续进行。这包括改变故事的结局、改变处理问题的策略、增加为其他角色提供帮助或建议的新角色，等等。大多数非指导性的游戏治疗师可能不会选择这种指导性做法。他们很可能会用另一种方式来处理这个问题，比如选择不参加角色扮演或似乎引起创伤后反应的游戏情境。

如果你正处于这种情况之下，并且难以分辨儿童是以哪种方式被卡住——是以一种有成效、有益的方式还是以一种无用的、自毁的方式，你可能需要考虑为这个案例寻求指导，或者咨询有经验的同行。有时，你纠结于儿童"被卡"

的原因是你自己的问题，而不是儿童的问题。

其他与儿童进行角色扮演或参与儿童游戏的方法

还有其他几种玩角色扮演以及参与儿童游戏的方法也经常用于游戏治疗。一些治疗师使用木偶或服装道具来表现隐喻或互说故事，给自己和儿童分配角色。还有些治疗师组织角色扮演来帮助儿童练习新的行为，或者使用"即时重演"来尝试各种处理问题情境的方法。"即时重演"是治疗师要求儿童重复最近的一次互动的技巧——换一种态度或处理情境的方式。治疗师用这种技巧向儿童反馈：他们惯常的与他人互动的方式不合适，并引导儿童练习更合适的互动模式。

为了增加儿童的共情、对他人感受的理解力，以及理解不同观点的能力，有时游戏治疗师会设置角色转换的情境。在角色转换中，治疗师假装是儿童，而儿童假装自己是生命中某个重要的人——通常是儿童与其有冲突或误解的人。由于这些角色扮演方法的目的是教儿童新的观点或技能，治疗师通常不会使用耳语技巧来询问指示，而是自行决定做什么或说什么，不让儿童控制互动。

在某些情况下，治疗师可能会采用放松疗法的一种变化形式。在这种疗法中，儿童反反复复表演一件特别的创伤性事件，直到这件事不再对他或她产生影响。通过参与这种表演，治疗师对如何呈现该事件以及儿童做什么样的加工拥有一定程度的掌控权。

与儿童玩角色扮演和参与儿童游戏的示例

在下面的示例中，笔者尝试了几种不同的方法来设计角色扮演和参与儿童游戏，包括耳语技巧、即时重演、传授/练习新的行为和角色转换。

耳语技巧

理查德："我们来玩警察和强盗的游戏吧。"

治疗师："好的。"（低声说）"你想让我扮演谁？"

理查德："你当强盗，我当警察。"

治疗师："那么你决定当警察，让我当强盗。"（低声说）"我该做什么？"

理查德："你过去抢钱。然后躲到枕头后面。"

治疗师："你想让我偷钱然后藏起来。"（粗声粗气地用"强盗"的声音说）"我要把这些钱都拿走藏起来。"

理查德："就蹲在枕头后面。现在，我说：'我是个大侦探。我敢打赌，我一定能找到那个偷了所有钱的强盗。'"

治疗师："你对自己很有信心，侦探先生。你肯定能找到那个强盗。"（低声说）"我现在该做什么？"

理查德："你以为我找不到你。"

治疗师：（粗声粗气地用"强盗"的声音）"那个警察永远也找不到我。他认为他是一个好侦探，但是我有一个很好的藏身之处，他不会找到我的。"

理查德：（向枕头走去）"啊哈！你以为我找不到你，是吗？我要把你送进监狱。"

治疗师："哇，即使那个强盗认为她有一个很好的藏身之处，你还是找到了她。你听起来很自豪。"（然后低声问）"我该怎么办？"

理查德："试着逃跑。"

治疗师：（粗声粗气地说）"我要逃走了。"

理查德："这是你的想法。我要把你送进监狱。"（抓住治疗师的手臂，把她拉到房间另一边。）

治疗师："你知道如何阻止强盗逃跑。你真是个了不起的侦探。（低声说）我该说什么？"

理查德："说'结束'。"

治疗师："故事到此结束。结束！"

即时重演

理查德：（用一种很专横的声音）"我想玩架子上的那个玩具。马上给我拿来。"

治疗师："我本来很乐意帮你取那个玩具，但你那样跟我说话伤害了我的感情，所以现在我不想帮你。我们再试一次。试着用一种不同的方式让我取玩具。"

理查德：（用一种比较温和的声音）"我想玩架子上的那个玩具。你能帮我取下来吗？"

治疗师："我很乐意为你取。谢谢你这么礼貌地请求我。"

传授/练习新的行为

治疗师："好吧，理查德，下次你哥哥再找你麻烦，你打算怎么办？"

理查德："别理他，心平气和地去告诉我妈妈詹姆斯打了我或者做了别的什么。"

治疗师："我们来练习一下。我当詹姆斯和你的妈妈，你当你自己。我是詹姆斯，我上来推你。你说什么？"

理查德："什么也不说。我转身走开了。然后我走到妈妈身边说："妈妈，我只是想让你知道詹姆斯推了我。我走开了，没有还手。"

治疗师：（模仿一位妈妈的声音）"哇，理查德。太好了。我为你感到自豪。"（转向正常的声音）你认为怎么样？让我们用另一种方法再试一次。"

角色转换

治疗师："理查德，从你告诉我的情况来看，当你用抱怨的语气或试图命令你的老师该怎么做时，有时就可能会给自己惹上麻烦。让我们假装你是老师，我是你，只是为了让你知道当你那样和她说话时她是什么感觉。"（用抱怨的语气）"真不敢相信你给我的作业打了个C。我要你现在就改这个分数。"（用正常的语气）"现在，老师会怎么说？"

理查德:"我不能改分数。你把这些问题的答案都弄错了。"

治疗师:(用抱怨的语气)"你真坏。从来不按我说的做。我恨你。"(用正常的语气)"如果你这么说,老师会怎么说?"

理查德:"理查德,我很抱歉你这么想,但我们不会在教室里跟人那样说话。你得去办公室。"

治疗师:"你当老师的时候,我跟你那样说话,你感觉怎样?"

理查德:"很糟。我不喜欢那样。我很生气,但我想老师当时并没有冲我发脾气。她从来没有那样做过。"

治疗师:"让我们现在就试一下,我会用更礼貌的方式谈论同样的情况。让我们看看你的感受。"

· 实践练习 ·

后设沟通

为下面的每个场景,编写两个涉及后设沟通的不同回应。

1. 卢克(7岁)因为自卑被介绍来接受游戏治疗。每次当治疗师把责任还给他时,他都会摇摇头,看起来很难过,说:"我不能那么做。你知道我不能。"

2. 伊冯(5岁)寄养在别人家,因为她妈妈正在参加一个毒品康复计划。她面带微笑、喋喋不休、蹦蹦跳跳地走进治疗室。她上周告诉治疗师,她打算今天下午在治疗前去看她妈妈。

3. 冈瑟(9岁)不喜欢谈论他被监禁的爸爸。每次治疗师提起关于他爸爸的话题或问题时,他都会走到房间的另一边,双臂交叉坐在那里。

4. 赖莎(6岁)告诉治疗师,她的继父今天下午对她大吼大叫。她看起来很悲伤,所以治疗师说:"你看起来很悲伤。"(反射情绪)她说:"不,他不能做任何让我难过的事。"

5. 每当治疗师问加文(8岁)问题时,他总是耸耸肩,皱着眉头。

6. 雷琳（4岁）一直与她的游戏治疗师保持着良好关系。当治疗师告诉她自己怀孕的消息后，雷琳似乎退出了这种关系——不再与治疗师进行眼神交流或闲聊。好几次，治疗师都注意到雷琳充满敌意地盯着她的腹部。

7. 塞尔吉奥（8岁）是个讨人喜欢的孩子，但他很难遵守游戏室的规则。每当治疗师给他设置一个限制时，他在接下来的5到10分钟里就变得顺从和安静。但随后又逐渐故态复萌——声音越来越大，越来越肆无忌惮，直到治疗师再设置另一个限制。当这种限制在一次治疗单元中出现多次时，他问治疗师是否还喜欢他。

8. 惠特尼（7岁）告诉她的学校心理辅导员，在操场上其他非裔美国儿童欺负她。虽然以前她在学校从没惹过麻烦，但她在这三天里已经被送到校长办公室六次，因为她在操场上骂人和随地吐痰。

治疗性隐喻

使用本章概述的指导原则，为以下每个儿童设计一个治疗性隐喻。

1. 艾伦（8岁）有和其他儿童在操场和社区打架的历史。他个子很小，却喜欢捉弄比他大得多的孩子。他经常挨打，却以不会被别人吓倒为荣。他曾多次告诉你，获得尊重的唯一办法就是"让他们知道他们不能摆布我。"

2. 在过去四年里，西他（5岁）换了三个寄养家庭。这与她的行为无关，因为她是一个可爱又听话的孩子。然而，她把这些经历融入了她的自我形象中，认为没有人喜欢她。她经常为你表演木偶戏，讲的是一只没人喜欢的小兔子，这只小兔子在森林里到处流浪，因为她的邻居总是告诉她，他们不希望她住在他们家附近。

3. 乔斯林（9岁）讨厌自己的名字。因为"有一个女孩的名字"，他经常被学校里的其他孩子取笑。他变得越来越内向，越来越易怒，无论在家里还是在学校里。他上次告诉你，他认为他的父母给他起这个名字是因为他们不想要他——他是他们最小的孩子，他的姐姐最近告诉他，他的出生是个"意外"。

4. 安妮（3岁）即将有一个小弟弟或小妹妹。她一直在用各种办法破坏游戏室里的玩偶娃娃——掐脖子、放水里、埋进沙子里等等。

5. 宋波（7岁）在学校大便失禁。他3岁时就会自己上厕所，但自打上幼儿园以后，他却经常弄脏自己的裤子。他的幼儿园老师非常严厉，除了课间休息和午餐时间，不让孩子上厕所，但他的一年级和二年级老师一直非常关心和帮助他，鼓励他在需要的时候上厕所。宋波在学校拒绝上厕所，每天可能会在裤子里大便两三次。

6. 苏比拉（8岁）的妈妈两年前死于癌症。苏比拉对妈妈的去世适应得还不错，但最近她一直做噩梦，抱着爸爸莫名哭泣。四个月前，她的爸爸开始正式和一个女人约会，现在正在商谈结婚事宜。虽然苏比拉起初似乎喜欢这个女人，但在过去的一个月里，她的态度变化很大。在一次治疗单元上，她哭着说，她的爸爸告诉她，如果他们生活在尼日利亚（他的原籍国），那么他可以娶不止一个妻子。

互说故事

借助本章前面提供的两份问题清单（参见"如何使用互说故事"部分），尝试分析下面的每位儿童以及他们的问题，并为原始故事设计一种或一种以上的改编版。

1. 在过去的一年里，贝塞斯达（7岁）经历了一系列的情感损失——她的狗死了，最好的朋友搬走了，另外两个朋友抛弃了她，她的祖母住进了养老院。虽然贝塞斯达大体上是个乐观的孩子，但最近养成了一种相当悲观的态度。这影响了她与同学、老师、弟弟和父母的关系。她画了一幅画，讲述了下面的故事：

这是一棵苹果树。它病了。首先，树上的苹果几乎掉光了，只剩下一个。另外，树上的叶子也几乎掉光了，只剩下一片。它开始变得无精打采，园丁认为它要死了。天空布满乌云，太阳没了踪影。也没有彩虹。

2. 加林（9岁）在6岁时受到他阿姨的家暴。他试图把这件事告诉他的父母，但他们起初不相信他。他很生父母的气，因为他们不相信他，也没有阻止他姨妈。现在加林经常做噩梦，常常哭闹。他的脾气也很暴躁，经常伤害他的两个弟弟。他告诉你他编不出一个故事，但会告诉你他看的一部电影的情节。他的故事如下：

有一个人看到一些人抢劫别人的房子。他试图告诉警察，但没人相信他的话。然后警察断定是他抢了那所房子。原来有人在抢劫中丧生，警察把责任推给了他。他们开始追赶他，想抓住他，但他逃跑了。虽然他没有做错什么，但我认为警察从未相信过他。

3. 琼（5岁）有选择性缄默症。她和她的父母和妹妹说话，但不和其他人说话。她在学校根本不说话。她的幼儿园老师尝试了各种干预措施，但都没有奏效。在你跟她的七次治疗中，她从来没有和你说过话。你让她用木偶给她妈妈讲一个故事，并把它录下来。她同意做这件事。下面是她讲的故事：

安是一只兔子，他喜欢在院子里蹦来蹦去，但他不喜欢走出院子。他说："我担心如果我出去，院子外面的人会伤害我。"他的妈妈试图让他走出院子。她说："不要害怕。没人会伤害你。"但他就是不愿意这么做。他对妈妈说："你不能强迫我出去。"

4. 9岁的哈维的妈妈患有躁郁症。她经常停止服药，把他丢给他的祖母，而她自己消失好几天。在过去三年里，她曾两次住院。哈维的祖母正试图获得哈维的合法监护权，但她担心哈维的妈妈会带走他，并和他一起消失。哈维在学校里学习很吃力，而且情绪似乎很不稳定。哈维的祖母担心他会"像他妈妈一样发疯"。哈维用玩偶对话的形式讲述了下面的故事。

一个女人说:"嗨。我的名字是耐莉。我是个疯子。"

另一个女人说:"我叫简。耐莉,你得理智些。我不能相信你所做的一切。你必须停下来。"

一个小男孩说:"我没有名字,我恨你们两个。你们为什么烦我?"

耐莉说:"好吧。我不烦你,但我再也不会回来了。你不知道我会做什么。"

简说:"我们不在乎。滚出我们的生活吧。"

男孩说:"我在乎。不,我不在乎。我就是不知道。我恨你们俩。我希望你死了,我也希望我死了。"

5. 简(7岁)患有哮喘。她的父母担心她哮喘发作,往往由着她的性子来。她非常聪明,但在学习上并没有充分发挥她的潜力。她用动物模型和木偶精心编了下面的故事:

这是公主。她曾经沉睡了很长时间,她非常美丽,以至于王国里所有的人和动物都来看她。现在她醒了,她掌管着这个王国,每个人都得听她的。有时候他们不喜欢这样,但那没关系。当他们不听话的时候,比如这匹马,她就把他们关进笼子里,不给他们水喝,也不给他们食物吃。很快,他们就会答应她。

6. 维贾伊(6岁)的小弟弟去年死于婴儿猝死综合症。从那以后,他的父母一直对他疼爱有加,甚至不让他离开他们的视线。他开始做噩梦,似乎表现出与他这个年龄的儿童不相符的焦虑。他用三只动物讲述下面的故事:

这是羊爸爸,这是羊妈妈,这是小羊。小羊对爸爸妈妈说:"我要出去看看农场里还有什么。"羊爸爸说:"不行,你不能那么做,因为你可能会受伤。"羊妈妈说:"我们必须确保你是安全的。"小羊说:"但是我已经厌倦了待在栅栏里。我想去农场里看看。"羊妈妈和羊爸爸仍然说："不行。你必须和我们待在一起，这样我们才能知道你是安全的。"

角色扮演

对于以下场景，设计两种与儿童玩角色扮演游戏的方式。标出你所使用的技巧。

1. 在第一次治疗中，耶苏（8岁）环顾了一下房间，说："让我们玩士兵游戏吧。"

2. 金吉尔（5岁）被她妈妈的男友侵犯，现在他已经进了监狱。她喜欢玩木偶。她问你是否愿意和她一起玩。你知道她对拒绝别人存在顾虑，还担心她妈妈是否会继续爱她，因为是她"导致"她妈妈的男友入狱的。

3. 9岁的吉列尔莫的爸爸在他还是婴儿的时候就去世了。他总是在家里扮演"男人"的角色。他的妈妈最近又开始约会了，吉列尔莫对他妈妈的所有约会对象都充满了敌意和鄙视。这种行为使他们母子之间产生了隔阂。在这次治疗中，他们俩都进入了游戏室。

4. 伊索（7岁）是家里七个孩子中年龄最小的。她所有的哥哥姐姐们时而宠着她，时而又对她颐指气使。她似乎认为她必须掌控一切，而且喜欢利用自己的魅力和脾气得到她想得到的。她走进游戏室，说："我不在乎你想做什么。今天，我们要玩过家家。"

5. 马丁（4岁）刚在等候室里发了一通脾气，因为他妈妈在他用鼓棒打她时把鼓棒拿走了。他走进游戏室时还在生她的气，同时准备对你发脾气。他说："让我们玩一个木偶戏。"

· 思考题 ·

1. 学习了本章的内容后，你对后设沟通技巧有什么印象？

2. 在这三种后设沟通的方法中（简单描述、关注意义，描述行为并推测意义），你认为哪一种最适合你？解释你的理由。

3. 你认为你会在游戏治疗实践中使用治疗性隐喻吗？解释你的理由。

4. 如果你认为你可能会使用治疗性隐喻，探索你认为在游戏治疗过程中最有可能使用这种技巧的情景类型。

5. 你认为在设计和表达治疗性隐喻时，什么是最困难的因素？

6. 你认为你会在游戏治疗实践中使用互说故事技巧吗？解释你的理由。

7. 根据这些示例和你自己的经历，你是否更愿意对某一类儿童使用互说故事技巧？解释你的理由。

8. 在儿童讲完故事后，你怎么做才能让自己立刻重讲他们的故事？你有什么理由推迟重讲故事？

9. 你认为你会在游戏治疗实践中使用角色扮演或和参与儿童游戏吗？解释你的理由。

10. 哪一种角色扮演或参与儿童游戏的方法（耳语技巧、即时重演，传授／练习新的行为，或角色转换）最吸引你？请解释原因。

11. 在本章所描述的技巧中，你最喜欢使用哪一种？最不习惯使用哪一种？请解释原因。

12. 在与儿童打交道时，使用这些技巧最让你担心的是什么？为确保这些担心不会妨碍你在工作中使用任何你认为合适的技巧，你的策略是什么？

13. 你将如何根据儿童的种族或文化背景来调整你的策略？

第14章
与父母和老师合作

在游戏治疗过程中，父母和老师是难得的伙伴。他们往往是关于儿童的问题和先前干预尝试的丰富信息源；是关于家庭动态、儿童课堂行为与学校表现以及儿童的性格、发育史、关系模式、解决问题的能力和学习风格的丰富信息源。作为一个协作团队的组成部分，父母和老师可以为儿童在游戏治疗中做出的改变提供非常必要的支持。凯茨、保内、帕克曼和马戈利斯（Cate, Paone, Packman, & Margolis, 2006）认为，与父母协商有助于减少来自儿童看护人的任何防御性反应，并增加他们按照建议进行改变的可能性。协商过程还可能减少过早结案和缺席的可能性。（这总是一件好事，尤其是如果你是私人执业，而且按治疗单元收费的话。）

有很多研究支持让父母和老师参与游戏治疗过程。勒布朗和里奇（LeBlanc & Ritchie），布拉顿、雷、莱茵、琼斯（Bratton, Ray, Rhine, & Jones, 2005）在对游戏治疗研究的元分析中得出结论，父母的参与是游戏治疗见效的一个重要因素。亲子游戏治疗研究一直表明，孩子的行为、父母的共情和对孩子的接纳、养育技巧、父母的压力和满意度都有所改善（Edwrads, Ladner, & White, 2007; VanFleet, Ryan, & Smith, 2005）。许多实证研究已经证明亲子互动疗法在减少儿童行为问题、提高父母教养技能和减少父母压力方面的有效性（McNeil, Bahl, & Herschell, 2009）。游戏疗法已被证明可以有效地减少幼儿和学龄前儿童的外化和内化症状（Wettig, Franke, & Fjordbak, 2006）。德雷珀等（Draper et al., 2001），波斯特等（Post et al., 2004）以及赫斯、波斯特、弗劳尔斯（Hess, Post, & Flowers,

2005）提供了证据，表明友善培训可以用来提高老师与学生互动的技能，并改善学生的学校适应能力。

通过与游戏治疗师合作，父母可以改变与孩子的关系，改变育儿策略和家庭动态，这些改变可以导致重要的系统性转变，从而带来或支持孩子的变化。当游戏治疗师与父母合作时，他们想要解决的问题可能包括：①向父母传授技巧和管教策略；②帮助父母探索可能会妨碍育儿技巧最佳应用的个人问题；③帮助父母考虑改变家庭动态，使家庭成为更利于孩子成长的环境；④和父母一起探索可能会影响孩子的婚姻问题；⑤帮助父母更好地理解孩子；⑥帮助父母更好地理解家庭动态；⑦帮助父母更好地理解自身以及与孩子的关系；⑧提供关于孩子发展的信息；⑨讨论可能影响孩子的学校问题。

显然，你不能让父母同时解决所有这些问题，那样会让他们难以承受。通过和他们交谈、观察他们和孩子在一起时的表现、观察孩子们如何玩过家家，表演家庭木偶戏、画画或玩沙盘，你大概可以知道如何确定这些问题的优先顺序。重要的是要记住，对于你在他们的育儿问题上的可能发现，父母往往非常紧张，担心你会批评他们的做事方式。（即使是真正的好父母也常常认为，如果他们的孩子有问题，那一定是因为他们做错了什么。）这可能会导致他们采取防御态度、哭泣、胆怯或撒谎。当你开始和父母打交道时，记住这一点是非常有用的，因为他们可能相当敏感，在给予他们反馈或建议时，你可能需要非常谨慎温和，至少在开始的时候是这样。在提出"父母和其他家庭成员可能需要改变对孩子的看法或他们与他人的互动方式"的希望之前，你应该始终与父母建立一种良好关系。

如果你正在做老师方面的咨询，在提出任何改变建议之前，与老师建立良好关系也是非常重要的。在向老师咨询期间，老师可以学到教育儿童的新方法、管理课堂的新方法、理解儿童以及他们问题的新策略，这可以改变他们的课堂，但他们会对这个过程有所抗拒，因此你在给予建议和反馈时要非常慎重。向老师咨询时，解决以下问题是非常可贵的：①可能会妨碍儿童在学校发挥最佳水平的课堂动态；②妨碍老师最佳运用课堂管理技巧的个人问题；③妨碍老师以恰当方式与特定儿童互动的个人问题；④儿童的内心与人际动态；⑤课堂约束策略；⑥改善老师与特定儿童的关系；⑦家庭动态对儿童的影响。再次强调，同样重要的是，你也不能试图在所有这些方面向老师师提出改变的建议，否则他们也会难以承受。在这个过程中，后退一步，判断你能在哪些方面对孩子在学校的经历产生最大的积极影响，这是至关重要的一步。

所有接受笔者调查的游戏治疗专家都承认，他们会与在游戏治疗中见到的孩子的父母进行某种形式的咨询。当儿童的问题与学校行为和表现有关时，一些游戏疗法（阿德勒、以儿童为中心、荣格心理分析、折衷取向以及心理动力学派）的治疗师也会针对老师提供咨询。有几种干预方法涉及向父母和老师传授治疗技巧（如亲子疗法、亲子互动疗法和友善培训）。本书讨论的两种游戏疗法包含了与父母合作以及与老师合作的非常具体的策略，前者是游戏疗法，后者是阿德勒游戏疗法。

对游戏治疗师来说，重要的是要记住保持界限，以免把针对父母或老师的咨询变成对成年人的治疗。如果你认为成年人的问题特别严重或复杂，以至于咨询跨越了界限，进入向父母或老师提供个人或婚姻咨询的范畴，你必须向成年人推荐这些服务，而不是继续把大部分咨询时间花在成年人的问题上。当我与父母和老师合作时，我总是监控自己对他们的反应。如果我在治疗之外思考如何解决成年人问题所花费的时间多于思考如何解决孩子问题所花费的时间，或者如果成年人占用了太多我和孩子参加治疗的时间，那么很有可能成年人将取代孩子成为我的来访者（至少在我看来）。当这种情况发生时，我可能会让父母向其他人寻求个人咨询，或者我自己寻求指导，以确保我既能对他们保持客观和理解的态度，同时又不把他们变成我的来访者。

凯茨等人（Cates et al., 2006）研究了游戏治疗中父母咨询工作的结构，并对有效的父母咨询工作的组成部分进行了概述。他们建议游戏治疗师利用与父母的初次会面来建立融洽的关系；收集有关儿童、儿童的当前问题、家庭动态和文化考量方面的信息；解释游戏治疗的过程；提供一些关于如何向儿童介绍游戏治疗的建议；讨论儿童的隐私权和保密的限度；带领他们参观游戏室；并就父母咨询工作的安排（即多久咨询一次，可能涉及到的话题）进行交谈。在接下来的咨询治疗单元上，治疗师使用积极的倾听和鼓励技巧，为父母提供共情支持，向他们提供关于孩子进步的最新信息，并从父母那里获取关于孩子在家中及在其他场合下的执行功能方面的信息，在必要的时候修改治疗目标，提供关于儿童发展方面的教育和其它有助于父母更好地了解孩子的因素，就家庭如何改善对孩子行为的管理提出建议，向父母传授劝导技能，并讨论结案环节。

虽然这些作者并不是在讨论针对老师的咨询，但这些步骤与我向老师提供咨询时的过程非常相似。我每周在一所学校做一天志愿者，为那里的儿童进行游戏治疗。我要求这些孩子的老师与我一起完成一个不间断的咨询过程。在我开始给一个孩子上治疗单元之前，老师和我讨论后勤事宜，包括征得父母允许我为孩子上治疗课的同意、上治疗课的频率和次数，在我们的合作中老师需要完成的目标，等等。在收集关于孩子在课堂和操场上的行为的信息时，通过倾听老师的诉说，提供共情、支持和鼓励，我与老师建立了融洽的关系。我请老师谈孩子目前的问题，以及为解决这个问题所做的努力、孩子的教育史，以及任何可能相关的家庭信息。在接下来的走访中，我得到关于孩子在学校的行为上、情感上和学业上的执行功能的反馈，同时我使用积极的倾听和鼓励给予老师支持。随着时间的推移，我的目标是帮助老师在对孩子的态度、理解以及与他们的互动模式方面做出改变。我可能会通过教导式的讲授或隐喻性的故事来做到这一点，我认为哪种方式最有效，就使用哪一种。

与老师和父母合作的策略多种多样，有些采用咨询模式，有些采用心理教育训练。由于篇幅有限，本书不可能对父母和老师被纳入治疗过程的所有游戏治疗进行深入的介绍。为了让读者"窥一斑而知全豹"，笔者简要描述了亲子疗法、友善培训、亲子互动疗法以及来自阿德勒游戏疗法的父母和老师咨询程序。

· 亲子疗法 ·

在亲子疗法中，游戏治疗师训练父母（或其他儿童看护人）以儿童为中心的游戏治疗技能，然后监督这些成年人使用这些技能与儿童进行非指导性的游戏治疗（B.Guerney, 1964; L.Guerney, 1997; Landreth & Bratton, 2006; VanFleet, 2009）。当父母和其他看护人获得技能和信心后，他们开始与孩子进行"特别的游戏治疗"。通过定期与成年人会面，游戏治疗师监控成年人的游戏治疗技能、儿童的游戏行为以及成年人与儿童关系的改善。虽然亲子疗法的初衷是对3—12岁的儿童进行干预，最近干预范围扩大到包括幼儿和青少年（VanFleet, 2009）。亲子疗法综合了心理动力学、人本主义、人际关系、行为、认知和家庭系统理论的理论概念（L.Guerney, 1997）。"对父母的游戏治疗技能的指导是基于学习和强化原则，但这种指导是情感导向的，强调以来访者为中心的共情和接受原则"。

在亲子疗法中，治疗师要传授五项基本技巧：组织游戏课、共情倾听、以儿童为中心的想象游戏、设置限制和解读游戏主题（VanFleet, 2009）。组织游戏课是一种开始和结束游戏课的技巧，以便孩子们认识到这种特殊的游戏时间不同于他们与父母或其他看护人之间通常进行的互动。共情倾听是一种识别孩子的感受并向他们传达理解和接受的技巧。在以儿童为中心的想象游戏中，父母或看护人扮演儿童所建议的角色，并在游戏中听从他们的引导。在亲子疗法中设置限制包括三个步骤：①陈述规则并为游戏重新定向（如，"你不能把飞镖枪瞄准我，但可以瞄准任何你想瞄准的东西。"）；②如果孩子不止一次违反同样的规则，就给他一个警告（如，"记住，你不能把飞镖枪瞄准我。如果你再朝我开枪，我们今天的游戏时间就结束了。剩下的时间你可以做任何其他事情。"）；③如果孩子第三次违反同样的规则，则通过停止该次治疗来强制执行后果。在游戏过程中，解读游戏主题的技巧暂时用不上。这一技巧是在游戏治疗结束后成年人反思游戏、寻找游戏模式时使用的，这可能有助于他们更好地理解孩子们的问题。在亲子治疗中，成年人不应该与儿童分享他们对游戏意义的假设。相反，应该鼓励他们用他们的理解来改善他们的育儿方式，并在亲子治疗单元和其他互动中，调节他们对儿童行为的反应。

亲子治疗过程分为五个阶段：①训练游戏治疗技能，包括模拟游戏治疗；②观察父母与孩子的最初几次游戏练习治疗；③由父母独立开展游戏治疗；④迁移和推广；⑤评估和随访（L.Guerney, 2003）。在训练阶段，治疗师解释以儿童为中心的游戏疗法和亲子疗法的理论基础、理论概念和实例；接着示范亲子疗法，传授以儿童为中心的游戏治疗技能；然后是模拟治疗，在模拟治疗中，治疗师扮演孩子，让父母练习游戏治疗。在观察练习阶段，父母使用共情反应、追踪、限制设置和组织活动练习与孩子进行游戏治疗，治疗师在在旁边观察。理想的情况下，治疗师可以录下练习过程，并利用这些录像给予父母反馈。当治疗师对父母掌握这些技能的情况感到满意时，"家庭游戏治疗"就可以开始了，父母每周至少要在家为孩子安排一次专门的游戏时间。如果可能的话，他们可以把过程录下来，带去和治疗师一起回顾一遍。如果这么做不可能，他们必须向治疗师汇报家庭游戏治疗的情景，讨论发生的情况，以及他们可能有的顾虑。在迁移和推广阶段，治疗师和父母讨论如何将他们在亲子治疗过程中使用的技能推广到他们与孩子的其他关系和其他情境中。在评估阶段，父母和治疗师讨论孩子的进步，并决定是取消专门的游戏时间，还是继续进行。这取决于治疗目标是否达到以及父母是否对孩子的进步感到满意。

近来，亲子治疗模式已经被尝试用作一种培训老师成为代理治疗师的方式，从而产生了师生关系培训（Helker & Ray, 2009; Morrison, 2006）。老师将培训以儿童为中心的游戏治疗技能，以便更好地理解儿童的感受、经历和需要；提高他们对可用于建立儿童信心和自尊的方法的认识；与儿童建立更积极的情感关系。

·友善培训·

友善培训（原名友善疗法）是为学校心理辅导员（或其他在学校工作的心

理健康辅导老师）设计的一种培训方式，用来培训老师以儿童为中心的游戏治疗技术和阿德勒心理学的理论概念，以增强"师生关系，从而提高儿童行为上和学业上的学校适应能力，同时促进老师提高建立良好师生关系的技巧和课堂管理技巧"（Draper et al., 2001）。在友善培训中，老师被鼓励发展信念，学习人际交往能力，从而帮助他们创建培养学生的社会兴趣和学习兴趣的课堂。友善培训是基于阿德勒的这样一个概念——人是一个整体存在，他们主观地看待世界，具有社会性、自主性和目标导向性（J.White & Wynne, 2009）。老师们被教导要考虑每个孩子错误的行为目的：特别的照料、权力、报复，或者故意表现出能力不足。友善培训传授的游戏治疗技巧包括追踪、反射情绪、鼓励以及设置限制，遵循以儿童为中心的游戏疗法（J.white, Draper & Flynt, 2003）。

根据 J. 怀特和魏恩（J.White & Wynne, 2009）的研究，友善培训包括对老师进行教导式的集体培训、在辅导老师的指导下与其他老师一起练习、每周与特定的儿童单独上游戏治疗单元以及课堂训练。课堂训练旨在帮助老师把游戏疗法中的治疗性语言引入课堂，并将阿德勒原理应用到课堂管理中。虽然目前证实友善培训有效性的研究不如亲子疗法那么多，但已经进行的几项研究（Draper, 2001; Edwards et al., 2009; Hess et al., 2005; Post et al., 2004; Solis, 2005）都证明友善培训可以作为一种改善师生关系和提高课堂管理技能的有效手段。

亲子互动疗法

亲子互动疗法（PCIT）是一种基于实证的父母培训项目，它将游戏疗法的概念和策略与行为性的父母培训相结合（Hembree-Kigin & McNeil, 1995; Herschell & McNeil, 2005; McNeil et al., 2009; Urquiza, Zebell & Blacker, 2009; Werba, Eyberg, Boggs & Algina, 2006）。PCIT 建立在行为、发展和社会学习理论的基础上，这些理论认为，当父母使用控制或强制的方法应对孩子的行为时，他们往往会无意中强化不适当的、叛逆的行为。PCIT 的目的是帮助父母学会建立和保持与孩子之间安全的教养关系，以及适当的、始终如一的规则。随着父母在这些技能上的提高，孩子预期的最终结果是亲社会行为的增加（如分享、谦让、礼貌）和不当行为的减少（如叛逆和蔑视）。PCIT 的初衷是帮助那些 2—8 岁、表现出外化行为问题的儿童的父母，但现在已经扩展到其他人群，包括 ADHD 儿童（B.Johnson, Franklin, Hall, & Prieto, 2000）、分离焦虑症儿童（Choate, Pincus, Eyber, & Barlow, 2005）、有虐待经历的儿童（Timmerse, Urquiza, Zebell, & McGrath, 2005），以及寄养儿童（Mcneil, Herschell, Gurwitch, & Clements-Mowrer, 2005）。传统上，PCIT 只向单个家庭传授，但后来经改善后可以面向多个家庭传授（Neic, Hemme, Yopp, & Brestan, 2005）。

PCIT 分成两个阶段开展：儿童为主导的互动和父母为主导的互动；包括三个不同的评估周期，一个在治疗初期，一个在治疗中期，一个在治疗结束时（Herschell & McNeil, 2005; Urquiza et al., 2009）。评估通过结构化的临床访谈、父母和老师评分量表、行为观察、父母执行功能和压力的具体测量来诊察儿童、父母和家庭的功能。在每个评估阶段都执行相同的评估标准。治疗师／培训师将评估结果反馈给父母，并将评估结果用于指导父母培训（Herschell & McNeil, 2005）。在培训的每一阶段开始时，都要用一次示范治疗向父母传授特定的技能。这些示范治疗包括对该阶段教授的每种技能的描述、每种技能的示例和角色扮演。在随后的治疗单元中，父母将接受如何运用这些技能的培训，培训时可以采取治疗师"躲在幕后"的形式，也可以是室内培训形式。在这个环节，治疗师会不吝表扬，同时会描述他们观察到的父母对儿童的影响，同时重新引导和建设性地纠正父母对技能的应用。

第一阶段（儿童为主导的互动）通常持续 7—10 次治疗，在这个阶段父母学习和实践基本的游戏治疗技能，加上战略性关注和选择性忽视（Herschell & McNeil, 2005; McNeil et al., 2009; Urquiza et al., 2009）。他们在这个阶段获得的技能也被称为 PRIDE 技能：表扬（praise）、反射（reflection）、模仿（imitation）、描述（description）和热情（enthusiasm）。表扬技能包括对孩子的活动、成果或品质给予肯定的判断。反射是内容的重述。使用模仿技巧，父母模仿或配合儿童的行为或活动。描述（行为方面）是游戏治疗中的追踪技巧。热情是指对儿童正在做的事和说的话表现出兴奋或兴趣。父母被教导要避免提问、下达命令或要求，以及发表批评意见。他们也需学会关注儿童表现出的任何适当行为，忽略那些寻求注意力的小的不当行为。

第二阶段（父母主导的互动）持续7—10次治疗，是基于教导父母成为权威并让儿童服从他们指令的策略（Herschell & McNeil, 2005; McNeil et al., 2009; Urquiza et al., 2009）。这一阶段所教授的技能列举如下：

1. 指令要明确具体，让儿童明白他们需要做什么。
2. 每条指令都应该用肯定句表述，因为当父母告诉儿童他们想要什么（而不是他们不想要什么）时，儿童更有可能服从。
3. 符合儿童发育年龄的指令可以保证儿童有能力做父母要求的事情。
4. 单个指令胜过多个指令，因为多个指令可能会让儿童感到困惑。
5. 用尊重和礼貌的语气发布指令能对儿童起到示范作用。
6. 基本指令有助于提醒父母，他们应该评估一个指令是必要的还是无关紧要的。
7. 给儿童提供选择可以帮助他们学习独立和解决问题的技能。
8. 平静和淡定的语气表明父母处于放松和掌控状态。

掌握了这一阶段的技能后，父母会获得更多的信息，包括制定家庭规则、管理公共场合的问题行为、处理潜在的问题行为，以及认识到需要进行"强化"培训。这部分培训的目的是帮助父母推广和迁移他们所学到的技能。

阿德勒式的父母和老师咨询

无论是通过咨询还是通过心理教育项目，阿德勒派历来提倡与接受治疗的儿童的父母和老师合作（Carlson, Watts, & Maniacci, 2006; Lew, 1999）。阿德勒派认为父母（有时是老师）是儿童生活中最有影响力的人，所以父母咨询是阿德勒式游戏疗法的一个组成部分（Kottman, 2003）。父母和老师是关于儿童、其解决问题的模式及与他人互动的模式、发育史、问题行为模式和尝试解决方案的宝贵信息来源。这些有影响力的成年人也可以助力儿童在接受游戏治疗以后可能在思维、情感和行为上做出的任何改变。在许多情况下，儿童的适应不良行为实际上对他们有帮助——说明他们正在实现自己努力的目标。当这种情况发生时，直到儿童生活在其中的系统发生变化时，儿童的问题行为才会改变，所以父母和老师必须改变他们与儿童的关系模式。

考虑哪个系统可能给儿童造成的困难最大是有帮助的（Kottman, 2003）。这将有助于确定投入父母或老师咨询和教育的时间和精力。如果儿童的当前问题是由家庭环境引起的，治疗师只需专注于面向父母咨询。如果其当前问题主要与学校因素有关，游戏治疗师集中精力针对老师提供咨询往往更合理。

阿德勒派面向父母和老师的咨询通常从一次会面或一次谈话开始，旨在了解成年人对儿童当前问题的看法、儿童与他人互动和解决问题的一般方式、家庭或学校正在发生的问题，等等。第一次会面或谈话之后，游戏治疗师根据父母或老师的需要以及治疗师工作环境的要求来调整咨询的配置。如果可能的话，心理健康领域的游戏治疗师通常会在每次治疗中至少向父母咨询一小段时间。根据情况，在一次常规治疗中，游戏治疗师可能会和父母相处20分钟，和孩子相处30分钟，或者与孩子进行两到三次治疗后，花一整次治疗的时间与父母会面。还有一些游戏治疗师要求父母参加阿德勒式育儿课程。游戏治疗师可能每一两星期和老师通一次电话，或每四至六星期到学校参观一次，视老师的时间及意愿而定。

学校心理辅导员更容易接近老师，但可能接触父母的机会有限（Kottman, Bryant, Alexander, & Kroger, 2008）。出于时间安排和工作环境的因素，他们可能不得不通过电话或电子邮件向父母提供咨询或提供育儿课程，而不是亲自定期见面。通过和父母的沟通，心理辅导员可以获得关于儿童在学校以外环境中的执行功能、可能影响儿童的家庭动态以及儿童的特长的信息。他们还可以就处理问题的不同方式以及与儿童友好相处的新方法提出建议。

学校心理辅导员可以帮助老师一起照顾某些特殊儿童，让老师了解这些儿童的生活风格、特长、沟通模式、不良行为目的、人际关系技巧、应对策略、私人逻辑，等等。

有许多资源概述了阿德勒派的思想，可用于父母和老师咨询。以下列出的一些书籍可以用来指导读者从阿德勒角度向父母和/或老师咨询，或者为父母和/或老师创建一个心理教育项目：

1.《积极育儿三部曲》(Active Parenting Now in 3, Popkin, 2005)

2.《理解和激励孩子的父母指南》(A Parent's Guide to Understanding and Motivating Children, Lew & Bettner, 2000)

3.《父母手册：有效育儿的系统培训》(The Parent's Handbook: Systematic Training for Effective Parenting, Kinkmeyer & McKay, 2007)

4.《如何育儿：有效育儿的系统培训》(Parenting Young Children: Systematic Training for Effective Parenting, Kinkmeyer & McKay, 2008)

5.《正面管教》(Positive Discipline, J.Nelson, 2006)

6.《教室里的正面管教》(Positive Discipline in the Classroom, J.Nelson, Lott & Glenn, 2000)

7.《3~6岁孩子的正面管教》(Positive Discipline for Preschoolers, J.Nelson, Erwin, & Duffy, 2007)

8.《培养有能力的孩子》(Raising Kids Who Can, Bettner & Lew, 1996)

9.《课堂责任》(Responsibility in the Classroom, Lew & Bettner, 1996)

10.《驯服好动的孩子》(Taming the Spirited Child: Strategies for Parenting Challenging Children Without Breaking Their Spirit, Popkin, 2007)

面向儿童生活中的重要成年人咨询的过程和面向儿童进行咨询的过程遵循相同的四个阶段（详细解释参见 Kottman, 2003, 第4章"面向父母和老师咨询"）。为了在第一阶段建立良好关系，治疗师使用重述、总结、反射情绪、后设沟通和鼓励。即使在最初的互动中，游戏治疗师也在观察成年人的互动模式、他们对儿童困难的感知、以及他们尝试过的管教方法。这将为治疗师提供关于成年人个性优先和"关键 C"的线索，从而为随后针对父母和老师的咨询提供信息。这一进程在咨询的第二阶段继续进行。在第二阶段，游戏治疗师通过提问来了解父母和老师对儿童的看法和态度（Kottman, 2003/2005）。游戏治疗师有时会使用提问策略、艺术技巧或沙盘探究这些重要成年人的生活风格，以探究他们对儿童人际的和内心发展的影响。对于父母，游戏治疗师可以使用同样的技巧了解他们的家庭出身、婚姻关系、家庭价值观、育儿方法等等。对于老师，游戏治疗师了解他们管理学生的观念和程序、课堂规则，以及对特定类型的儿童和特定类型的课堂行为的态度。这些信息的收集都是为了形成关于成年人和儿童之间互动的假设，作为制定治疗计划的一种方式，这个计划既有针对儿童的内容，又有针对成年人的内容。

在第三阶段，治疗师利用对成年人的个性优先和"关键 C"的理解来调整他要反馈的信息，以便成年人能够真正赞成他的建议，并坚持到底。在这个阶段进行咨询的目的是让成年人更好地了解儿童和他们自己。通过向成年人咨询，治疗师使这些成年人认识到他们自己的生活风格和儿童的生活风格是相互影响的，这样他们就能进一步意识到，他们的生活风格问题可能会干扰他们与孩子之间进行最佳互动的能力。随着成年人对自己生活风格的了解，他们可以着手改变对自己、对他人、对世界的态度，为重新定位/再教育阶段做准备。

作为重新定位/再教育过程的一部分，游戏治疗师使用诸如与父母和老师讨论、示范和行为预演等教学技巧。父母学习有关育儿的新技能，老师学习如何将技能应用到课堂管理中。这些策略包括执行逻辑后果、鼓励、培养"关键 C"、根据儿童的不良行为目的调整管理策略、使用沟通技巧和判断问题的根源。许多父母（有时是老师）也需要更多关于发展模式的信息，以便提高对发生在特定年龄的"典型"行为的理解。

· 个人应用 ·

笔者所调查的游戏治疗专家和游戏治疗研究支持把游戏治疗师与父母和老师的合作用作一种提高儿童游戏治疗成效的方法。然而，有许多游戏治疗师选择与这些重要成年人进行最少的互动。这在某些情况下是因为他们所依据的理论方法没有强调把父母纳入治疗过程，在另一些情况下是因为有些治疗师不习惯和成年人合作。在现实中，有多少不愿意这么做的游戏治疗师，就有多少种不同的理由。你需要判断自己对这种做法的想法和感受。如果你对和成年人合作感到不适，那么你可能需要正视这个问题（靠你自己或者求助于咨询师），以发现隐藏在你的不情愿背后的原因。如果是因为缺乏这方面的培训或技能让你感到信心不足，那就应该进行弥补。

与父母和老师合作有许多不同的方式。如果你认为与儿童生活中的成年人合作很重要，那么就需要考虑很多可能性，并从中选择最适合你以及该儿童的那个成年人。

在和成年人会谈的过程中，留心自己对该成年人行为的反应也很重要。如果你感觉自己正在成为这个成年人的咨询师，那么也许真正需要咨询的是这个成年人，而不是孩子。当这种情况发生时，你有两种基本选择：一是你可以改变治疗过程，停止接见儿童来访者，把这个成年人换成你的来访者；二是建议这个成年人向其他咨询师咨询。

· 实践练习 ·

1. 思考本章描述的与父母和老师合作的方法，并找出关于每种方法的更多信息。想象一下你使用其中一种方法与父母合作的情形。如果那种方法有一种针对老师的版本，想象你和一个老师合作的情形。当你这么想象的时候，会遇到什么问题？

2. 由于本书只是一本入门性质的书，对游戏治疗师与成年人合作的方法的描述比较有限。如果你对其中一种或多种方法特别感兴趣，那就找一些关于这种方法的书籍、章节和文章进一步学习。你想知道什么？什么样的信息可以帮助你决定是否要使用这种特殊的方法与成年人合作？

3. 对游戏治疗师来说，还有许多其他与父母或老师合作的方法是合适的。

探索其中的一些方法，看看你认为哪些方法适合你。考虑一下它们是否在观念上和理论上与你认为最适合你的游戏疗法一致。

4. 亲子疗法和亲子互动疗法都是教授父母基本游戏治疗技能的项目。比较这两种不同的父母培训方法。

5. 你认为向父母传授游戏治疗技巧对他们教育子女有怎样的帮助？对他们和孩子之间的关系有怎样的帮助？

6. 想象一下这样一种情形：感觉你的父母咨询已经脱离了轨道，父母表现得就好像他，而非孩子，才是需要治疗的人。你有什么办法来处理这种情况？如果你对老师而不是对父母咨询，会有什么不同呢？

· 思考题 ·

1. 你认为与儿童来访者生活中的成年人合作重要吗？你认为这么做是必要的、可取的还是不必要的？解释你的理由。

2. 你认为作为儿童游戏治疗的辅助手段，你和成年人合作的舒适度如何？这个过程的哪部分对你来说比较舒适？哪部分不舒适？

3. 你觉得是与父母合作还是与老师合作会更舒适？解释可能影响你的舒适度的因素。

4. 在对儿童生活中的成年人咨询时，有很多事情可以包括进去。思考下列可能成为父母咨询重点的因素。你认为哪些重要？解释你的理由。

a. 教授育儿技巧和管教策略。

b. 帮助父母探索可能妨碍其育儿技能最佳运用的个人问题。

c. 帮助父母考虑改变家庭动态，使家庭成为更有利于孩子成长的环境。

d. 与父母一起探讨可能影响孩子的婚姻问题。

e. 帮助父母更好地理解孩子。

f. 帮助父母更好地了解家庭动态。

g. 帮助父母更好地了解他们自己以及他们与孩子的关系。

h. 提供关于儿童发展的信息。

i. 讨论可能对儿童产生影响的学校问题。

5. 思考下列可能成为老师咨询重点的因素。你认为哪些重要？请解释理由。

a. 帮助老师探索可能会妨碍儿童在学校把能力发挥到极致的课堂动态。

b. 帮助老师探索可能阻碍其课堂管理技能的最佳运用的个人问题。

c. 帮助老师探索可能妨碍他们与儿童以适当方式互动的个人问题。

d. 与老师合作，帮助他们更好地理解儿童。

e. 与老师合作，帮助他们更好地理解某个特定儿童。

f. 与老师合作，帮助他们更好地理解课堂动态。

g. 传授课堂管理策略。

h. 与老师合作，帮助他们改善与某个特定儿童的关系。

i. 帮助老师了解家庭动态如何影响儿童。

6. 如果治疗师只是进行亲子治疗，他们可能永远不会直接和儿童打交道，因为亲子疗法的重点是教父母使用游戏疗法技能。你觉得这种做法怎么样？你认为严格使用亲子疗法作为主要的游戏疗法有什么好处和不足？

7. 许多治疗师，不止是以儿童为中心取向的治疗师，都把亲子疗法作为与儿童打交道时的辅助手段。你认为你有可能这么做吗？

8. 你认为在亲子疗法中为什么治疗师不教父母给孩子解释游戏的意义？

9. 亲子互动疗法的基本技能之一是表扬，这涉及到对儿童行为的判断。你对教父母表扬孩子有何看法？

10. 在亲子互动疗法中，目标是教父母如何成为权威。你如何定义做一个有权威的父母？你对这个目标有何看法？

11. 在友善培训中，老师学习基本的游戏治疗技巧。你认为懂得这些技能对帮助老师管理课堂有何帮助？

12. 你认为老师们对在课堂上使用游戏疗法有什么保留意见？

13. 阿德勒式的父母与老师咨询分为四个阶段。你认为为什么每一个阶段都是必要的？

14. 基于对父母或老师的"关键C"和个性优先的理解，你如何看待为来访者专门设计咨询？你认为这样做的好处和坏处是什么？

15. 你对给父母上育儿课有什么想法和感受？

16. 你如何判断何时该让父母或老师寻求个人或婚姻咨询，而不是继续为他们提供咨询？你有没有办法设置职业界限，以便让你在继续为儿童咨询的同时，又不参与到成年人的咨询服务中去？

第15章 游戏治疗的专业问题

深入阅读当前的游戏治疗相关文献，可以发现使用游戏疗法作为治疗方式的心理健康和学校专业咨询师面临的几个重要问题。这些问题包括：①游戏疗法的有效性研究；②法律和道德问题；③文化意识和敏感性；④将攻击性玩具纳入游戏室；⑤公众对游戏治疗的认识和游戏治疗师的职业认同。本章将对所有这些问题进行探讨，并鼓励读者思考这些问题将会对本人有什么影响，以及如何应对这些问题所带来的专业挑战。本章还从接受调查的游戏治疗专家那里收集了一些建议，以供新游戏治疗师参考。

· 游戏疗法的有效性研究 ·

游戏疗法被认为是"临床实践中最古老和最受欢迎的儿童治疗形式"已经60余载（Reddy, Files-Hall, & Schaefer, 2005）。然而，针对是否有科学证据支持游戏疗法的疗效，总是存在一些争议，并且这种争议在过去几年有所升级。菲利普斯（Phillips, 1985）在一篇关于游戏治疗研究的综述中指出，到撰写该综述时为止，关于游戏疗法有效性的研究大多没有取得显著成果。他指出，"游戏疗法需要的是一个系统的研究计划，明确提出其假设，设计控制良好的研究，仔细筛选研究对象，测量有意义的结果，并使用恰当的、提供有用信息的统计数据"。勒布朗和里奇（LeBlanc & Ritchie, 1999）认为游戏治疗研究"并没有回答所有治疗干预都无法回避的基本问题，即游戏疗法对儿童是否有积极作用，游戏疗法的效果如何，以及有效的游戏治疗需要什么条件或过程？"。罗杰斯-尼卡斯特罗（Rogers-Nicastro, 2006）指出"在游戏治疗被认为是一种实证验证的治疗手段之前，需要进行更多更严格的科学研究"。疾病控制和预防中心甚至指出，证据不足以断定游戏疗法在降低经历过受创伤事件的儿童和青少年心理伤害方面的有效性。菲利普斯（Phillips, 2010）在最近的一篇文章中重申了他之前的结论，并断言"大多数（游戏疗法）仍然没有可靠的科学证据"。

另一方面，雷（Ray, 2006）在一篇关于游戏疗法有效性的实证支持的综述中写道，"游戏疗法有着广泛的研究历史，证明了对不同年龄和不同问题的儿童使用游戏疗法干预的实用性"。雷·迪、法尔斯-霍尔和谢弗（Reddy, Files-Hall, & Schaefer, 2005）认为，在过去的20年里，精心设计的游戏干预对照研究有所增加。巴格尔利和布拉顿（Bagerly, & Bratton, 2010）总结说："自菲利普斯1985年的综述以来，游戏治疗研究人员取得了稳步进展，为游戏治疗研究建立了坚实的基础，并将继续这方面的研究"。这些作者都引用了一些支持游戏疗法有效性的元分析（Bratton & Ray, 2000; Bratton, Ray, Rhine & Jones, 2005; LeBlanc & Ritchie, 1999; Ray, Bratton, Rhine, & Jones, 2001）。

勒布朗和里奇（LeBlanc & Ritchie, 1999）对游戏疗法的研究进行了元分析，这些研究都用证据证明了游戏疗法的有效性，不管儿童有什么样的问题。该分析发现，影响游戏治疗效果的变量只有两个：父母参与游戏治疗的过程和治疗的次数。父母积极参与治疗过程的儿童和上了30至35次治疗的儿童比做不到这两点的儿童更有可能取得积极成效。

布拉顿和雷（Bratton & Ray, 2000）综合了100多个案例研究的结果，这些案例记录了游戏疗法作为一种干预手段的有效性。在这些案例研究中，参与者在游戏疗法干预后表现出积极行为水平的提高和问题行为水平的降低。这两位学者还总结了自20世纪40年代以来发表的82篇文章的研究成果，这些文章代表了与游戏疗法相关的实验研究。他们发现，这些研究为游戏疗法的有效性提供了支持，证明这种治疗方式适用于有以下问题的儿童：消极的自我概念、行为问题、认知能力困难、社交技能不足和焦虑。

雷等（Ray et a., 2001）和布拉顿等（Bratton et al., 2005）使用元分析分别检验了由专业人士、准专业人士和仅由父母实施的游戏治疗的有效性。他们对 93 项研究的元分析得出了一个很高的效应量（0.80，$p<0.001$）。他们发现，当父母参与到治疗中，并且有最佳的治疗次数（35 到 45 次）时，游戏治疗取得的效果最大。根据这个分析，无论使用什么疗法，依据什么理论，游戏治疗都是有效的，无关年龄、性别、环境、是否为临床患者。

近年来游戏治疗领域的实证研究（见表 15-1）大多集中在以儿童为中心的游戏疗法和亲子疗法上。有研究证据支持以儿童为中心的游戏疗法对以下类型儿童的有效性：接受特殊教育服务的儿童、长期患病的儿童、经历自然灾害的儿童、有行为问题的儿童、有语言障碍的儿童、接受学校心理辅导服务的儿童、表现出 ADHD 症状的儿童、有自尊和学业问题的儿童、有攻击倾向的儿童以及目睹家庭暴力的儿童。

表 15-1　近年来关于游戏治疗的代表性实证研究

治疗方法	作者
以儿童为中心的游戏疗法	
表现出 ADHD 症状的儿童	Ray, Schottelkorb, & Tsai, 2007 Schottelkorb, 2007
有攻击倾向的儿童	Schumann, 2005 Ray, Blanco, Sullivan, & Holliman, 2009
有行为问题的儿童	Brandt, 2001 Garza & Bratton, 2005 Packman & Bratton, 2003 Rennie, 2003
发育迟缓儿童	Garofano-Brown, 2007
目睹家庭暴力的儿童	Tyndall-Lind, Landreth, & Giordano, 2001
接受学校心理辅导的儿童	Ray, 2007
有语言障碍的儿童	Danger & Landreth, 2005
接受特殊教育的儿童	Fall, Navelski, & Welch, 2002
有自尊和学业问题的儿童	Blanco, 2009

续表

治疗方法	作者
经历过自然灾害的儿童	Shen, 2002
长期患病的儿童	Jones & Landreth, 2002
无家可归的儿童	Baggerly & Jenkins, 2009
父母有养育压力的儿童	Dougherty, 2006 Ray & Dougherty, 2007
游戏疗法	
有内化问题的儿童	Siu, 2009
阿德勒游戏疗法	
有外化行为问题的疗法	Meany-Whalen, 2010
沙盘疗法	
有行为问题的儿童	Flahive, 2005
有看护人参与的游戏疗法	
正在经历手术的儿童	Li & Lopez, 2008
反应性依恋障碍	Hough, 2008

其他游戏疗法也获得了实证支持（见表15-1）。西乌（Siu, 2009）的一项实证研究支持游戏疗法在减少幼儿内化问题方面的有效性。梅蒂-惠伦（Meany-Whalen, 2010）开展了一项精心设计的实验结果研究，该研究提供了证据，证明阿德勒游戏疗法对儿童外化行为问题是一种有效的干预措施。其他最近的研究支持将沙盘游戏作为行为问题儿童的干预手段（Flahive, 2005），以及将看护人参与的游戏疗法作为接受手术的儿童的干预手段（Li & Lopez, 2008）和被诊断为有反应性依恋障碍的儿童的干预手段（Hough, 2008）。

谢弗（Schaefer, 1998）认为，虽然他相信游戏治疗的有效性，但游戏治疗师并没有足够的实证证据来说服其他人相信游戏治疗是许多儿童疾病和问题的治疗选择。他敦促游戏治疗协会的领导鼓励成员进行更多的实证研究，并制定科学的实践指南，以证明游戏疗法治疗特定疾病和问题的有效性。精神健康领域近来的一场专业运动使这项任务变得更加紧迫，这场运动的方向是基于证据的治疗——基于被实践证明有效的理论的干预。被视为基于证据的治疗模式必须建立在科学评估的基础之上，这种评估是通过严谨的研究取得的，而不是依赖于坊间证据、对特殊案例的信任或传统（U.S. Department of Health and Human Services, Substance Abuse and Mental Health Services Administration, 2009）。作为对这一运动的响应，游戏治疗协会（the Association for Play Therapy, 2009c）发布了一个更新的研究策略，呼吁研究人员开展"精心设计的实验性结果研究，检验采用游戏疗法治疗相较于其他疗法的益处。"。

在由桑德拉·弗里克-赫尔姆斯和雅典娜·德鲁斯编辑的2010年1月号《国际游戏治疗杂志》上，几位作者（Baggerly & Bratton, 2010; Philips, 2010; Ray & Schottelkorb, 2010; Urquiza, 2010）写了一些文章，建议游戏疗法的研究人员如何将游戏疗法作为一种基于证据的治疗来为其提供支持。这些建议包括开展治疗；使用有效和可靠的评估工具，如标准化的儿童报告、父母报告或老师报告以及行为观察法对具体的定向变化（如减少儿童行为问题、减轻老师压力）进行仔细的多指标评估；盲评估；随机对照试验；待研究群体和样本的精确定义。作者们还建议，在作研究报告时，必须通过对影响内部有效性的因素的讨论和对任何结论的谨慎描述，在研究结果和所提出的研究问题之间建立一种明确联系。

为了使治疗手册化，游戏治疗专家必须制作治疗手册，详细描述干预过程，以便对治疗完整度进行评估（Urquiza, 2010）。治疗手册将提供关于具体干预和治疗进展的详细信息，并将重要的概念和技能操作化。它将提供一个循序渐进的指南，指导游戏治疗师应用这种特殊方法。最近出品了两份手册，一份概述了阿德勒游戏疗法的程序（Kottman, 2010），另一份详细介绍了以儿童为中心的游戏疗法的过程（Ray, 2009）。这两份手册都有详细的技能清单，研究人员可以使用这些清单来验证治疗完整度。也有描述亲子疗法过程的治疗手册（Child-Parent Relationship Therapy; Bratton, Landreth, Kellam & Blackard, 2006），以及亲子互动治疗（Hembree-Kingin & McNeil, 1995）过程的治疗手册。

个人应用

大多数游戏治疗师选择专注于向来访者提供服务，而不参与研究活动。如果你希望扩展你的专业目标，研究和实践兼顾，你可以在很多方面为这个领域做出宝贵的贡献。为了实现这个愿望，你必须获得必要的知识和技能来进行精心设计的研究，调查游戏治疗干预的结果和过程。如果你决定成为一名研究型的执业者，可以设计研究帮助你确定哪些治疗策略对特定的疾病和问题有效，并探索新的、创造性的、且被证明有效的游戏治疗方法。如果你对游戏疗法的实验研究感兴趣，巴格尔利和布拉顿（Bratton, 2010）、钱布利斯和奥兰迪克（Chambless & Ollendick, 2001）、菲利普斯（Phillips, 2010）和乌尔基萨（Urquiza, 2010）有许多建议可以用来指导你的研究设计。如果你想做研究，但发现实验结果的研究有点令人生畏，还有其他方法可以让执业者参与到游戏疗法的研究中来。单例设计特别适合于执业者。单例研究设计相对简单，可以为游戏治疗及其工作原理的知识体系作贡献（Ray & Schottelkorb, 2010; Sharpley, 2007）。另一种极具吸引力的研究方法是定性研究，可以用来"建立我们对治疗过程和治疗帮助中的关系的理解"（Glazer & Stein, 2010）。

·法律及伦理问题·

游戏治疗师来自广泛的专业领域（心理健康顾问、学校心理辅导员、社会工作者、心理学家、精神病学家和护士）。这使得很难有一个涵盖所有这些职业的伦理准则。游戏治疗协会制定了一个标准的、涵盖专业行为的伦理规范，但主张执业者遵守属于其特定职业的伦理规范（如，咨询师遵守由美国心理咨询协会制定的指导方针，心理学家遵守由美国心理协会制定的指导方针）。虽然这种做法确实为临床医生提供了一些伦理规范，但这些伦理规范并不是专门为指导与儿童打交道的专业人员设计的（Carmichael, 2006; Y.Jackson, 1998; Seymour & Rubin, 2006; Sweeney, 2001）。

为解决因缺少专门针对游戏治疗师的伦理规范而造成的困境，游戏治疗协会（the Association for Play Therapy, 2009b）出台了一份文件，发布在其官方网站上（http://www.a4pt.org/download.cfm?ID=28051）。文件名为《游戏治疗行业准则》

（*Play Therapy Best Practices*），讲述了游戏治疗行业的最佳准则，作为指导、监督和实施游戏治疗的指南。这份文件探讨了传统上职业伦理规范中的许多不可回避的问题。治疗关系的内容涵盖了对来访者的承诺和责任、尊重个体差异、来访者权利、接受多渠道服务的来访者；治疗师的需求和价值观、双重关系、性亲密、相互间有关联的多个来访者、群体治疗、付款、结案和转诊、计算机/互联网技术。父母和家庭的章节中包含处理和儿童的父母及其他家庭成员关系的问题。保密性的章节包括关于隐私权、小组治疗、文档记录、研究和培训以及咨询的最佳实践指南。专业责任部分包括职业标准方面的知识、专业能力、广告和招揽来访者、证书、公共责任和对其他专业人员的责任。还有一节涉及到治疗师与其他专业人员的关系，为雇主和雇员之间的和谐相处、咨询、转诊费和分包合同提供了指南。在关于评价、评估和解释的那一节中提到，游戏治疗师只能提供他们具备资质的评估服务，而且在诊断精神障碍时必须特别谨慎。教学、培训和指导部分是为教育者和执业者提供培训、培训计划和指导人员的指南。研究和出版部分包括研究责任、研究的知情同意以及报告研究结果和出版的责任。

拉里·鲁宾和游戏治疗协会伦理与行为工作组审查并修订了一篇名为《关于肢体接触》的文章（http://a4pt.org/download.cfm?ID=28052），界定了适合肢体接触的临床条件，并概述了游戏治疗中与肢体接触相关的临床、专业和伦理问题。这篇立场性文章的作者建议，游戏治疗师应该接受与游戏治疗中使用肢体接触相关的问题的培训，了解来访者文化中对肢体接触的解释。对游戏治疗师来说至关重要的是，在治疗过程中使用肢体接触时一定要得到儿童和儿童的看护人的知情同意，任何接触都应该服务于儿童的需要，服务于治疗目标。该文还讨论了与接触受虐儿童或受创伤儿童、小组治疗中的接触以及儿童的身体约束有关的问题。

卡迈克尔（Carmichael, 2006）将下列伦理问题列为与儿童打交道时的重要事项：①不伤害儿童；②胜任力；③知情同意；④保密；⑤警告义务；⑥儿童虐待报告。对儿童来说，"不伤害"禁令包括治疗师参与儿童及儿童家庭的社会和个人关系时，要与儿童和儿童的看护人确定清晰明确的界限。如果这种关系中存在一个可能会引起麻烦的问题（如需要公开或需要咨询学校老师或其他人员），治疗师会与儿童和儿童的看护人进行讨论。如果出现麻烦，治疗师会咨询专业的同事或督导，了解如何处理这种情况。治疗师将对治疗计划、干预措施和结果保持足够的临床记录。必要时，治疗师会转诊给其他治疗师或其他专业人士。

来访者胜任力是指儿童在不依赖父母同意的情况下，参与知情同意和决定治疗方案的权利（Carmichael, 2006）。根据一系列因素，如年龄、能力、经验、教育或培训经历、体现的成熟度、行为举止，以及理解一种行为或程序的性质、风险和后果的能力，每个州就未成年人的胜任力制定了自己的指导方针。虽然这不是法律要求，但从道德上讲，游戏治疗师必须用儿童能够理解的语言向儿童来访者解释任何治疗或干预措施，并获得来访者的同意，尽管儿童没有给予同意的法律权利。若儿童的父母已经离异，看护人必须给予知情同意，并能够就治疗计划、信息发布和与儿童来访者治疗相关的保密事项做出决定。由于不同的州对无监护权的父（母）的权利有不同的法律规定，游戏治疗师最好能要求提供一份离婚判决书的副本，以明确法院授予无监护权的父（母）哪些权利。另外，如果需要的话，让有监护权的父（母）签署一份同意书，这样游戏治疗师就可以与无监护权的父（母）共享信息。

根据卡迈克尔的观点，12岁以下的儿童没有保密的法律权利。然而，游戏治疗协会颁布的《游戏治疗行业准则》中指出：

> 游戏治疗师认可并尊重儿童是主要来访者，因此，要用符合儿童理解力的语言告诉儿童和重要父母游戏治疗的目的、目标、技术手段、程序性的限制、潜在的和可预见的风险和益处。游戏治疗师要确保儿童和重要父母理解诊断的含义、测试和报告的意图、费用和计费安排。来访者有权要求保密并得到保密局限性的解释，包括向重要父母、监督机构和/或治疗团队和政府当局公开；来访者还有权获得其病例记录中有关任何文件或证明材料的明确信息；有权参与适合其发育水平的正在进行的治疗计划（第3页）。

警告义务已经扩展到未成年人，所以当特定的威胁针对特定的人或针对特定的财产时，游戏治疗师有责任警告或保护第三方。需要用儿童能理解的语言向儿童解释这种保密的例外情况，并且需要通过同意书通知合法监护人。游戏治疗师有义务报告虐待儿童的情况，因此虐待／忽视儿童也属于保密的例外情况，必须向有关当局报告。

卡迈克尔为那些必须处理与儿童有关的法律和伦理问题的游戏治疗师提供了以下建议：

1. 游戏治疗师应始终在他们从事的培训、教育和业务指导所允许的范围内执业。

2. 游戏治疗师应非常熟悉有关特权和保密的州法规，并了解与之相关的任何局限。

3. 游戏治疗师应有一份书面的知情同意书，用来为儿童来访者、父母或其他合法监护人解释保密事宜。在治疗开始前，此文件应由来访者及其父母或其他合法监护人签署并注明日期。

4. 游戏治疗师必须客观、准确地记录与来访者、来访者父母或其他监护人以及其他任何相关人员（如老师、医生等）的所有会面和其他互动。

5. 游戏治疗师应参加医疗事故保险，以支付其在诉讼中的法律费用。

6. 如果不确定合法的或合乎道德的程序，游戏治疗师应经常与同事、督导或法律顾问协商。

作为伦理实践的一部分，知道如何使用至少一种伦理决策模型很重要（Reynolds, 2009）。这些模型为处理伦理困境提供了形式化的步骤，特别是当道德标准似乎与法律规范相冲突或伦理规范似乎相互矛盾时。科里、科里及卡拉南（Corey & Callanan, 2011）、加西亚、卡特赖特、温斯顿、博罗祖乔斯卡（Garcia, Cartwright, Winston, & Borzuchowska, 2003）以及西摩和鲁宾（Seynour & Rubin, 2006）都提供了这样的模型。西摩和鲁宾的模型是专门针对游戏治疗从业者的。

个人应用

如果想成为一名游戏治疗师，必须从游戏治疗协会的网站上获得这两份资料：《游戏治疗行业准则》（*Play Therapy Best Practices*, 2009b）和《关于身体接触》（*the Paper on Touch*, 2009a）。阅读并熟悉这两份资料，因为它们是游戏治疗行业的伦理准则。了解自己行业内部的伦理准则也很重要（如，心理健康顾问、学校心理辅导员、社会工作者、心理学家、精神病学家和护士的伦理准则）。你可能需要找到一个与儿童工作相关的道德决策模型，并熟悉一组程序，如西摩和鲁宾（Seymour & Rubin, 2006）提供的程序，这些程序旨在帮助解决伦理难题。你也应该通晓你所在的国家与儿童治疗工作相关的法律法规以及其他与普通来访者，尤其是与儿童来访者相关的事项，如警告义务、儿童虐待和忽视报告、特权和保密性、知情同意、无监护权父（母）的权利等。

· 文化意识与敏感性 ·

社会经济、文化、种族、民族、宗教和政治因素都对儿童及其如何看待和与世界互动产生巨大影响。随着世界人口流动性的快速增加，游戏治疗师必须能够与来自不同背景的儿童相处。科尔曼、帕默和巴克（Coleman, Parmer & Barker, 1993）、奥康纳（O'Connor, 2005）、吉尔和德鲁斯（Gil & Drewes, 2005）以及辛曼（Hinman, 2003）认为，游戏治疗从业者和学习游戏治疗的学生都必须获得与来自不同背景的儿童打交道的知识和经验。他们建议，游戏治疗师必须提高自己的文化敏感性，以避免误诊和治疗性伤害，并增加与来自不同文化的来访者建立强大治疗联盟的可能性。里特和常（Ritter & Chang, 2002）对游戏治疗师的多元文化能力以及他们所接受的与多元文化问题相关的培训做了调查，结论是，大多数受访者认为他们在这方面的培训不足。这使得游戏治疗师更有必要努力弥补这一缺陷。

吉尔（Gil, 2005）引用了焦尔达诺（Giordano, 1995）的观点，建议治疗师必须考虑以下组织原则：①种族对来访者及其家庭的重要性；②确认和加强种族认同；③了解和利用来访者的支持系统；④充当"文化经纪人"，即帮助人们建立跨文化联系的人；⑤注意"文化伪装"，即来自一种文化的人假装属于另一种文化；⑥考虑与你的来访者属于同一种族既有好处也有坏处；⑦不要觉得你必须了解与来访者种族相关的一切。

吉尔列出了拥有跨文化能力的三个步骤：

1. 为了培养文化敏感性，将注意力集中在自己的文化和种族认同上，意识到自己的偏见，并注意与他人的互动。

2. 通过阅读、上课、工作坊、观看视频等方式自觉地获取知识，通过向同事和督导展示录像等方式获得指导。

3. 通过将知识转化为行动来培养积极的能力。

开发有效的游戏治疗策略，以应对来自各种文化和种族的来访者是必不可少的。笔者将科尔曼（Coleman et al., 1993）、奥康纳（O'Connor, 2005）、德鲁斯（Drewes, 2005）和辛曼（Hinman, 2003）的建议整合在一起，总结出了以下针对多元文化人群进行游戏治疗的指南：

1. 游戏治疗师必须尊重儿童的特定文化或种族的历史、心理、社会文化和政治文化。这可能意味着游戏治疗师要收集关于儿童的文化或种族的信息和经验。游戏治疗师有必要让儿童及父母明白，治疗师尊重他们的信仰体系。游戏室里应该既有中性文化，又有特定文化的游戏材料。原色的、没有任何装饰图案的玩具盘就属于中性文化玩具。特定文化玩具包括具有民族特色的玩偶、画着各色人种的图画、具有各种肤色影调的蜡笔画，等等。德鲁斯提供了一份种类齐全的清单，包括书、艺术品和工艺材料、棋盘游戏、戏剧表演材料、木偶、玩偶和微缩模型，适合来自各种文化和种族的儿童的自我表达。

2. 游戏治疗师必须调查（通过阅读和向他人请教）游戏在不同人群中的作用，以了解来自不同种族和文化的儿童对游戏的态度。儿童游戏受到性别角色刻板印象和和对情感表达的态度等文化因素的深刻影响。掌握这方面的知识还可以防止治疗师作出与儿童文化身份相冲突的评论或解释。

3. 游戏治疗师必须熟悉儿童所属文化的价值观、信仰、习俗和传统。同样重要的是，治疗师要理解并欣赏"来自多元文化的儿童特有的气质和细微差别"（Coleman et al., 1993）。在语言方面尤其如此，必须避免对不会说标准英语的儿童有任何类型的偏见。

4. 游戏治疗师应该培养和欣赏不同文化的优势和独特品质。当儿童谈论他们文化的各个方面时，游戏治疗师可以强调他们文化的优势。一种办法是在游戏治疗过程中融入来自不同文化和语言的故事、游戏、歌曲和诗歌。

5. 当与来自不同文化或种族的儿童打交道时，游戏治疗师应该向儿童及其父母承认他们意识到了这些差异，并询问他们是否对这个问题有任何担忧。

6. 游戏治疗师必须记住，真正了解其他文化是一个持续的过程，不可能一蹴而就。必须以多元文化为重点不断寻求更多的信息和经验。

7. 游戏治疗师必须记住，将所有来自不同文化或种族的来访者一概而论是不合适的。虽然研究文化模式的知识有助于探索关于价值观、行为和态度的假设，但重要的是要努力了解该文化中的特定个体。

8. 虽然父母和儿童可以成为他们所属文化的信息来源，但要求他们充当主要的文化信息提供者是不合适的。

9. 游戏治疗师必须审视所用方法背后的思想体系是否恰当，以及针对特定儿童的各种干预策略的有效性。治疗师必须在儿童和他们的文化背景以及游戏治疗中使用的技巧之间寻找匹配。这将涉及对心理学文献和多文化文献的调查，并与其他心理健康专业人员和儿童支持系统进行交流。在这方面，寻求有关特定文化群体的资料，弄清哪些咨询策略和互动模式传统上对这些群体的成员有效，将是十分有益的（参考资料见附录C）。

10. 游戏治疗师必须避免对游戏治疗采取以某种文化（如欧洲或非洲文化）为主要视角进行干预的观点。评估各种干预手段并决定哪一种是最佳干预的方法之一是多元中心主义，这种观点承认主流文化的影响，但鼓励接受不同的文化和种族观点。

11. 游戏治疗师必须意识到自己基于文化的偏见、价值观、信仰和态度。对于一个想要学习欣赏多种文化的咨询师来说，首先学会欣赏自己的文化是非常有益的，这有助于消除文化视野局限，开阔咨询师本人的世界观。

12. 游戏治疗师必须努力与多元文化的人群积极互动，其中包括参加宗教仪式、参观少数民族社区中心、观看聚焦于特定文化的电影和戏剧作品、参观儿童的家庭和学校等。

13. 游戏治疗师必须时刻注意社会、经济和政治歧视对儿童及其家庭可能产生的影响。

14. 游戏治疗师必须了解反应针对特定种族和文化群体的儿童和家庭的游戏治疗的研究结果。

15. 当文化习俗和标准的游戏治疗实践之间存在差异时，游戏治疗师必须努力形成一种协调的立场（如，接受来访者的礼物）。

对于与来自不同文化和种族的儿童打交道的游戏治疗师来说，为每一位潜在来访者及其家庭探索以下问题是至关重要的（A.Stewart, 2009）：

1. 原国籍与文化认同；
2. 家族移民年代；
3. 使用语言以及这些语言的出处；
4. 父母的英语知识——对书面词汇、接受性词汇和表达性词汇的理解力；
5. 在家饮食和就寝的方式和安排；

6. 对所属文化的期望；

7. 文化适应水平；

8. 重要的节日、庆典和文化责任；

9. 家庭对游戏的态度；

10. 儿童在家里或周围的玩伴；

11. 通常的游戏材料和活动；

12. 家庭成员对管教的态度以及父母的管教模式；

14. 家庭对儿童给予的责任和期望。

虽然在过去10年中关于游戏治疗的文献增加了很多，但迫切需要增加对来自不同文化、种族、社会经济状况、宗教、民族和地区儿童的研究以及有关儿童心理健康问题和对有色人种服务的研究（Huang & Gibbs, 2003）。研究那些更有可能对多元文化儿童有益的玩具类型，以及针对特定人群的具体策略，将是非常有用的。

个人应用

你需要考虑在你的个人生活和职业生活中，文化敏感性占多大分量。如果获取与背景不同的人有效交流所必需的知识和技能对你很重要，你需要阅读关于与多元文化人群打交道的书籍，参加有关咨询多种来访者的课程，寻求与来自不同文化和背景的人交流和建立关系的机会。

对于每一个来自少数族群/文化的儿童，当你不确定游戏疗法对他是否为最佳方法时，你需要考虑以下问题：①儿童家庭和所属文化对接受心理健康护理的态度；②儿童口头表达能力；③儿童直接谈论问题的意愿；④可用的具有文化特征的干预策略；⑤儿童家庭和所属文化对"反常"行为原因的解释；⑥儿童家庭和所属文化对两种解决问题的方法（个人还是集体）的态度；⑦儿童家庭等待症状减轻的意愿；⑧儿童的文化适应水平；⑨儿童家庭和所属文化对"专业"人员的态度和期望（Carmichael, 2006; Gil & Drewes, 2005; Hinman,

2003）。基于对这些问题所涉及的动态的理解，你需要根据具体来访者及其家庭调整你的干预方法。

·将攻击性玩具纳入游戏室·

近年来在游戏治疗文献中出现的一个争议是围绕游戏治疗环境中是否能纳入攻击性玩具（如，沙袋、武器、手铐、士兵、鳄鱼等）。在许多游戏室，攻击性玩具已被纳入游戏治疗材料的标准类型（Kottman, 2003; Landreth, 2002）。传统上，许多游戏治疗专家，如詹妮弗·巴格尔利、路易斯·格尼、加里·兰德雷斯和丹尼尔·斯威尼（Trotter, Eshelman, & Landreth, 2003）都认为，将攻击性玩具纳入游戏室可以让儿童以象征性的方式表达愤怒和恐惧，并表现出他们的愤怒情绪。特罗特等人（Trotter et al., 2003）证明，武器为儿童提供了一种手段，让他们可以安全地测试游戏室的极限，并测试治疗关系的边界：

"儿童发现，不管他们发泄的感情有多强烈，不仅会被接受，而且会被鼓励表现自我"。格林（Green, 2009）支持纳入攻击性玩具，作为一种让儿童表达愤怒，并鼓励他们个性中阴暗面的精神整合的方式："治疗师通过包容愤怒促进儿童的转变过程，把好斗情绪升华成自信，这将带来积极的情感"。这些专家认为，游戏治疗师应该营造一种宽容的氛围，允许（甚至鼓励）任何象征性的攻击性行为。

另一方面，一些游戏治疗专家（Drewes, 2001/2008; Schaefer & Mattei, 2005）提出，波波（一种真人大小的充气沙袋，可以独自站立，模样像小丑）和其他攻击性玩具不必要放在游戏室，把它们用作游戏治疗材料也许是有害的。这些作者回顾了历史上关于鼓励攻击性游戏幻想的作用和游戏中攻击性宣泄的价值的研究。虽然他们回顾的都是早期的研究（大多来自 20 世纪 50、60、70 年代），这些研究的观点是一致的：当成年人允许并鼓励儿童在游戏中释放攻击性情绪时，儿童可能把这种行为保持在最初的水平，甚至有过之而不及（Schaefer & Mattei, 2005）。至于"游戏中攻击性情绪的表达会引起今后的攻击性行为的减少"，他们没有发现任何针对儿童的对照研究来支持这一观点。他们的结论是，如果被鼓励表达攻击性情绪，儿童实际上会忘掉以前学到的关于文明行为的社交经验。基于这种结论，谢弗和玛泰（Schaefer & Mattei, 2005）以及德鲁斯（Drewes, 2008）认为，将攻击性玩具纳入游戏室对于因攻击性行为来寻求帮助在儿童来说是禁忌。他们承认，这种玩具可能适合胆小和内向的儿童。德鲁斯指出，即使游戏室里没有攻击性玩具，儿童也可以假装他们的手指是枪，玩具钥匙是手铐。她说："缺乏用来表达攻击性情绪的真实玩具，并不会阻止儿童通过讲故事，或者表演来表达他们的这种情绪"。

双方在这个问题上的争论似乎表明，这是一种非此即彼的情况。我的看法略有不同。我倾向于根据具体情况来考虑这个决定。我相信，对于一些儿童来说，攻击性玩具可以帮助他们象征性地表达愤怒和攻击性情绪，并探索游戏室的限制（Kottman, 2003）。有时，儿童也可以使用攻击性玩具来保护自己免遭危险和摆脱不安全的情况。在游戏治疗中，当儿童假装使用武器来保护自己时，他们通常会建立一种自我效能感。然而，我不认为这对所有的儿童都有效。我经常利用攻击性玩具来教那些拘谨、焦虑、紧张的儿童放松一点。针对那些被认为有过度攻击行为的儿童，以及那些似乎被"卡"在仪式化的攻击性行为中的儿童，我会把波波和飞镖枪之类的玩具从我的游戏室里拿走。如果是在学校进行游戏治疗，我也不使用这些玩具，因为在学校里使用攻击性玩具可能违反校规。我的态度也不像那些非指导性的游戏治疗师那么宽容，也不"鼓励"儿童变得有攻击性。相反，我使用攻击性玩具与儿童互动的目的是教儿童更恰当地表达愤怒和攻击性，并练习在不践踏他人需求的情况下满足自己需求的策略。

个人应用

攻击性玩具的使用是一个仁者见仁、智者见智的争议性话题。争议双方都有很充分的论据。阅读现有的探索游戏室里纳入攻击性玩具利弊的资料，以及谢弗和玛泰（Schaefer & Mattie, 2005）、德鲁斯（Drewes, 2001/2008）引用的研究将会有所帮助。德鲁斯提出一个很好的论点："《游戏治疗行业准则》中要求将研究结果融入游戏治疗师的治疗方法"。尽管如此，证明攻击性游戏的宣泄益处的研究很匮乏。这种研究的匮乏是否会影响你在游戏室里使用攻击性玩具，这得由你自己做决定。你也可以选择效仿我的做法，根据具体情况决定是否将攻击性玩具纳入游戏室，如你的工作环境、儿童的当前问题以及游戏治疗过程的展开情况。德鲁斯还呼吁游戏治疗师对这一领域进行更多研究。你可以遵循她的建议，对这个领域的一些潜在假设进行验证。

·公众对游戏治疗的认识以及对游戏治疗师的职业认同·

比尔·伯恩斯是游戏治疗协会的执行董事，他强烈主张继续努力提高公众对游戏治疗的认识。他同意谢弗（Schaefer, 1998）的观点，游戏治疗师要注重培养为人们解释什么是游戏治疗以及它对儿童有何帮助的能力，这种能力对于这个职业是至关重要的。对于那些不熟悉游戏治疗的人（甚至是那些从事心理健康和学校咨询工作的人）来说，理解游戏治疗的工作原理往往比较困难，很多人会感到不可思议，仅仅和儿童一起做游戏就能帮助他们克服问题？为了使游戏治疗这一职业存在下去，该职业的成员迫切需要开展一场公共教育和公共宣传运动。游戏治疗协会的使命是"促进游戏、游戏治疗和认证的游戏治疗师的价值"。游戏治疗协会在其网站上开辟一个版块，并出版了一本名为《为什么选择游戏治疗》的小册子。旨在向心理健康专家、父母、病人、学校、托管护理提供者和家庭法律顾问解释游戏治疗及其作用原理。该版块和小册子还描述了可通过游戏治疗进行干预的精神健康状况和行为障碍，并提供了证明游戏治疗有效性的学界引语。

要使这一领域蓬勃发展，就必须加强游戏治疗师的职业认同。促进游戏治疗师职业认同的一种途径是鼓励为游戏治疗开展某种类型的认证过程。通过制定游戏治疗师资格认证的标准，专业机构可以促进游戏治疗作为心理健康和学校咨询领域合法职业的认可度。为专业游戏治疗师提供注册或认证的两个机构是游戏治疗协会和加拿大儿童和游戏治疗协会。这两个机构各自都制定了一套标准，包括教育需求和临床经验两方面，这些都是个人在达到这一专业里程碑之前所必需的。他们还制定了继续教育的标准。

个人应用

你必须考虑是否愿意成为游戏治疗领域的一名坚定的倡导者。如果你决定应对这一挑战，你必须优先向消费者群体、媒体、政治家和卫生保健政策制定者传播信息——关于什么是游戏治疗，以及它对儿童及儿童家庭有何帮助。你可以写文章，接受采访，和各种各样的听众交谈。即使你认为政治宣传不符合你的性格或职业目标，也有必要学习如何向父母和同事解释这些问题。当你对自己解释游戏治疗的能力感到满意时，就能改变当地的人们对游戏治疗的认可度。

你必须决定是否要申请游戏治疗师资格证书。这个决定将取决于你对职业资格认证的重视程度。专业资格认证提高了专业的可信度，因此申请资格认证是一种专业上负责任的行为。在游戏治疗方面获得注册或认证也能让你成为社区中与儿童打交道的专家，这可以让你从公众和其他专业人士那里获得更多的转诊病人。专业证书的继续教育要求不仅鼓励从业者在他们的领域跟上潮流，否则这可能不是一个优先事项，而且还有助于游戏治疗作为一种独立发展的专业领域的合法化。

· 给新手游戏治疗师的建议 ·

在发给当代游戏治疗专家的调查问卷中，我问他们："对于新入行的游戏治疗师，你们愿意给出什么建议？"以下是他们给的建议（按照专家姓氏的字母顺序排列）：

> "做你自己。不要表现得像个游戏治疗师。一旦孩子们发现你在演戏，他们就会把你当作骗子，你的工作也将无法推进。"
>
> ——费利西亚·卡罗尔，完形游戏治疗师

第15章 游戏治疗的专业问题

"立足于一种有助于你成为洞察儿童问题'侦探'的理论，并让这种理论成为你开始思考问题的第一个视角。然后掌握以儿童为中心／儿童主导的治疗方法，再学习整合－折衷取向疗法。记住，'一个尺码并不能满足所有人'……随着时间的推移，你需要学习掌握其他的理论和技巧来服务于你的来访者。相信你的直觉，倾听你自己和你的感受。要知道，如果治疗师在态度和行为上表现得真实诚恳，儿童将会宽容他所犯的错误和疏忽。向儿童承认错误是可以的。它能帮助他们成长，让他们有一个榜样，让他们知道不完美也没关系。永远要有一个督导，不管你多么富有经验，根据需要，可以是直接督导、同侪督导或咨询督导。我们都会受到来访者的影响，时不时地需要换个视角看待自己。照顾好自己；经常进行自我心理护理。如果我们不关心自己，就不能充分而且始终如一地关心他人。最后，要意识到我们不能救所有人。并不是所有的来访者都能治好，也不是所有的来访者都能坚持治疗到结案。然而，请不要忘记，我们确实对那些我们帮助过的人（儿童和父母）的生活产生了影响。我们成为了一个榜样，证明了这个世界上存在乐于帮助他人的、有爱心的人。"

——雅典娜·德鲁斯，整合－折衷取向游戏治疗师

"遵循你想要实施的模型的创造者（或者其下一代继承者）的教导。在折衷取向方式中，我们希望临床医生能够精通他们在治疗中所采用的每一种模型。以最纯粹的形式学习每种模型（我相信最有效的方式是通过吸收理论、语言、技术和游戏治疗中某个特定方法的核心）。把业务决定建立在证据基础和关于各种治疗针对不同人群／诊断症状／儿童问题的疗效的文献之上。得到良好且持续的指导。玩得开心，从错误中学习！记住，良好的关系为其他治疗选择提供了基础。"

——帕里斯·古德伊尔－布朗，折衷取向游戏治疗师

"确保得到适当的临床指导和分析／咨询。此外，尽可能多地阅读有关

世界、文化、神话和童话的书籍。它们将帮助你识别儿童行为中的常见模式。最后，请记住，儿童不一定会记住我们展示的花哨或优雅的技巧，但会记住我们给予他们的善意。"

——埃里克·格林，荣格游戏治疗师

"学习并学好。确保不要混淆治疗和诊断目标。应该选择经过验证的诊断方案。坚持使用有经验支持的方法，不要轻易相信某天某个人编造出来的听起来"应该奏效"的方法。方法的理论基础也应该合理。如果没有良好的理论和经验基础，治疗师在没有真正的理论基础或对效果的理解的情况下，就会轻率地改变治疗方法。"

——路易丝·格尼，以儿童为中心游戏治疗师和亲子治疗培训师

"信任过程！"

——德纳·霍尔茨，阿德勒游戏治疗师

"得到好的指导；倾听父母和儿童的声音；意识到自己的局限性和期望；并学会如何与儿童相处。"

——苏珊·克内尔，认知行为游戏治疗师

"认识你自己！！了解什么对你有用，哪种理论方法吸引你，并遵循最适合你的方法。"

——J.P. 莉莉，荣格游戏治疗师

"深入学习一种游戏疗法，以便了解它的功效和不足之处。然后深入学习其他方法。不要试图在同一次治疗单元上把这些方法混在一起使用，以免把儿童和你自己弄糊涂。"

——伊万杰琳·芒斯，游戏疗法治疗师

第15章 游戏治疗的专业问题

"我非常支持人们体验我所使用的投射技巧的力量;记住作为儿童是什么感觉;去解决他们的一些童年问题。刚入行的治疗师需要放松和相信自己,需要继续参加研讨会、培训、阅读,等等。"

——维奥莱特·奥克兰德,完形游戏治疗师

"对于游戏治疗师来说,最重要的事情是非常了解自己,包括自己的个人挑战。与自己建立一种真实的关系,这样你才能与他人建立一种真实的关系。关系是通向任何一扇门的钥匙。"

——迪伊·雷,以儿童为中心游戏治疗师

"继续学习,扩大你的治疗范围!"

——查尔斯·谢弗,折衷取向游戏治疗师

"阅读维奥莱特·奥克兰德的两本书:《通向儿童的窗口》和《隐藏的宝藏》。"

——林恩·斯塔德勒,完形游戏治疗师

"观察各个年龄段的儿童在自然环境中的游戏。听听他们使用的声音和语言。这对于增加儿童游戏治疗中的真实性是非常宝贵的。玩得开心。快乐和欢笑能让人恢复活力。"

——艾迪恩·泰勒德·法奥埃特,故事式游戏治疗师

"相信你的直觉。学会容忍自己的负面情绪。设置限制是必要的。你需要克制自己,这样儿童才会感到安全,毫无保留地向你展示他们自己。"

——蒂莫西·提斯德尔,心理动力学游戏治疗师

"得到良好扎实的训练——不仅仅是一天的研讨会或会议,而是更深入

的训练,并得到游戏治疗方面的指导。对初学者来说,先掌握几种方法,然后再进行扩展,这也许是上策。我通常建议以儿童为中心的游戏疗法作为起点,因为共情的态度和基本技能对其他游戏疗法也很重要。

要以某种方式让父母参与进来,如果你还没有掌握这样的技能,那就抓紧培养。

弄明白为什么要做某件事情。不要被技巧牵着鼻子走。了解理论和基础研究,但最重要的是,了解你所做的事情的基本原理,以及为什么要把它应用于某个儿童或某种问题。

自己多做游戏!直接学习或重新学习游戏的力量。

如果你的培训师或督导只关注你的缺点,不在意你的优点,那就找一个能给予你鼓励,又不太挑剔的人。

给自己时间去发展,让自己去学习新的东西。从中找到乐趣。"

——莱斯·范弗利特,以儿童为中心游戏治疗师

"最好的学习方法是观察有能力的人,锻炼自己,不断接受指导。其他建议:

1. 在游戏室里观察经验丰富的游戏治疗师。
2. 每天练习鼓励、追踪和逻辑后果技巧,而不仅仅是待在游戏室里。
3. 发展一个你信仰并以其为行为准则的理论基础。
4. 除了上课之外,参加游戏治疗协会的研讨会和会议。
5. 花时间和儿童在一起。
6. 在儿童发展方面打下坚实基础。"

——乔·安娜·怀特,阿德勒游戏治疗师

·实践练习·

1. 准备一段简短的讲话稿(3—6分钟),解释什么是游戏疗法以及对儿童

第15章 游戏治疗的专业问题

有什么帮助。可以对着同学或同事练习说出这段话。

2. 假如要做一个研究项目来衡量游戏疗法的有效性，你想研究什么？设计一个研究项目用来衡量游戏治疗的效果。包括问题的陈述、参与者的人数、你将使用的任何干预策略、可能的测量工具、潜在的研究设计、关于研究结果的假设，以及你能想象到的任何研究困难。

3. 设计一个计划来提高自己的文化意识和敏感性，包括解释为什么这方面的提高对你很重要。

4. 设计一个计划来增强你作为游戏治疗师的职业认同感，包括解释为什么这方面的提高对你很重要。

5. 针对以下游戏治疗中的每一种伦理困境，解释其伦理难题是什么，你将如何处理这种情况，以及这么做的理由。使用本章的伦理建议、游戏治疗协会的《游戏治疗行业准则》，以及你所在的专业机构的伦理规范。

a. 你已经为一位母亲咨询了三年，你们一直在应对她童年时留下的一些非常棘手的问题。她想让你继续为她咨询，但也想让你为她的女儿咨询。

b. 你是一名学校心理辅导员，一个四年级的学生想要你为她进行游戏治疗。她坚定地告诉你，如果你告诉她的父母她要来接受治疗，她就再也不会来见你了。

c. 你正在治疗一个患有精神分裂症的儿童，他的父母不希望他继续服药。他们希望你用游戏疗法来治疗他的病，而不借助其他的医疗干预。

d. 你是一个以儿童为中心的游戏治疗师，正在为一个被诊断患有阿斯伯格综合征的儿童提供咨询服务。保险公司不愿支付你的服务费，因为他们认为游戏治疗对他没有帮助。他的家庭付不起这笔费用。

e. 你的理论取向是完形，一位父母给你打电话，问你能否愿意对一个有特定恐惧症（对蛇）的儿童进行系统脱敏。

f. 你是一名学校心理辅导员，正在为一个非常活跃的幼儿园儿童提供咨询服务。老师希望你能"让他待在座位上，保持安静"。这个儿童不想改变，他的父母并不对他的行为感到不满。你如何确定这个儿童的治疗目标？

g. 你有一位9岁的来访者，她非常抗拒治疗，以至于她的父母一个月来每周都把她抱进你的游戏室。

h. 你有一个来访者，他面临的问题和他父母对他的态度有关，他的父母想要观察他的治疗过程。

i. 你有一位8岁的来访者，她特别要求你不要告诉她的父母她在学校遇到的一些问题。

j. 不经来访者同意，你不得向来访者的学校心理辅导员透漏有关信息，但这位辅导员打电话想了解治疗的进展。

k. 你认为一个儿童正在取得显著进步，但她的父母不以为然。他们想看你的治疗记录，以此来证明你只是在浪费他们的时间和金钱。

l. 虽然没有接受过游戏治疗方面的培训，但你很喜欢儿童，办公室里有很多儿童玩具，是社区里公认的游戏治疗师，并得到了许多专业人士的推荐。

m. 你是一名注册游戏治疗师，但没有接受过临床指导方面的培训。你的社区里有人给你打电话，让你做他的游戏治疗督导。

思考题

1. 你认为将游戏疗法确立为一种基于证据的疗法很重要吗？解释你的理由。

2. 关于游戏治疗领域的研究有两种截然不同的解释。你是同意菲利普斯（菲利普斯）的观点，即游戏治疗研究到目前为止还不够充分，还是同意雷（雷）的观点，即游戏治疗研究显示，游戏治疗有望被确立为一种经验支持的治疗方法？解释你的理由。

3. 与游戏治疗实践相关的道德问题中，哪一个问题对你来说是最困难的？是什么让你在这个问题上感到困难？

4. 与游戏治疗实践相关的道德问题中，哪一个对你来说是最容易的？是什么让这个问题变得容易？

5. 你对将攻击性玩具纳入游戏室的立场是什么？你认为在这个问题上的利

弊是什么？

6. 你如何看待游戏治疗师需要提高文化意识和敏感性的问题？

7. 在文化意识和敏感性方面，你最需要提高的是什么？你打算如何提高？

8. 在文化意识和敏感性方面，你感到最满意的是什么？在你的游戏治疗实践中，你如何利用这方面的优势？

9. 你认为有必要提高公众对游戏治疗价值的认识吗？

10. 你认为作为一名游戏治疗师，职业身份的发展有多重要？你在这方面有什么计划来发展你作为游戏治疗师的职业身份？

11. 你认为成为注册或认证游戏治疗师有多重要？作为一名游戏治疗师，你的注册/认证计划是什么？

12. 你认为自己想成为一名游戏治疗督导吗？如果答案是肯定的，这种身份吸引你的地方是什么？如果答案是否定的，为什么？

13. 如果能接触到游戏治疗方面的专家，你想采访哪些人？为什么选择采访那些专家？

14. 你想问那些专家什么问题？

参考文献

Adler, A. (1956). The individual psychology of Alfred Adler (H. Ansbacher & R. Ansbacher, Eds.). New York, NY: Basic Books.

Allan, J. (1988). Inscapes of the child's world. Dallas, TX: Spring.

Allan, J. (1997). Jungian play psychotherapy. In K. O'Connor & L. M. Braverman (Eds.), Play therapy theory and practice: A comparative presentation (pp. 100–130). New York, NY: Wiley.

Allan, J., & Bertoia, J. (1992). Written paths to healing: Education and Jungian child counseling. Dallas, TX: Spring.

Allen, F. (1942). Psychotherapy with children. New York, NY: Norton.

Anderson, J., & Richards, N. (1995, October). Play therapy in the real world: Coping with managed care, challenging children, skeptical colleagues, time, and space constraints. Paper presented at the First Annual Conference of the Iowa Association of Play Therapy, Iowa City, IA.

Ariel, S. (1997). Strategic family play therapy. In K. J. O'Connor & C. E. Schaefer (Eds.), Play therapy theory and practice: A comparative presentation (pp. 368–395). New York, NY: Wiley.

Ariel, S. (2005). Family play therapy. In C. Schaefer, J. McCormick, & A. Ohnogi (Eds.), International handbook of play therapy (pp. 3–24). Lanham, MD: Rowman & Littlefield.

Ashby, J., Kottman, T., & Martin, J. (2004). Play therapy with young perfectionists. International Journal of Play Therapy, 13(1), 35–55.

Association for Play Therapy. (1997). Play therapy definition. Association for Play Therapy Newsletter, 16(2), 4.

Association for Play Therapy. (2009a). Paper on touch: Clinical, professional, and ethical issues. Retrieved from http://www.a4pt.org/download.cfm?ID=28052

Association for Play Therapy. (2009b). Play therapy best practices. Retrieved from http://www.a4pt.org/download.cfm?ID=28051

Association for Play Therapy. (2009c). Research strategy. Retrieved from http://www.a4pt.org/download.cfm?ID=28318

Axline, V. (1947). Play therapy: The inner dynamics of childhood. Boston. MA: Houghton Mifflin.

Axline, V. (1969). Play therapy (Rev. ed.). New York, NY: Ballantine Books.

Axline, V. (1971). Dibs: In search of self. New York, NY: Ballantine Books.

Baggerly, J. (2003). Play therapy with homeless children: Perspectives and procedures. International Journal of Play Therapy, 12(2), 129–152.

Baggerly, J. (2004). The effects of child-centered group play therapy on self-concept, depression, and anxiety of children who are homeless. International Journal of Play Therapy, 13(2), 31–51.

Baggerly, J. (2006a). "I'm rich": Play therapy with children who are homeless. In C. Schaefer & H. Kaduson (Eds.), Contemporary play therapy: Theory, research, and practice (pp. 161–185). New York, NY: Guilford.

Baggerly, J. (2006b). International interventions and challenges following the crisis of natural disasters. In N. B. Webb (Ed.), Play therapy with children in crisis: Individual, group, and family treatment (3rd ed., pp. 345–367). New York, NY: Guilford.

Baggerly, J., & Bratton, S. (2010). Building a firm foundation in play therapy research: Response to Phillips 2010. International Journal of Play Therapy, 19(1), 26–38.

Baggerly, J., & Jenkins, W. (2009). The effectiveness of child-centered play therapy on developmental and diagnostic factors in children who are homeless. International Journal of Play Therapy, 18(1), 45–55.

Baggerly, J., Jenkins, W., & Drewes, A. (2005, October). The effects of play therapy on academics, development, and mental health of homeless children. Paper presented at the annual meeting of the Association for Play Therapy, Nashville, TN.

Bay-Hinitz, A., & Wilson, G. (2005). A cooperative games intervention for aggressive preschool children. In L. Reddy, T. Files-Hall, & C. Schaefer (Eds.), Empirically-based play interventions for children (pp. 191–212). Washington, DC: American Psychological Association.

Beck, A. (1976). Cognitive therapy and the emotional disorders. New York, NY: International Universities Press.

Beck, J. (1995). Cognitive therapy: Basics and beyond. New York, NY: Guilford.

Benedict, H. (2006). Object relations play therapy. In C. Schaefer & H. Kaduson (Eds.), Contemporary play therapy: Theory, research, and practice (pp. 3–27). New York, NY: Guilford.

Benedict, H., & Mongoven, L. (1997). Thematic play therapy: An approach to treatment of attachment disorders in young children. In H. Kaduson, D. Cangelosi, & C. Schaefer (Eds.), The playing cure: Individual play therapy for specific childhood problems (pp. 277–315). Northvale, NJ: Jason Aronson.

Benoit, M. (2006). Parental abuse and subsequent foster home placement. In N. B. Webb (Ed.), Play therapy with children in crisis: Individual, group, and family treatment (3rd ed., pp. 91–106). New York, NY: Guilford.

Bettner, B. L., & Lew, A. (1996). Raising kids who can: Using family meetings to nurture responsible, capable, caring, and happy children (Rev. ed.). Newton Center, MA: Connexions.

Bixler, R. (1949). Limits are therapy. Journal of Consulting Psychology, 13, 1–11.

Blanco, P. J. (2009). The impact of child centered play therapy on academic achievement, self-concept, and teacher-child relationship stress (Doctoral dissertation, University of North Texas). Retrieved from http://digital.library.unt.edu/ark:/67531/metadc9933/

Bluestone, J. (1999). School-based peer therapy to facilitate mourning in latency-age children following sudden parental death: Cases of Joan, age 10½, and Roberta, age 9½, with follow-up 8 years later. In N. B. Webb (Ed.), Play therapy with children in crisis (2nd ed., pp. 225–251). New York, NY: Guilford Press.

Blundon, J., & Schaefer, C. (2009). The use of group play therapy for children with social skills deficits. In H. Kaduson & C. Schaefer (Eds.), Short-term play therapy for children (2nd ed., pp. 336–376). New York, NY: Guilford.

Boley, S., Ammen, S., O'Connor, K., & Miller, L. (1996). The use of the Color-Your-Life technique with pediatric cancer patients and their siblings. International Journal of Play Therapy, 5(2), 57–78.

Boley, S., Peterson, C., Miller, L., & Ammen, S. (1996). An investigation of the Color-Your-Life technique with childhood cancer patients. International Journal of Play Therapy, 5(2), 41–56.

Booth, P., & Lindaman, S. (2000). Theraplay for enhancing attachment in adopted children. In H. Kaduson & C. Schaefer (Eds.), Short-term play therapy for children (pp. 228–255). New York, NY: Guilford.

Bradway, K. (1979). Sandplay in psychotherapy. Art Psychotherapy, 6(2), 85–93.

Brandt, M. (2001). An investigation of the efficacy of play therapy with young children (Doctoral dissertation, University of North Texas, 1999). Dissertation Abstracts International, 61(07), 2603A.

Bratton, S., Landreth, G., Kellam, T., & Blackard, S. (2006). Child parent relationship therapy (CPRT) treatment manual: A 10-session filial therapy model for training parents. New York, NY: Routledge.

Bratton, S., & Ray, D. (2000). What the research shows about play therapy. International Journal of Play Therapy, 9(1), 47–88.

Bratton, S., Ray, D., Rhine, T., & Jones, L. (2005). The efficacy of play therapy with children: A meta-analytic review of the outcome research. Professional Psychology: Research and Practice, 36, 376–390.

Brett, D. (1988). Annie stories: Storytelling for common issues. New York, NY: Workman.

Brett, D. (1992). More Annie stories: Therapeutic storytelling techniques. New York, NY: Magination Press.

Briesmeister, J. (1997). Play therapy with depressed children. In H. Kaduson, D. Cangelosi, & C. Schaefer (Eds.), The playing cure: Individual play therapy for specific childhood problems (pp. 3–28). Northvale, NJ: Jason Aronson.

Brody, V. (1978). Developmental play: A relationship-focused program for children. Journal of Child Welfare, 57, 591–599.

Brody, V. (1997). The dialogue of touch: Developmental play therapy (Rev. ed.). Northvale, NJ: Jason Aronson.

Brooks, R. (2002). Creative characters. In C. Schaefer & D. Cangelosi (Eds.), Play therapy techniques (2nd ed., pp. 270–282). Northvale, NJ: Jason Aronson.

Bromfield, R. (2003). Psychoanalytical play therapy. In C. Schaefer (Ed.), Foundations of play therapy (pp. 1–14). New York, NY: Wiley.

Bruning, P. (2006). The crisis of adoption disruption and dissolution. In N. B. Webb (Ed.), Play therapy with children in crisis: Individual, group, and family treatment (3rd ed., pp. 270–293). New York, NY: Guilford.

Buber, M. (1958). I and thou. New York, NY: Scribner.

Bullock, R. (2006). The crisis of death in schools. In N. B. Webb (Ed.), Play therapy with children in crisis: Individual, group, and family treatment (3rd ed., pp. 270–293). New York, NY: Guilford.

Bundy-Myrow, S., & Booth, P. (2009). Theraplay: Supporting attachment relationships. In K. O'Connor & L. M. Braverman (Eds.), Play therapy theory and practice: Comparing theories and techniques (2nd ed., pp. 315–366). New York, NY: Wiley.

Cabe, N. (1997). Conduct disorder: Grounded play therapy. In H. Kaduson, D. Cangelosi, & C. Schaefer (Eds.), The playing cure: Individual play therapy for specific childhood problems (pp. 229–254). Northvale, NJ: Jason Aronson.

Caldwell, C. (2003). Adult group play therapy. In C. Schaefer (Ed.), Play therapy with adults (pp. 301–316). Hoboken, NJ: Wiley.

Cangelosi, D. (1993). Internal and external wars: Psychodynamic play therapy. In T. Kottman & C. Schaefer (Eds.), Play therapy in action: A casebook for practitioners (pp. 347–370). Northvale, NJ: Jason Aronson.

Cangelosi, D. (1997). Play therapy for children from divorced and separated families. In H. Kaduson, D. Cangelosi, & C. Schaefer (Eds.), The playing cure: Individual play therapy for specific childhood problems (pp. 119–142). Northvale, NJ: Jason Aronson.

Carden, M. (2005). The contribution made by play therapy to a child suffering from post traumatic stress disorder. British Journal of Play Therapy, 1(2), 12–19.

Carden, M. (2009). Understanding Lisa: A play therapy intervention with a child diagnosed on the autistic spectrum who presented with self-harming behaviors. British Journal of Play Therapy, 5, 54–62.

Carey, L. (1990). Sandplay therapy with a troubled child. Arts in Psychotherapy, 17, 197–209.

Carroll, F. (2009). Gestalt play therapy. In K. O'Connor & L. M. Braverman (Eds.), Play therapy theory and practice: Comparing theories and techniques (2nd ed., pp. 283–314). New York, NY: Wiley.

Carroll, F., & Oaklander, V. (1997). Gestalt play therapy. In K. O'Connor & L. M.

Braverman (Eds.), Play therapy theory and practice: A comparative presentation (pp. 184–203). New York, NY: Wiley.

Carmichael, K. (2006a). Legal and ethical issues in play therapy. International Journal of Play Therapy, 15(2), 83–99.

Carmichael, K. (2006b). Play therapy: An introduction. Upper Saddle River, NJ: Pearson.

Carlson, J., Watts, R., & Maniacci, M. (2006). Adlerian therapy: Theory and practice. Washington, DC: American Psychological Association.

Cattanach, A. (2006a). Brief narrative play therapy with refugees. In N. B. Webb (Ed.), Play therapy with children in crisis: Individual, group, and family treatment (3rd ed., pp. 426–439). New York, NY: Guilford.

Cattanach, A. (2006b). Narrative play therapy. In C. Schaefer & H. Kaduson (Eds.), Contemporary play therapy: Theory, research, and practice (pp. 82–99). New York, NY: Guilford.

Cattanach, A. (2008). Narrative approaches in play with children. Philadelphia, PA: Jessica Kingsley.

Cates, J., Paone, T., Packman, J., & Margolis, D. (2006). Effective parent consultation in play therapy. International Journal of Play Therapy, 15(1), 87–100.

Centers for Disease Control and Prevention. (2008, September 9). Cognitive behavioral therapy effective for treating trauma symptoms in children and teens: Many mental health clinicians using other, unproven therapies [Press release]. Atlanta, GA: Author.

Chambless, D., & Ollendick, T. (2001). Empirically supported psychological interventions: Controversies and evidence. Annual Review of Psychology, 52, 685–716.

Choate, M., Pincus, D., Eyberg, S., & Barlow, D. (2005). Parent–Child Interaction Therapy for treatment of separation anxiety disorder in young children: A pilot study. Cognitive and Behavioral Practice, 12, 126–135.

Close, H. (1998). Metaphor in psychotherapy: Clinical applications of stories and allegories. San Luis Obispo, CA: Impact.

Coleman, V., Parmer, T., & Barker, S. (1993). Play therapy for a multicultural population: Guidelines for mental health professionals. International Journal of Play Therapy, 2(1), 63–74.

Cook, J. A. (1997). Play therapy for selective mutism. In H. Kaduson, D. Cangelosi, & C. Schaefer (Eds.), The playing cure: Individual play therapy for specific childhood problems (pp. 83–115). Northvale, NJ: Jason Aronson.

Corey, G., Corey, M., & Callanan, P. (2011). Issues and ethics in the helping professions (8th ed.). Pacific Grove, CA: Brooks/Cole.

Crenshaw, D. (2008). Therapeutic engagement of children and adolescents: Play, symbol, drawing and storytelling strategies. Lanham, MD: Jason Aronson.

Crenshaw, D., & Foreacre, C. (2001). Play therapy in a residential treatment center. In A. Drewes, L. Carey, & C. Schaefer (Eds.), School–based play therapy (pp. 139–162). New York, NY: Wiley.

Crenshaw, D., & Hardy, K. (2007). The crucial role of empathy in breaking the silence of traumatized children in play therapy. International Journal of Play Therapy, 16(2), 160–175.

Crenshaw, D., & Mordock, J.(2005). Handbook of play therapy with aggressive children. Lanham, MD: Jason Aronson.

Danger, S. (2003). Adaptive doll play: Helping children cope with change. International Journal of Play Therapy, 12(1), 105–116.

Danger, S., & Landreth, G. (2005). Child–centered group play therapy with children with speech difficulties. International Journal of Play Therapy, 14(1), 81–102.

Davenport, B., & Bourgeois, N. (2008). Play, aggression, the preschool child, and the family: A review of literature to guide empirically informed play therapy with aggressive preschool children. International Journal of Play Therapy, 17(1), 2–23.

Davis, N. (1990). Once upon a time: Therapeutic stories to heal abused children (Rev. ed.). Oxon Hill, MD: Psychological Associates of Oxon Hill.

Davis, N. (1997). Therapeutic stories that teach and heal. Oxon Hill, MD: Psychological Associates of Oxon Hill.

Demanchick, S., Cochran, H., & Cochran, J. (2003). Person-centered play therapy with adults with developmental disabilities. International Journal of Play Therapy, 12(1), 47–65.

Dinkmeyer, D., & McKay, G. (2007). The parent's handbook: Systematic training for effective parenting (STEP). Atascadero, CA: Impact.

Dinkmeyer, D., McKay, G., Dinkmeyer, J., Dinkmeyer, D., & McKay, J. (2008). Parenting young children: Systematic training for effective parenting (STEP). Coral Spring, CA: STEP.

Dougherty, J. L. (2006). Impact of child-centered play therapy on children of different developmental stages (Doctoral dissertation, University of North Texas, 2006). Retrieved from http://digital.library.unt.edu/ark:/67531/metadc5287/

Draper, K., White, J., O'Shaughnessy, T., Flynt, M., & Jones, M. (2001). Kinder Training: Play-based consultation to improve the school adjustment of discouraged kindergarten and first grade students. International Journal of Play Therapy, 10(1), 1–30.

Dreikurs, R., & Soltz, V. (1964). Children: The challenge. New York, NY: Hawthorn/Dutton.

Drewes, A. (2001a). Developmental considerations in play and play therapy with traumatized children. In A. Drewes, L. Carey, & C. Schaefer (Eds.), School-based play therapy (pp. 297–314). New York, NY: Wiley.

Drewes, A. (2001b). Play objects and play spaces. In A. Drewes, L. Carey, & C. Schaefer (Eds.), School-based play therapy (pp. 62–80). New York, NY: Wiley.

Drewes, A. (2005a). Multicultural play therapy resources. In E. Gil & A. Drewes

(Eds.), Cultural issues in play therapy (pp. 195–205). New York, NY: Guilford.

Drewes, A. (2005b). Play in selected cultures: Diversity and universality. In E. Gil & A. Drewes (Eds.), Cultural issues in play therapy (pp. 26–71). New York, NY: Guilford.

Drewes, A. (2005c). Suggestions and research on multicultural play therapy. In E. Gil & A. Drewes (Eds.), Cultural issues in play therapy (pp. 72–95). New York, NY: Guilford.

Drewes, A. (2008). Bobo revisited: What the research says. International Journal of Play Therapy, 17(1), 52–65.

Dripchak, V., & Marvasti, J. (2004). Treatment approaches for sexually abused children and adolescents: Play therapy and cognitive behavioral therapy. In J. Marvasti (Ed.), Psychiatric treatment of victims and survivors of sexual trauma (pp. 155–176). Springfield, IL: Charles C Thomas.

Edwards, N., Ladner, J., & White, J. (2007). Perceived effectiveness of filial therapy for a Jamaican mother: A qualitative case study. International Journal of Play Therapy, 16(1), 36–53.

Edwards, N., Varjas, K., White, J., & Stokes, S. (2009). Teachers' perceptions of Kinder Training: Acceptability, integrity, and effectiveness. International Journal of Play Therapy, 18(3), 129–146.

Emshoff, J., & Jacobus, L. (2001). Play therapy for children of alcoholics. In A. Drewes, L. Carey, & C. Schaefer (Eds.), School-based play therapy (pp. 194–215). New York, NY: Wiley.

Engel, S. (1995). The stories children tell: Making sense of the narratives of childhood. New York, NY: Freeman.

Erickson, E. (1950). Childhood and society. New York, NY: Norton.

Fall, M., Navelski, L., & Welch, K. (2002). Outcomes of a play intervention for children identified for special education services. International Journal of Play Therapy,

11(2), 91–106.

Felix, E., Bond, D., & Shelby, J. (2006). Coping with disaster: Psychosocial interventions for children in international disaster relief. In C. Schaefer & H. Kaduson (Eds.), Contemporary play therapy: Theory, research, and practice (pp. 307–328). New York, NY: Guilford.

Flahive, M. W. (2005). Group sandtray therapy at school with preadolescents identified with behavioral difficulties (Doctoral dissertation, University of North Texas, 2005). Retrieved from http://digital.library.unt.edu/ark:/67531/metadc4878/

Fong, R., & Earner, I. (2006). Multiple traumas of undocumented immigrants: Crisis reenactment play therapy. In N. B. Webb (Ed.), Play therapy with children in crisis: Individual, group, and family treatment (3rd ed., pp. 408–425). New York, NY: Guilford.

Freud, A. (1928). Introduction to the technique of child analysis (L. P. Clark, Trans.). New York, NY: Nervous and Mental Disease.

Freud, A. (1946). The psychoanalytic treatment of children. London, England: Imago.

Freud, A. (1965). Normality and pathology in childhood: Assessments of development. New York, NY: International University Press.

Freud, A. (1968). Indications and counter-indications for child analysis. Psychoanalytic Study of the Child, 23, 37–46.

Freud, S. (1938). The basic writings of Sigmund Freud. New York, NY: Modern Library.

Freud, S. (1955). Analysis of a phobia in a five year old boy. London, England: Hogarth Press. (Original work published in 1909)

Frey, D. (2006). Puppetry interventions with traumatized clients. In L. Carey (Ed.), Expressive and creative arts methods for trauma survivors (pp. 181–192). Philadelphia, PA: Jessica Kingsley.

Gaensbauer, T., & Kelsay, K. (2008). Situational and story-stem scaffolding in psychodynamic play therapy with very young children. In C. Schaefer, S. Kelly-Zion, J. McCormick, & A. Ohnogi (Eds.), Play therapy for very young children (pp. 173-198). Lanham, MD: Aronson.

Gallo-Lopez, L. (2009). A creative play therapy approach to group treatment of young sexually abused children. In H. Kaduson & C. Schaefer (Eds.), Short-term play therapy for children (2nd ed., pp. 245-273). New York, NY: Guilford.

Gallo-Lopez, L., & Schaefer, C. (Eds.). (2005). Play therapy with adolescents. Lanham, MD: Jason Aronson.

Garcia, J., Cartwright, B., Winston, S., & Borzuchowska, B. (2003). A transcultural integrative model for ethical decision making in counseling. Journal of Counseling & Development, 81, 208-207.

Gardner, K., & Yasenik, L. (2008). When approaches collide: A decision-making model for play therapists. In A. Drewes & J. A. Mullen (Eds.), Supervision can be playful: Techniques for child and play therapist supervisor (pp. 39-68). Lanham, MD: Jason Aronson.

Gardner, R. (1971). Therapeutic communication with children: The mutual storytelling technique. Northvale, NJ: Jason Aronson.

Gardner, R. (1973). The Talking, Feeling, and Doing Game. Cresskill, NJ: Creative Therapeutics.

Gardner, R. (1986). The psychotherapeutic technique of Richard A. Gardner. Northvale, NJ: Jason Aronson.

Garofano-Brown, A. (2007). Relationship between child-centered play therapy and developmental levels of young children: A single case analysis (Doctoral dissertation, University of North Texas, 2007). Retrieved from http://digital.library.unt.edu/ark:/67531/metadc5178/

Garza, Y., & Bratton, S. (2005). School-based child-centered play therapy with

Hispanic children: Outcomes and cultural considerations. International Journal of Play Therapy, 14(1), 51–79.

Gibbs, J., Huang, L., & Associates. (Eds.). (2003). Children of color: Psychological intervention with culturally diverse youth (2nd ed.). San Francisco, CA: Jossey-Bass.

Gil, E. (1991). The healing power of play: Working with abused children. New York, NY: Guilford Press.

Gil, E. (1994). Play in family therapy. New York, NY: Guilford.

Gil, E. (2002). Play therapy with abused children. In F. Kaslow (Ed.), Comprehensive handbook of psychotherapy: Vol. 3. Interpersonal/humanistic/existential (pp. 59–82). New York, NY: Wiley.

Gil, E. (2003). Family play therapy: "The bear with short nails." In C. Schaefer (Ed.), Foundations of play therapy (pp. 192–218). New York, NY: Wiley.

Gil, E. (2005). From sensitivity to competence in working across cultures. In E. Gil & A. Drewes (Eds.), Cultural issues in play therapy (pp. 3–25). New York, NY: Guilford.

Gil, E. (2006). Helping abused and traumatized children: Integrating directive and nondirective approaches. New York, NY: Guilford.

Gil, E., & Drewes, A. (Eds.). (2005). Cultural issues in play therapy. New York, NY: Guilford.

Gil, E., & Shaw, J. (2009). Prescriptive play therapy. In K. O'Connor & L. M. Braverman (Eds.), Play therapy theory and practice: Comparing theories and techniques (2nd ed., pp. 451–488). New York, NY: Wiley.

Ginott, H. (1959). The theory and practice of therapeutic intervention in child treatment. Journal of Consulting Psychology, 23, 160–166.

Ginott, H. (1961). Group psychotherapy with children: The theory and practice of play-therapy. New York, NY: McGraw-Hill.

Gladding, S., & Gladding, C. (1991). The ABCs of bibliotherapy for school counselors. School Counselor, 39(1), 7–13.

Glasser, W. (1975). Reality therapy. New York, NY: Harper & Row.

Glazer, H. (2008). Filial play therapy for infants and toddlers. In C. Schaefer, S. Kelly-Zion, J. McCormick, & A. Ohnogi (Eds.), Play therapy for very young children (pp. 67–83). Lanham, MD: Aronson.

Glazer, H., & Stein, D. (2010). Qualitative research and its role in play therapy research. International Journal of Play Therapy, 19(1), 54–61.

Glover, G. (2001). Cultural considerations in play therapy. In G. Landreth (Ed.), Innovations in play therapy: Issues, process, and special populations (pp. 31–41). Philadelphia, PA: Brunner-Routledge.

Gnaulati, E. (2008). Emotion-regulating play therapy with ADHD children. Lanham, MD: Jason Aronson.

Godinho, F. (2007). Is there a rationale, in terms of current knowledge and research, for the use of non-directive play therapy with non-verbal autistic children? British Journal of Play Therapy, 3, 52–63.

Goh, D., Ang, R., & Tan, H. C. (2008). Strategies for designing effective gaming interventions for children and adolescents. Computers in Human Behavior, 24, 2217–2235.

Goodman, R. (2006). Living beyond the crisis of childhood cancer. In N. B. Webb (Ed.), Play therapy with children in crisis (3rd ed., pp. 197–227). New York, NY: Guilford.

Goodyear-Brown, P. (2010). Play therapy with traumatized children: A prescriptive approach. Hoboken, NJ: Wiley.

Green, E. (2006). The crisis of family separation following traumatic mass destruction. In N. B. Webb (Ed.), Play therapy with children in crisis: Individual, group, and family treatment (3rd ed., pp. 368–388). New York, NY: Guilford.

Green, E. (2008). Reenvisioning Jungian analytical play therapy with child sexual assault survivors. International Journal of Play Therapy, 17(2), 102–121.

Green, E. (2009). Jungian analytical play therapy. In K. O'Connor & L. M. Braverman (Eds.), Play therapy theory and practice: Comparing theories and techniques (2nd ed., pp. 83–125). New York, NY: Wiley.

Green, E. (2010, March). Traversing the heroic journey: Jungian play therapy with children. Counseling Today, 52(9), 40–43.

Griffin, R. (2001). Play the unspeakable: Bereavement programs in the school setting. In A. Drewes, L. Carey, & C. Schaefer (Eds.), School-based play therapy (pp. 216–237). New York, NY: Wiley.

Guerney, B. (1964). Filial therapy: Description and rationale. Journal of Consulting Psychology, 28, 304–310.

Guerney, L. (1983). Client-centered (nondirective) play therapy. In C. Schaefer & K. O'Connor (Eds.), Handbook of play therapy (pp. 21–64). New York, NY: Wiley.

Guerney, L. (1997). Filial therapy. In K. O'Connor & L. M. Braverman (Eds.), Play therapy theory and practice: A comparative presentation (pp. 130–159). New York, NY: Wiley.

Guerney, L. (2001). Child-centered play therapy. International Journal of Play Therapy, 10(2), 13–31.

Guerney, L. (2003). The history, principles, and empirical basis of filial therapy. In R. VanFleet & L. Guerney (Eds.), Casebook of filial therapy (pp. 1–20). Boiling Springs, PA: Play Therapy Press.

Hall, P. (1997). Play therapy with sexually abused children. In H. Kaduson, D. Cangelosi, & C. Schaefer (Eds.), The playing cure: Individual play therapy for specific childhood problems (pp. 171–196). Northvale, NJ: Jason Aronson.

Hambridge, G. (1955). Structured play therapy. American Journal of Orthopsychiatry, 25, 304–310.

Harvey, S. (1993). Ann: Dynamic play therapy with ritual abuse. In T. Kottman & C. Schaefer (Eds.), Play therapy in action: A casebook for practitioners (pp. 371–415).

Northvale, NJ: Jason Aronson.

Harvey, S. (1994). Dynamic play therapy: Expressive play interventions with families. In K. O'Connor & C. Schaefer (Eds.), Handbook of play therapy (Vol. 2, pp. 85–110). New York, NY: Wiley.

Harvey, S. (2006). Dynamic play therapy. In C. Schaefer & H. Kaduson (Eds.), Contemporary play therapy (pp. 55–81). New York, NY: Guilford.

Helker, W., & Ray, D. (2009). Impact of child teacher relationship training on teachers' and aides' use of relationship-building skills and the effects on student classroom behavior. International Journal of Play Therapy, 18(2), 70–83.

Hembree-Kigin, T., & McNeil, C. (1995). Parent-Child Interaction Therapy: A step-by-step guide for clinicians. New York, NY: Springer-Verlag.

Herschell, A., & McNeil, C. (2005). Parent-Child Interaction Therapy for children experiencing externalizing behavior problems. In L. Reddy, T. Files-Hall, & C. Schaefer (Eds.), Empirically-based play interventions for children (pp. 169–190). Washington DC: American Psychological Association.

Herzog, J., & Everson, R.B. (2006). The crisis of parental deployment in military service. In N. B. Webb (Ed.), Play therapy with children in crisis: Individual, group, and family treatment (3rd ed., pp. 228–248). New York, NY: Guilford.

Hess, B., Post, P., & Flowers, C. (2005). A follow-up study of Kinder Training for preschool teachers of children deemed at-risk. International Journal of Play Therapy, 14(1), 103–115.

Hetzel-Riggin, M., Brausch, A., & Montgomery, B. (2007). A meta-analytic investigation of therapy modality outcomes for sexually abused children and adolescents: An exploratory study. Child Abuse and Neglect, 31, 125–141.

Hinman, C. (2003). Multicultural considerations in the delivery of play therapy services. International Journal of Play Therapy, 12(2), 107–122.

Homeyer, L., & Sweeney, D. (1998). Sandtray: A practical manual. Canyon Lake,

TX: Lindan Press.

Hough, P. (2008). Investigation of a treatment approach for reactive attachment disorder (Doctoral dissertation, University of Alberta, Edmonton, Alberta, Canada, 2008). Dissertation Abstracts International, 68(10), 4196A.

Huang, L., & Gibbs, J. (2003). New directions for children's mental health services, policy, research, and training. In J. Gibbs, L. Huang, & Associates (Eds.), Children of color: Psychological intervention with culturally diverse youth (2nd ed., pp. 444–472). San Francisco, CA: Jossey-Bass.

Hug-Hellmuth, H. (1921). On the technique of child analysis. International Journal of Psychoanalysis, 2, 287–305.

Hutchinson, L. (2003). Play therapy for dissociative identity disorder in adults. In C. Schaefer (Ed.), Play therapy with adults (pp. 343–373). Hoboken, NJ: Wiley.

Huth-Bocks, A., Schettini, A., & Shebroe, V. (2001). Group play therapy for preschoolers exposed to domestic violence. Journal of Child and Adolescent Group Therapy, 11(1), 19–33.

Jackson, S. (2003). The dramatic retelling of stories in play therapy. In H. Kaduson & C. Schaefer (Eds.), 101 favorite play therapy techniques (Vol. III, pp. 199–202). Northvale, NJ: Jason Aronson

Jackson, Y. (1998). Applying APA ethical guidelines to individual play therapy with children. International Journal of Play Therapy, 7(2), 1–15.

James, O. O. (1997). Play therapy: A comprehensive guide. Northvale, NJ: Jason Aronson.

Jernberg, A. (1979). Theraplay: A new treatment using structured play for problem children and their families. San Francisco, CA: Jossey-Bass.

Jernberg, A., & Booth, P. (1999). Theraplay (2nd ed.). San Francisco, CA: Jossey-Bass.

Jernberg, A., & Jernberg, E. (1993). Family Theraplay for the family tyrant. In T.

Kottman & C. Schaefer (Eds.), Play therapy in action: A casebook for practitioners (pp. 45–96). Northvale, NJ: Jason Aronson.

Johnson, B., Franklin, L., Hall, K., & Prieto, L. (2000). Parent training through play: Parent–Child Interaction Therapy with a hyperactive child. The Family Journal, 8, 180–186.

Johnson, M., & Kreimer, J. (2005). Guided fantasy play for chronically ill children: A critical review. In L. Reddy, T. Files-Hall, & C. Schaefer (Eds.), Empirically-based play interventions for children (pp. 105–122). Washington, DC: American Psychological Association.

Jones, E., & Landreth, G. (2002). The efficacy of intensive individual play therapy for chronically ill children. International Journal of Play Therapy, 11(1), 117–140.

Jung, C. G. (1963). Memories, dreams, reflections (J. Jaffe, Ed.). New York, NY: Vantage.

Kaduson, H. (1997). Play therapy for children with attention-deficit hyperactivity disorder. In H. Kaduson, D. Cangelosi, & C. Schaefer (Eds.), The playing cure: Individual play therapy for specific childhood problems (pp. 197–228). Northvale, NJ: Jason Aronson.

Kaduson, H. (2009a). Release play therapy for children with posttraumatic stress disorder. In H. Kaduson & C. Schaefer (Eds.), Short-term play therapy for children (2nd ed., pp. 2–21). New York, NY: Guilford.

Kaduson, H. (2009b). Short-term play therapy for children with attention-deficit/hyperactivity disorder. In H. Kaduson & C. Schaefer (Eds.), Short-term play therapy for children (2nd ed., pp. 101–139). New York, NY: Guilford.

Kaduson, H., Cangelosi, D., & Schaefer, C. (Eds.). (1997). The playing cure: Individualized play therapy for specific childhood problems. Northvale, NJ: Jason Aronson.

Kaduson, H., & Schaefer, C. (Eds.). (2003). 101 favorite play therapy techniques

(Vol. III). Northvale, NJ: Jason Aronson.

Kaduson, H., & Schaefer, C. (Eds.). (2009). Short-term play therapy for children (2nd ed.). New York, NY: Guilford Press.

Kale, A., & Landreth, G. (1999). Filial therapy with parents of children experiencing learning difficulties. International Journal of Play Therapy, 8(2), 35–56.

Kalff, D. (1971). Sandplay: Mirror of a child's psyche. San Francisco, CA: Browser.

Kao, S. (2005). Play therapy with Asian children. In E. Gil & A. Drewes (Eds.), Cultural issues in play therapy (pp.180–194). New York, NY: Guilford.

Kao, S., & Landreth, G. (2001). Play therapy with Chinese children. In G. Landreth (Ed.), Innovations in play therapy: Issues, process, and special populations (pp. 43–49). Philadelphia, PA: Brunner-Routledge.

Kaplan, C. (1999). Life threatening blood disorder: Case of Daniel, age 11, and his mother. In N. B. Webb (Ed.), Play therapy with children in crisis (2nd ed., pp. 356–379). New York, NY: Guilford Press.

Karcher, M. (2002). The principles and practices of pair counseling: A dyadic developmental play therapy for aggressive, withdrawn, and socially immature youth. International Journal for Play Therapy, 11(2), 121–147.

Kaufman, R. (2007). Heroes who learn to love their monsters: How fantasy film characters can inspire the journey of individuation for gay and lesbian clients in psychotherapy. In L. C. Rubin (Ed.), Using superheroes in counseling and play therapy (pp. 293–318). New York, NY: Springer.

Kelly, M., & Odenwalt, H. (2006). Treatment of sexually abused children. In C. Schaefer & H. Kaduson (Eds.), Contemporary play therapy: Theory, research, and practice (pp. 186–211). New York, NY: Guilford.

Kenny, M., & Winick, C. (2000). An integrative approach to play therapy with an autistic girl. International Journal of Play Therapy, 9(1), 11–13.

Kim, Y., & Nahm, S. (2008). Cultural considerations in adapting and implementing play therapy. International Journal of Play Therapy, 17(1), 66-77.

Kissel, S. (1990). Play therapy: A strategic approach. Springfield, IL: Charles C Thomas.

Klein, M. (1932). The psycho-analysis of children. London, England: Hogarth Press.

Knell, S. (1993a). Cognitive-behavioral play therapy. Northvale, NJ: Jason Aronson.

Knell, S. (1993b). To show and not tell: Cognitive-behavioral play therapy. In T. Kottman & C. Schaefer (Eds.), Play therapy in action: A casebook for practitioners (pp. 169-208). Northvale, NJ: Jason Aronson.

Knell, S. (1994). Cognitive-behavioral play therapy. In K. O'Connor & C. Schaefer (Eds.), Handbook of play therapy (Vol. 2, pp. 111-142). New York, NY: Wiley.

Knell, S. (2000). Cognitive-behavioral play therapy for childhood fears and phobias. In H. Kaduson & C. Schaefer (Eds.), Short-term play therapy for children (pp. 3-27). New York, NY: Guilford.

Knell, S. (2003). Cognitive-behavioral play therapy. In C. Schaefer (Ed.), Foundations of play therapy (pp.174-191). Hoboken, NJ: Wiley.

Knell, S. (2009a). Cognitive-behavioral play therapy. In K. O'Connor & L. M. Braverman (Eds.), Play therapy theory and practice: Comparing theories and techniques (2nd ed., pp. 203-236). New York, NY: Wiley.

Knell, S. (2009b). Cognitive behavioral play therapy. In A. Drewes (Ed.), Blending play therapy with cognitive behavior therapy: Evidenced-based and other effective treatments and techniques (pp. 117-134). New York, NY: Wiley.

Knell, S., & Dasari, M. (2009a). CBPT: Implementing and integrating CBPT into clinical practice. In A. Drewes (Ed.), Blending play therapy with cognitive behavior therapy: Evidenced-based and other effective treatments and techniques (pp. 321-353). New York, NY: Wiley.

Knell, S., & Dasari, M. (2009b). Cognitive-behavioral play therapy for children with anxiety and phobias. In H. Kaduson & C. Schaefer (Eds.), Short-term play therapy for children (2nd ed., pp. 22–50). New York, NY: Guilford.

Knell, S., & Ruma, C. (2003). Play therapy with a sexually abused child. In M. Reinecke & F. Dattilio (Eds.), Cognitive therapy with children and adolescents (pp. 338–368). New York, NY: Guilford.

Kohut, H. (1971). The analysis of the self. New York, NY: International Universities Press.

Kohut, H. (1977). The restoration of the self. New York, NY: International Universities Press.

Koller, T. (1994). Adolescent Theraplay. In K. O'Connor & C. Schaefer (Eds.), Handbook of play therapy (Vol. 2, pp. 159–188). New York, NY: Wiley.

Koller, T., & Booth, P. (1997). Fostering attachment through family Theraplay. In K. O'Connor & L. M. Braverman (Eds.), Play therapy theory and practice: A comparative presentation (pp. 204–233). New York, NY: Wiley.

Kolos, A. (2009). The role of play therapists in children's transitions: From residential care to foster care. International Journal of Play Therapy, 18(4), 229–239.

Kot, S., & Tyndall-Lind, A. (2005). Intensive play therapy with child witnesses of domestic violence. In L. Reddy, T. Files-Hall, & C. Schaefer (Eds.), Empirically-based play interventions for children (pp. 31–50). Washington, DC: American Psychological Association.

Kottman, T. (1993). The king of rock and roll. In T. Kottman & C. Schaefer (Eds.), Play therapy in action: A casebook for practitioners (pp. 133–167). Northvale, NJ: Jason Aronson.

Kottman, T. (1994). Adlerian play therapy. In K. O'Connor & C. Schaefer (Eds.), Handbook of play therapy (Vol. 2, pp. 3–26). New York, NY: Wiley.

Kottman, T. (1997). Building a family: Play therapy with adopted children and their parents. In H. Kaduson, D. Cangelosi, & C. Schaefer (Eds.), The playing cure: Individual play therapy for specific childhood problems (pp. 337–370). Northvale, NJ: Jason Aronson.

Kottman, T. (1999a). Group applications of Adlerian play therapy. In D. Sweeney & L. Homeyer (Eds.), Handbook of group play therapy (pp. 65–85). San Francisco, CA: Jossey-Bass.

Kottman, T. (1999b). Using the Crucial Cs in Adlerian play therapy. Individual Psychology, 55, 289–297.

Kottman, T. (2003). Partners in play: An Adlerian approach to play therapy (2nd ed.). Alexandria, VA: American Counseling Association.

Kottman, T. (2005). Adlerian case consultation with a teacher. In A. M. Dougherty (Ed.), Psychological consultation and collaboration in school and community settings: A casebook (4th ed., pp. 53–68). Belmont, CA: Thomson.

Kottman, T. (2009). Adlerian play therapy. In K. O'Connor & L. M. Braverman (Eds.), Play therapy theory and practice: Comparing theories and practices (2nd ed., pp. 237–282). New York, NY: Wiley.

Kottman, T. (2010). Adlerian play therapy treatment manual. Unpublished manuscript.

Kottman, T., & Ashby, J. (1999). Using Adlerian personality priorities to custom-design consultation with parents of play therapy clients. International Journal of Play Therapy, 8(2), 77–92.

Kottman, T., & Ashby, J. (2002). Metaphoric stories. In C. Schaefer & D. Cangelosi (Eds.), Play therapy techniques (2nd ed., pp. 132–142). Northvale, NJ: Jason Aronson.

Kottman, T., Bryant, J., Alexander, J., & Kroger, S. (2008). Partners in the schools: Adlerian school counseling. In A. Vernon & T. Kottman (Eds.), Counseling theories: Practical applications with children and adolescents in school (pp. 47–84). Denver, CO: Love.

Kottman, T., & Stiles, K. (1990). The mutual storytelling technique: An Adlerian application in child therapy. Journal of Individual Psychology, 46, 148–156.

Kranz, P., Kottman, T., & Lund, N. (1998). Play therapists' opinions concerning the education, training, and practice of play therapists. International Journal of Play Therapy, 7(1), 33–40.

Landreth, G. (2002). Play therapy: The art of the relationship (2nd ed.). Muncie, IN: Accelerated Development.

Landreth, G., & Bratton, S. (2006). Child-parent relationship therapy: A 10-session filial therapy model. New York, NY: Taylor & Francis.

Lankton, C., & Lankton, S. (1989). Tales of enchantment: Goal-oriented metaphors for adults and children in therapy. New York, NY: Brunner/Mazel.

Lawrence, M., Condon, K., Jacobi, K., & Nicholson, E. (2006). Play therapy for girls displaying social aggression. In C. Schaefer & H. Kaduson (Eds.), Contemporary play therapy: Theory, research, and practice (pp. 212–237). New York, NY: Guilford. LeBlanc, M., & Ritchie, M. (1999). Predictors of play therapy outcomes. International Journal of Play Therapy, 8(2), 19–34.

Lee, A. (2009). Psychoanalytic play therapy. In K. O'Connor & L. M. Braverman (Eds.), Play therapy theory and practice: Comparing theories and techniques (2nd ed., pp. 25–82). New York, NY: Wiley.

Levy, A. (2008). The therapeutic action of play in the psychodynamic treatment of children: A critical analysis. Clinical Social Work Journal, 36, 281–291.

Levy, D. (1938). Release therapy for young children. Psychiatry, 1, 387–389.

Lew, A. (1999). Parenting education: Selected programs and current and future needs. In R. Watts & J. Carlson (Eds.), Interventions and strategies in counseling and psychotherapy (pp. 181–191). Philadelphia, PA: Accelerated Development.

Lew, A., & Bettner, B. L. (1996). Responsibility in the classroom. Newton Center, MA: Connexions.

Lew, A., & Bettner, B. L. (2000). A parent's guide to understanding and motivating children (Rev. ed.). Newton Center, MA: Connexions.

Li, H. C., & Lopez, V. (2008). Effectiveness and appropriateness of therapeutic play intervention in preparing children for surgery: A randomized controlled trial study. Journal for Specialists in Pediatric Nursing, 13(2), 63–73.

Liles, E., & Packman, J. (2009). Play therapy for children with fetal alcohol syndrome. International Journal of Play Therapy, 18(4), 192–206.

Lilly, J. P. (2006, September). Jungian play therapy. Paper presented at the Iowa Association for Play Therapy Annual Conference, Iowa City, IA.

Limberg, B., & Ammen, S. (2008). Ecosystemic play therapy with infants and toddlers and their families. In C. Schaefer, S. Kelly-Zion, J. McCormick, & A. Ohnogi (Eds.), Play therapy for very young children (pp. 103–124). Lanham, MD: Aronson.

Lowenfeld, M. (1950). The nature and use of the Lowenfeld world technique in work with children and adults. Journal of Psychology, 30, 325–331.

Ludlow, W., & Williams, M. (2009). Short-term group play therapy for children whose parents are divorcing. In H. Kaduson & C. Schaefer (Eds.), Short-term play therapy for children (2nd ed., pp. 304–335). New York, NY: Guilford.

Mader, C. (2000). Child-centered play therapy with disruptive school students. In H. Kaduson & C. Schaefer (Eds.), Short-term play therapy for children (pp. 53–68). New York, NY: Guilford Press.

Malchiodi, C. (2008a). A group art and play therapy program for children from violent homes. In C. Malchiodi (Ed.), Creative interventions with traumatized children (pp. 247–263). New York, NY: Guilford.

Malchiodi, C. (2008b). (Ed.). Creative interventions with traumatized children. New York, NY: Guilford.

Malchiodi, C., & Ginns-Gruenberg, D. (2008). Trauma, loss, and bibliotherapy. In C. Malchiodi (Ed.), Creative interventions with traumatized children (pp. 167–185). New

York, NY: Guilford.

Marschak, M. (1960). A method for evaluating child-parent interaction under controlled conditions. Journal of Genetic Psychology, 97, 3–22.

Martin, E. (2008). Medical art and play therapy for accident survivors. In C. Malchiodi (Ed.), Creative interventions with traumatized children (pp. 112–131). New York, NY: Guilford.

Mastrangelo, S. (2009). Play and the child with autism spectrum disorder: From possibilities to practice. International Journal of Play Therapy, 18(1), 13–30.

Mayers, K. (2003). Play therapy for individuals with dementia. In C. Schaefer (Ed.), Play therapy with adults (pp. 271–290). Hoboken, NJ: Wiley.

McNeil, C., Bahl, A., & Herschell, A. (2009). Involving and empowering parents in short-term play therapy for disruptive children. In H. Kaduson & C. Schaefer (Eds.), Short-term play therapy for children (2nd ed., pp. 169–202). New York, NY: Guilford Press.

McNeil, C., Herschell, A., Gurwitch, R., & Clemens-Mowrer, L. (2005). Training foster parents in Parent-Child Interaction Therapy. Education and Treatment of Children, 28, 182–196.

Meany-Whalen, K. (2010). Adlerian play therapy: Effectiveness on disruptive behaviors of early elementary-aged children. Unpublished dissertation, University of North Texas, Denton, TX.

Milgrom, C. (2005). An introduction to play therapy with adolescents. In L. Gallo-Lopez & C. Schaefer (Eds.), Play therapy with adolescents (pp. 3–17). Lanham, MD: Jason Aronson.

Mills, J., & Crowley, R. (1986). Therapeutic metaphors for children and the child within. New York, NY: Brunner/Mazel.

Mitchell, R. (2007). Documentation in counseling records (3rd ed.). Alexandria, VA: American Counseling Association.

Mitchell, R. R., & Friedman, H. (2003). Using sandplay in therapy with adults. In C. Schaefer (Ed.), Play therapy with adults (pp. 195–232). Hoboken, NJ: Wiley.

Morrison, M. (2006). An early mental health intervention for disadvantaged preschool children with behavior problems: The effectiveness of training head start teachers in child teacher relationship training (CTRT) (Doctoral dissertation, University of North Texas). Retrieved from http://digital.library.unt.edu/ark:/67531/metadc5311/

Morrison, M. (2009). Adlerian play therapy with a traumatized boy. Journal of Individual Psychology, 65(1), 57–68.

Moustakas, C. (1953). Children in play therapy. New York, NY: McGraw-Hill.

Moustakas, C. (1959). Psychotherapy with children. New York, NY: Harper & Row.

Mullen, J. (2002). How play therapists understand children through stories of abuse and neglect: A qualitative study. International Journal of Play Therapy, 11(2), 107–119.

Munns, E. (Ed.). (2000). Theraplay: Innovations in attachment-enhancing play therapy. Northvale, NJ: Jason Aronson.

Munns, E. (2003). Theraplay: Attachment enhancing play therapy. In C. Schaefer (Ed.), Foundations of play therapy (pp. 156–174). New York, NY: Wiley.

Munns, E. (2008). Theraplay with zero- to three-year-olds. In C. Schaefer, S. Kelly-Zion, J. McCormick, & A. Ohnogi (Eds.), Play therapy for very young children (pp. 157–172). Lanham, MD: Aronson.

Nalavany, B., Ryan, S., Gomory, T., & Lacasse, J. (2004). Mapping the characteristics of a "good" play therapist. International Journal of Play Therapy, 14(1), 27–50.

Neic, L., Hemme, J., Yopp, J., & Brestan, E. (2005). Parent-Child Interaction Therapy: The rewards and challenges of a group format. Cognitive and Behavioral Practice, 12, 113–125.

Nelson, C. (2007). What would Superman do? In L. C. Rubin (Ed.), Using superheroes in counseling and play therapy (pp. 49–67). New York, NY: Springer.

Nelson, J. (2006). Positive discipline (Rev. ed.). New York, NY: Ballantine.

Nelson, J., Erwin, C., & Duffy, R. (2007). Positive discipline for preschoolers: For their early years—Raising children who are responsible, respectful, and resourceful. Roseville, CA: Prima.

Nelson, J., Lott, L., & Glenn, S. (2000). Positive discipline in the classroom (3rd ed.). Roseville, CA: Prima.

Nemiroff, M., & Annunziata, J. (1990). A child's first book about play therapy. Washington, DC: American Psychological Association.

Newman, E. (2009). Short-term play therapy for children with mood disorders. In H. Kaduson & C. Schaefer (Eds.), Short-term play therapy for children (2nd ed., pp. 71–100). New York, NY: Guilford.

Newton, R. (2008). Dyadic play therapy for homeless parents and children. In C. Schaefer, S. Kelly-Zion, J. McCormick, & A. Ohnogi (Eds.), Play therapy for very young children (pp. 339–365). Lanham, MD: Aronson.

Nisivoccia, D., & Lynn, M. (2006). Helping forgotten victims: Using activity groups with children who witness violence. In N. B. Webb (Ed.), Play therapy with children in crisis (3rd ed., pp. 294–321). New York, NY: Guilford Press.

Norton, C., & Norton, B. (2006). Experiential play therapy. In C. Schaefer & H. Kaduson (Eds.), Contemporary play therapy: Theory, research, and practice (pp. 28–54). New York, NY: Guilford.

Norton, C., & Norton, B. (2008). Reaching children through play therapy: An experiential approach. Denver, CO: White Apple Press.

Oaklander, V. (1992). Windows to our children: A Gestalt approach to children and adolescents. New York, NY: Gestalt Journal Press. (Original work published 1978)

Oaklander, V. (1993). From meek to bold: A case study of Gestalt play therapy. In T. Kottman & C. Schaefer (Eds.), Play therapy in action: A casebook for practitioners (pp. 281–299). Northvale, NJ: Jason Aronson.

Oaklander, V. (1994). Gestalt play therapy. In K. O'Connor & C. Schaefer (Eds.), Handbook of play therapy (Vol. 2, pp. 143–156). New York, NY: Wiley.

Oaklander, V. (2000). Short-term Gestalt play therapy for grieving children. In H. Kaduson & C. Schaefer (Eds.), Short-term play therapy for children (pp. 28–52). New York, NY: Guilford Press.

Oaklander, V. (2003). Gestalt play therapy. In C. Schaefer (Ed.), Foundations of play therapy (pp. 143–155). Hoboken, NJ: Wiley.

Oaklander, V. (2006). Hidden treasure: A map to the child's inner self. London, England: Karnac Books.

O'Connor, K. (1994). Ecosystemic play therapy. In K. O'Connor & C. Schaefer (Eds.), Handbook of play therapy (Vol. 2, pp. 61–84). New York, NY: Wiley.

O'Connor, K. (2000). The play therapy primer (2nd ed.). New York, NY: Wiley.

O'Connor, K. (2003). Ecosystemic play therapy. In C. Schaefer (Ed.), Foundations of play therapy (pp. 243–259). Hoboken, NJ: Wiley.

O'Connor, K. (2005). Addressing diversity issues in play therapy. Professional Psychology: Research and Practice, 36, 566–573.

O'Connor, K. (2009). Ecosystemic play therapy. In K. O'Connor & L. M. Braverman (Eds.), Play therapy theory and practice: Comparing theories and techniques (2nd ed., pp. 367–450). New York, NY: Wiley.

O'Connor, K., & Ammen, S. (1997). Play therapy treatment planning and interventions: The ecosystemic model and workbook. Boston, MA: Academic Press.

O'Connor, K., & New, D. (2003). Ecosystemic play therapy. In C. Schaefer (Ed.), Foundations of play therapy (pp. 243–259). Hoboken, NJ: Wiley.

Ogawa, Y. (2004). Childhood trauma and play therapy intervention for traumatized children. Journal of Professional Counseling, Practice, Theory, and Research, 32(1), 19–29.

Packman, J., & Bratton, S. (2003). A school-based group play/activity therapy intervention with learning disabled preadolescents exhibiting behavior problems. International Journal of Play Therapy, 12(2), 7–29.

Palmer, L., Farrar, A., & Ghahary, N. (2002). A biopsychosocial approach to play therapy with maltreated children. In F. Kaslow (Ed.), Comprehensive handbook of psychotherapy: Vol. 3. Interpersonal/humanistic/existential (pp. 109–130). New York, NY: Wiley.

Paone, T., & Douma, K. (2009). Child-centered play therapy with a seven-year-old boy diagnosed with intermittent explosive disorder. International Journal of Play Therapy, 18(1), 31–44.

Pedro-Carroll, J., & Jones, S. (2005). A preventive play intervention to foster children's resilience in the aftermath of divorce. In L. Reddy, T. Files-Hall, & C. Schaefer (Eds.), Empirically-based play interventions for children (pp. 51–76). Washington, DC: American Psychological Association.

Peery, J. C. (2003). Jungian analytical play therapy. In C. Schaefer (Ed.), Foundations of play therapy (pp. 14–54). Hoboken, NJ: Wiley.

Pelcovitz, D. (1999). Betrayed by a trusted adult: Structured time-limited group therapy with elementary school children abused by a school employee. In N. B. Webb (Ed.), Play therapy with children in crisis (2nd ed., pp. 183–202). New York, NY: Guilford Press.

Perez, R., Ramirez, S., & Kranz, P. (2007). Adjusting limit setting in play therapy with first generation Mexican-American children. Journal of Instructional Psychology, 34(1), 22–27.

Perls, F. (1973). The Gestalt approach and eyewitness to therapy. Palo Alto, CA: Science and Behavior Books.

Perry, L. (1993). Audrey, the bois d'arc, and me: A time of becoming. In T. Kottman & C. Schaefer (Eds.), Play therapy in action: A casebook for practitioners (pp. 5–44). Northvale, NJ: Jason Aronson.

Perry, L., & Landreth, G. (1991). Diagnostic assessment of children's play therapy behavior. In C. E. Schaefer, K. Gitlin, & A. Sandgrud (Eds.), Play therapy diagnosis and assessment (pp. 643–662). New York, NY: Wiley.

Phillips, R. (1985). Whistling in the dark: A review of play therapy research. Psychotherapy, 22, 752–760.

Phillips, R. (2010). How firm is our foundation? Current play therapy research. International Journal of Play Therapy, 19(1), 13–25.

Phillips, R., & Landreth, G. (1995). Play therapists on play therapy: I. A report of methods, demographics, and professional/practice issues. International Journal of Play Therapy, 4(1), 1–27.

Phillips, R., & Landreth, G. (1998). Play therapists on play therapy: II. Clinical issues in play therapy. International Journal of Play Therapy, 7(1), 1–32.

Piaget, J. (1952). The origins of intelligence in children. New York, NY: International Universities Press.

Popkin, M. (2005). Active parenting in 3: Your 3 part guide to a great family. Kennesaw, GA: Active Parenting.

Popkin, M. (2007). Taming the spirited child: Strategies for parenting challenging children without breaking their spirit. New York, NY: Fireside.

Porter, R. (2007). Superheroes in therapy: Uncovering children's secret identities. In L. C. Rubin (Ed.), Using superheroes in counseling and play therapy (pp. 23–47). New York, NY: Springer

Post, P., McAllister, A., Sheely, A., Hess, B., & Flowers, C. (2004). Child-centered Kinder Training for teachers of preschool children deemed at-risk. International Journal of Play Therapy, 13(2), 53–74.

Rae, W., & Sullivan, J. (2005). A review of play interventions for hospitalized children. In L. Reddy, T. Files-Hall, & C. Schaefer (Eds.), Empirically-based play interventions for children (pp. 123–142). Washington, DC: American Psychological

Association.

Rank, O. (1936). Will therapy. New York, NY: Knopf.

Ray, D. (2006). Evidence-based play therapy. In C. Schaefer & H. Kaduson (Eds.), Contemporary play therapy: Theory, research, and practice (pp. 136–157). New York, NY: Guilford.

Ray, D. (2007). Two counseling interventions to reduce teacher-child relationship stress. Professional School Counseling, 10, 428–440.

Ray, D. (2009). Child-centered play therapy treatment manual. Royal Oak, MI: Self-Esteem Shop.

Ray, D., Blanco, P., Sullivan, J., & Holliman, R. (2009). An exploratory study of child-centered play therapy with aggressive children. International Journal of Play Therapy, 18(3), 162–175.

Ray, D., Bratton, S., Rhine, T., & Jones, L. (2001). The effectiveness of play therapy: Responding to the critics. International Journal of Play Therapy, 10(1), 85–108.

Ray, D., & Dougherty, J. (2007). Differential impact of play therapy on developmental levels of children. International Journal of Play Therapy, 16(1), 2–19.

Ray, D., & Schottelkorb, A. (2010). Single-case design: A primer for play therapists. International Journal of Play Therapy, 19(1), 39–54.

Ray, D., Schottelkorb, A., & Tsai, M. (2007). Play therapy with children exhibiting symptoms of attention-deficit hyperactivity disorder. International Journal of Play Therapy, 16(2), 95–111.

Reddy, L., Files-Hall, T., & Schaefer, C. (2005). Announcing empirically-based play interventions for children. In. L. Reddy, T. Files-Hall, & C. Schaefer (Eds.), Empirically-based play interventions for children (pp. 3–10). Washington DC: American Psychological Association.

Reddy, L., Spencer, P., Hall, T., & Rubel, E. (2001). Use of developmentally appropriate games in a child group training program for young children with attention-deficit/hyperactivity disorder. In A. Drewes, L. Carey, & C. Schaefer (Eds.), School-based play therapy (pp. 256-276). New York, NY: Wiley.

Reddy, L., Springer, C., Files-Hall, T., Benisz, E., Hauch, Y., Brawnstein, D., & Atamanoff, T. (2005). Child ADHD multimodal program: An empirically supported intervention for young children with ADHD. In L. Reddy, T. Files-Hall, & C. Schaefer (Eds.), Empirically-based play interventions for children (pp. 145-168). Washington, DC: American Psychological Association.

Rennie, R. (2003). A comparison study of the effectiveness of individual and group play therapy in treating kindergarten children with adjustment problems (Doctoral dissertation, University of North Texas, 2000). Dissertation Abstracts International, 63(09), 3117A.

Reyes, C., & Asbrand, J. (2005). A longitudinal study assessing trauma symptoms in sexually abused children engaged in play therapy. International Journal of Play Therapy, 14(2), 24-47.

Reynolds, C. (2009, January). Mining report: Ethics. Retrieved from http://www.a4pt.org/download.cfm?ID=27686

Ridder, N. (1999). HIV/AIDS in the family: Group treatment for latency-age children affected by the illness of a family member. In N. B. Webb (Ed.), Play therapy with children in crisis (2nd ed., pp. 341-355). New York, NY: Guilford Press.

Ritter, K. B., & Chang, C. Y. (2002). Play therapists' self-perceived multicultural competence and adequacy of training. International Journal of Play Therapy, 11(1), 103-113.

Riviere, S. (2009). Short-term play therapy for children with disruptive behavior disorders. In H. Kaduson & C. Schaefer (Eds.), Short-term play therapy for children (2nd ed., pp. 51-70). New York, NY: Guilford.

Robertie, K., Weidenbenner, R., Barrett, L., & Poole, R. (2007). A super milieu: Using superheroes in the residential treatment of adolescents with sexual behavior problems. In L. C. Rubin (Ed.), Using superheroes in counseling and play therapy (pp. 143–168). New York, NY: Springer.

Robinson, H. (1999). Unresolved conflicts in a divorced family: Case of Charlie, age 10. In N. B. Webb (Ed.), Play therapy with children in crisis (2nd ed., pp. 272–293). New York, NY: Guilford Press.

Roehrig, M. (2007). The use of play therapy with adult survivors of childhood abuse (Doctoral dissertation, Andrews University, 2007). Dissertation Abstracts International B, 68(04), 2669.

Rogers, C. (1951). Client-centered therapy: Its current practice, implications, and theory. Boston, MA: Houghton Mifflin.

Rogers, C. (1959). A theory of therapy, personality, and interpersonal relationships as developed in the client-centered framework. In S. Koch (Ed.), Psychology: A study of a science—Study I: Conceptual and systematic. Vol. 3: Formulation of the person and social context (pp. 184–256). New York, NY: McGraw-Hill.

Rogers, S. (2005). Play interventions for young children with autism spectrum disorders. In L. Reddy, T. Files-Hall, & C. Schaefer (Eds.), Empirically-based play interventions for children (pp. 215–240). Washington, DC: American Psychological Association.

Rogers-Nicastro, J. (2006). A meta-analytic review of play therapy outcomes and the role of age: Implications for school psychologists (Doctoral dissertation, St. John's University, 2006). Dissertation Abstracts International B, 67(03), 1714.

Rubin, L. (2007a). Luke, I am your father! A clinical application of the Star Wars adoption narrative. In L. C. Rubin (Ed.), Using superheroes in counseling and play therapy (pp. 213–226). New York, NY: Springer.

Rubin, L. (Ed.). (2007b). Using superheroes in counseling and play therapy. New York, NY: Springer.

Rubin, L. (Ed.). (2008). Popular culture in counseling, psychotherapy, and play-based interventions. New York, NY: Springer.

Ryan, V. (2004). Adapting non-directive play therapy for children with attachment disorder. Clinical Child Psychology and Psychiatry, 9(1), 75–87.

Ryan, V., & Bratton, S. (2008). Child-centered play therapy for very young children. In C. Schaefer, S. Kelly-Zion, J. McCormick, & A. Ohnogi (Eds.), Play therapy for very young children (pp. 25–66). Lanham, MD: Aronson.

Ryan, V., & Needham, C. (2001). Non-directive play therapy with children experiencing psychic trauma. Clinical Child Psychology and Psychiatry, 6, 437–453.

Saldana, L. (2008). Metaphors, analogies, and myths, oh my! In L. C. Rubin (Ed.), Popular culture in counseling, psychotherapy, and play-based interventions (pp. 3–23). New York, NY: Springer.

Scanlon, P. (2007). Superheroes are super friends: Developing social skills and emotional reciprocity with autism spectrum children. In L. C. Rubin (Ed.), Using superheroes in counseling and play therapy (pp. 169–192). New York, NY: Springer.

Schaefer, C. (Ed.). (1993). The therapeutic powers of play. Northvale, NJ: Jason Aronson.

Schaefer, C. (1998). Play therapy: Critical issues for the next millennium. Association for Play Therapy Newsletter, 17(1), 1–5.

Schaefer, C. (2001). Prescriptive play therapy. International Journal of Play Therapy, 10(2), 57–73.

Schaefer, C. (2003). Prescriptive play therapy. In C. Schaefer (Ed.), Foundations of play therapy (pp. 306–320). New York, NY: Wiley.

Schaefer, C., & Cangelosi, D. (2002). Play therapy techniques (2nd ed.). Northvale, NJ: Jason Aronson.

Schaefer, C., & Carey, L. (Eds.). (1994). Family play therapy. Northvale, NJ: Jason Aronson.

Schaefer, C., & Drewes, A. (2009). The therapeutic powers of play and play therapy. In A. Drewes (Ed.), Blending play therapy with cognitive behavioral therapy: Evidence-based and other effective treatment and techniques (pp. 3–15). Hoboken, NJ: Wiley.

Schaefer, C., & Greenberg, R. (1997). Measurement of playfulness: A neglected therapist variable. International Journal of Play Therapy, 6(2), 21–32.

Schaefer, C., Kelly-Zion, S., McCormick, J., & Ohnogi, A. (Eds.). (2008). Play therapy for very young children. Lanham, MD: Jason Aronson.

Schaefer, C., & Mattei, D. (2005). Catharsis: Effectiveness in children's aggression. International Journal of Play Therapy, 14(2), 103–109.

Schiffer, M. (1952). Permissiveness versus sanction in activity group therapy. International Journal of Group Psychotherapy, 2, 255–261.

Schottelkorb, A. (2007). Effectiveness of child-centered play therapy and person-centered teacher consultation on ADHD behavioral problems of elementary school children: A single case design (Doctoral dissertation, University of North Texas, 2007). Retrieved from http://digital.library.unt.edu/ark:/67531/metadc5125/ .

Schumann, B. (2005). Effects of child-centered play therapy and curriculum-based small-group guidance on the behavior of children referred for aggression in an elementary school setting (Doctoral dissertation, University of North Texas, 2004). Dissertation Abstracts International, 65(12) 4476A.

Scott, T., Burlingame, G., Starling, M., Porter, C., & Lilly, J.P. (2003). Effects of individual client-centered play therapy on sexually abused children's mood, self-concept, and social competence. International Journal of Play Therapy, 12(1), 7–30.

See, L. (2006). Play therapy with child survivor of the tsunami: A case study. British Journal of Play Therapy, 2, 37–45.

Seymour, J., & Rubin, L. (2006). Principles, principals, and process (P3): A model for play therapy ethics problem solving. International Journal of Play Therapy, 15(2), 101–123.

Sharpley, C. F. (2007). So why aren't counselors reporting n=1 research designs? Journal of Counseling & Development, 85, 349–356.

Shelby, J. (1997). Rubble, disruption, and tears: Helping young survivors of natural disaster. In H. Kaduson, D. Cangelosi, & C. Schaefer (Eds.), The playing cure: Individual play therapy for specific childhood problems (pp. 143–170). Northvale, NJ: Jason Aronson.

Shelby, J., & Felix, E. (2005). Posttraumatic play therapy: The need for an integrated model of directive and nondirective approaches. In L. Reddy, T. Files-Hall, & C. Schaefer (Eds.), Empirically-based play interventions for children (pp. 79–104). Washington, DC: American Psychological Association.

Shen, Y. (2002). Short-term group play therapy with Chinese earthquake victims: Effects on anxiety, depression, and adjustment. International Journal of Play Therapy, 11(1), 43–64.

Shen, Y. (2007). Developmental model using Gestalt-play versus cognitive-verbal group with Chinese adolescents: Effects on strengths and adjustment enhancement. Journal for Specialists in Group Work, 32, 285–305.

Shen, Y., & Armstrong, S. (2008). Impact of group sandtray therapy on the self-esteem of young adolescent girls. Journal for Specialists in Group Work, 33, 118–137.

Short, G. (2008). Developmental play therapy for very young children. In C. Schaefer, S. Kelly-Zion, J. McCormick, & A. Ohnogi (Eds.), Play therapy for very young children (pp. 367–377). Lanham, MD: Aronson.

Siegel, J. (2006). The enduring crisis of divorce for children and their parents. In N. B. Webb (Ed.), Play therapy with children in crisis: Individual, group, and family treatment (3rd ed., pp. 133–151). New York, NY: Guilford.

Siu, A. (2009). Theraplay in the Chinese world: An intervention program for Hong Kong children with internalizing problems. International Journal of Play Therapy, 18(1), 1–12.

Slavson, S. R. (1943). An introduction to group therapy. New York, NY: Commonwealth Fund.

Sloves, R., & Peterlin, K. (1993). Where in the world is . . . my father? A time-limited play therapy. In T. Kottman & C. Schaefer (Eds.), Play therapy in action: A casebook for practitioners (pp. 301–346). Northvale, NJ: Jason Aronson.

Sloves, R., & Peterlin, K. (1994). Time-limited play therapy. In K. O'Connor & C. Schaefer (Eds.), Handbook of play therapy (Vol. 2, pp. 27–59). New York, NY: Wiley.

Snow, M., Hudspeth, E., Gore, B., & Seale, H. (2007). A comparison of behaviors and play themes over a six-week period: Two case studies in play therapy. International Journal of Play Therapy, 16(2), 147–159.

Solis, C. (2005). Implementing Kinder Training as a preventive intervention: African American preschool teacher perceptions of the process, effectiveness, and acceptability (Doctoral dissertation, Georgia State University, 2005). Dissertation Abstracts International, 66, 2488.

Solomon, J. (1938). Active play therapy. American Journal of Orthopsychiatry, 8, 479–498.

Solomon, R. (2008). Play-based intervention for very young children with autism: The PLAY project. In C. Schaefer, S. Kelly-Zion, J. McCormick, & A. Ohnogi (Eds.), Play therapy for very young children (pp. 379–401). Lanham, MD: Aronson.

Solt, M., & Balint-Bravo, S. (2008). Children adjusting to military deployment of a caregiver. Play Therapy, 3(3), 20–21.

Sori, C. F. (2006). Family play therapy: An interview with Eliana Gil. In C. F. Sori (Ed.), Engaging children in family therapy: Creative approaches to integrating theory and research in clinical practice (pp. 69–90). New York, NY: Routledge.

Stiles, K., & Kottman, T. (1990). Mutual storytelling: An alternative intervention for depressed children. The School Counselor, 37, 337–343.

Strand, V. (1999). The assessment and treatment of family sexual abuse. In N. B.

Webb (Ed.), Play therapy with children in crisis (2nd ed., pp. 104–130). New York, NY: Guilford.

Sweeney, D. (2001). Legal and ethical issues in play therapy. In G. Landreth (Ed.), Innovations in play therapy: Issues, process, and special populations (pp. 65–81). Philadelphia, PA: Brunner-Routledge.

Sweeney, D., & Landreth, G. (2003). Child-centered play therapy. In C. Schaefer (Ed.), Foundations of play therapy (pp. 76–98). Hoboken, NJ: Wiley.

Sweeney, D., & Landreth, G. (2009). Child-centered play therapy. In K. O'Connor & L. M. Braverman (Eds.), Play therapy theory and practice: Comparing theories and techniques (2nd ed., pp. 123–162). New York, NY: Wiley.

Taft, J. (1933). The dynamics of therapy in a controlled relationship. New York, NY: Macmillan.

Terr, L. (1990). Too scared to cry. New York, NY: Harper & Row.

Thompson, C., & Henderson, D. (2006). Counseling children (7th ed.). Pacific Grove, CA: Brooks/Cole.

Timmer, S., Urquiza, A., Zebell, N., & McGrath, J. (2005). Parent–Child Interaction Therapy: Application to physically abusive and high-risk parent–child dyads. Child Abuse and Neglect, 29, 825–842.

Tonning, L. (1999). Persistent and chronic neglect in the context of poverty—When parents can't parent: Case of Ricky, age 3. In N. B. Webb (Ed.), Play therapy with children in crisis (2nd ed., pp. 203–224). New York, NY: Guilford Press.

Trotter, K., Eshelman, D., & Landreth, G. (2003). A place for Bobo in play therapy. International Journal of Play Therapy, 12(1), 117–139.

Trottier, M., & Seferlis, N. (1990, June). Using therapeutic metaphors in school counseling. Paper presented at the American School Counselor Association Annual Conference, Little Rock, AR.

Tyndall-Lind, A., Landreth, G., & Giordano, M. (2001). Intensive group play therapy with child witnesses of domestic violence. International Journal of Play Therapy, 10(1), 53–83.

Urquiza, A. (2010). The future of play therapy: Elevating credibility through play therapy research. International Journal of Play Therapy, 19(1), 4–12.

Urquiza, A., Zebell, N., & Blacker, D. (2009). Innovation and integration: Parent-Child Interaction Therapy as play therapy. In A. Drewes (Ed.), Blending play therapy with cognitive behavioral therapy (pp. 199–218). New York, NY: Wiley.

U.S. Department of Health and Human Services, Substance Abuse and Mental Health Services Administration. (2009). National registry of evidenced-based programs and practices. Washington, DC: U.S. Department of Health and Human Services.

VanFleet, R. (1994). Filial therapy: Strengthening parent-child relationships through play. Sarasota, FL: Professional Resource Press.

VanFleet, R. (2000a). A parent's handbook of filial therapy: Building strong families with play. Boiling Springs, PA: Play Therapy Press.

VanFleet, R. (2000b). Short-term play therapy for families with chronic illness. In H. Kaduson & C. Schaefer (Eds.), Short-term play therapy for children (pp. 175–193). New York, NY: Guilford.

VanFleet, R. (2009a). Filial therapy. In K. O'Connor & L. M. Braverman (Eds.), Play therapy theory and practice: Comparing theories and techniques (2nd ed., pp. 163–202). New York, NY: Wiley.

VanFleet, R. (2009b). Short-term play therapy for adoptive families: Facilitating adjustment and attachment with filial therapy. In H. Kaduson & C. Schaefer (Eds.), Short-term play therapy for children (2nd ed., pp. 145–168). New York, NY: Guilford.

VanFleet, R., Sywulak, A., & Sniscak, C. (2010). Child-centered play therapy. New York, NY: Guilford.

VanFleet, R., Lilly, J. P., & Kaduson, H. (1999). Play therapy for children exposed to violence: Individual, family and community interventions. International Journal of

Play Therapy, 8(1), 27–42.

VanFleet, R., Ryan, S., & Smith, S. (2005). Filial therapy: A critical review. In L. Reddy, T. Files-Hall, & C. Schaefer (Eds.), Empirically-based play interventions for children (pp. 241–264). Washington, DC: American Psychological Association.

Watts, R., & Garza, Y. (2008). Using children's drawings to facilitate the acting "as if" technique. Journal of Individual Psychology, 65(1), 113–118.

Webb, N. B. (1999). The child witness of parental violence: Case of Michael, age 4, and follow-up at age 16. In N. B. Webb (Ed.), Play therapy with children in crisis (2nd ed., pp. 49–73). New York, NY: Guilford Press.

Webb, N. B. (2006a). Crisis intervention play therapy to help traumatized children. In L. Carey (Ed.), Expressive and creative arts methods for trauma survivors (pp. 39–56). Philadelphia, PA: Jessica Kingsley.

Webb, N. B. (2006b). Sudden death of a parent in a terrorist attack. In N. B. Webb (Ed.), Play therapy with children in crisis: Individual, group, and family treatment (3rd ed., pp. 389–407). New York, NY: Guilford.

Weinreb, M., & Groves, B. (2006). Child exposure to parental violence: Case Amanda, age 4. In N. B. Webb (Ed.), Play therapy with children in crisis: Individual, group, and family treatment (3rd ed., pp. 73–90). New York, NY: Guilford.

Wenger, C. (2007). Superheroes in play therapy with an attachment disordered child. In L. C. Rubin (Ed.), Using superheroes in counseling and play therapy (pp. 193–212). New York, NY: Springer.

Werba, B., Eyberg, S., Boggs, S., & Algina, J. (2006). Predicting outcome in Parent-Child Interaction Therapy: Success and attrition. Behavior Modification, 30, 618–646.

Wettig, H., Franke, U., & Fjordbak, B. (2006). Evaluating the effectiveness of Theraplay. In C. Schaefer & H. Kaduson (Eds.), Contemporary play therapy: Theory, research, and practice (pp. 103–135). New York, NY: Guilford.

White, J., Draper, K., & Flynt, M. (2003). Kinder Training: A school counselor and teacher consultation model integrating filial therapy and Adlerian theory. In R. VanFleet & L. Guerney (Eds.), Casebook of filial therapy (pp. 331-350). Boiling Springs, PA: Play Therapy Press.

White, J., & Wynne, L. (2009). Kinder Training: An Adlerian-based model to enhance teacher-student relationships. In A. Drewes (Ed.), Blending play therapy with cognitive behavioral therapy (pp. 281-295). New York, NY: Wiley.

White, M. (2005). An outline of narrative therapy. Retrieved from www.massety.ac.nz

White, M., & Epstein, D. (1990). Narrative means to therapeutic ends. New York, NY: Norton.

Williams-Gray, B. (1999). International consultation and intervention on behalf of children affected by war. In N. B. Webb (Ed.), Play therapy with children in crisis (2nd ed., pp. 448-470). New York, NY: Guilford Press.

Wilson, K., & Ryan, V. (2005). Play therapy: A nondirective approach for children and adolescents (2nd ed.). Philadelphia, PA: Elsevier.

Winnicott, D. W. (1965). The maturational processes and the facilitating environment. New York, NY: International Universities Press.

Winnicott, D. W. (1971). Playing and reality. London, England: Tavistock.

Wood, M., Combs, C., Gunn, A., & Weller, D. (1986). Developmental therapy in the classroom (2nd ed.). Austin, TX: Pro-Ed.

Yasenik, L., & Gardner, K. (2004). Play therapy dimensions model: A decision-making guide for therapists. Calgary, Alberta, Canada: Rocky Mountain Play Therapy Institute.

附录 A
为父母准备的一份游戏疗法介绍

年幼的孩子常常难以说出困扰他们的事情。这种困难并不是因为他们不想讨论自己的想法和感受，而是因为他们还没有掌握做到这一点所需的词汇或思维技能。

游戏疗法是一种向儿童提供的方法，它允许儿童使用玩具和其他游戏和艺术材料来表达思想和感受。在游戏治疗过程中，孩子们可以通过游戏向治疗师展示他们的想法和感受。治疗师可以利用游戏与孩子们交流他们生活中正在发生的事情，并帮助他们探索不同的行为和态度。

在上第一次治疗之前，父母／老师需要给孩子们解释他们需要多久来一次，在哪里上，以及怎么上。如果成年人告诉孩子们，他们若是不想跟治疗师说话，可以不必说，只需专心玩耍，孩子们可能会感觉更放松。我认为，对于成年人来说，重要的是给孩子们简单解释一下他们的当前问题，并告诉他们，进行一段时间的游戏治疗后，他们对自己和他人的感觉通常会更好。这一解释有助于消除一些孩子对来上治疗课的焦虑。

因为孩子们在游戏室里经常玩沙子和颜料，所以应该穿舒适的"玩耍服"，而不是穿"好"衣服。游戏课非常有趣，但有时会弄得一片狼藉。

一次游戏治疗课结束后，父母／老师不要询问孩子关于游戏课的情况，但可以委婉地让孩子知道他们对孩子的体验感兴趣。如果孩子画了一幅画或创作了其他艺术作品，父母和老师应避免对其评头论足。

为了在与儿童的关系中建立信任，治疗师将对儿童在游戏治疗过程中的言行保密。他们不和父母谈论细节,而是向父母和老师提供咨询,传授了解儿童的不同方法,以及帮助儿童更好地与他人相处、变得更加自信的策略。

《关于游戏疗法的儿童启蒙》(*A Child's First Book About Play Therapy*, Marc A.Nemiroff & Jane Annunziata, *1990*)一书,可以帮助父母、老师和儿童更好地了解游戏疗法以及游戏治疗过程。该书由美国心理协会出版。

附录 B
作者简介

泰瑞·科特曼（Terry Knottman）：博士，注册游戏治疗师兼督导，美国国家认证心理咨询师，注册心理健康咨询师，创建了"鼓励区"——一个游戏治疗师和其他心理咨询师的培训中心。退休前，是北艾奥瓦大学和北得克萨斯大学的咨询教育教授。是一名注册游戏治疗师兼督导；经营一家小型私人诊所；在一所小学当志愿者，向儿童和学校工作人员提供咨询。科特曼博士开发了阿德勒游戏疗法（Adlerian Play Therapy），这是一种结合了个体心理学和游戏治疗的理念和技巧的儿童心理辅导方法。定期举办关于游戏治疗、基于活动的心理辅导、儿童心理辅导和学校心理辅导的研讨会。科特曼博士著有《游戏中的伙伴：阿德勒式游戏疗法》（Partners in Play: a Adlerian Approach to Play Therapy）和《游戏力：儿童游戏治疗基础与进阶》（Play Therapy: Basics and Beyond）的第一版。还与 J. 穆罗（J.Muro）合著了《小学生和中学生指导和心理辅导》（Guidance and Counseling in the Elementary and Middle Schools），与 J. 阿什比（J.Ashby）和 D. 德格拉夫（D.DeGraaf）合著了《指导中的冒险：如何寓教于乐以及对儿童及青少年进行积极干预：给辅导增加冒险和乐趣》（Adventures in Guidance: How to Integrate Fun You're your Guidance Program and Active Interventions for Kids and Teens: Adding Adventure and Fun to Counseling），与 C. 谢弗（C.Schaefer）合著了《游戏治疗的行动：为治疗师准备的案例手册》（Play Therapy in Action: A Casebook for Practitioners），与 A. 弗农（A.Vernon）合著了《心理辅导理论：在学校环境中对儿童和青少年的实际应用》（Counseling Theories: Practical Applications with Children and Adolescents in School Settings）。

附录 C
不同理论取向的游戏疗法的参考文献

· 阿德勒游戏疗法 ·

Kottman, T. (1993). The king of rock and roll. In T. Kottman & C. Schaefer (Eds.), *Play therapy in action: A casebook for practitioners* (pp. 133–167). Northvale, NJ: Jason Aronson.

Kottman, T. (1994). Adlerian play therapy. In K. O'Connor & C. Schaefer (Eds.), *Handbook of play therapy* (Vol. 2, pp. 3–26). New York, NY: Wiley.

Kottman, T. (1998). Billy, the teddy bear boy. In L. Golden (Ed.), *Case studies in child and adolescent counseling* (2nd ed., pp. 70–82). New York, NY: Macmillan.

Kottman, T. (1999a). Group applications of Adlerian play therapy. In D. Sweeney & L. Homeyer (Eds.), *Handbook of group play therapy* (pp. 65–85). San Francisco, CA: Jossey-Bass.

Kottman, T. (1999b). Using the Crucial Cs in Adlerian play therapy. *Individual Psychology*, 55, 289–297.

Kottman, T. (2001). Adlerian play therapy. *International Journal of Play Therapy*, 10(2), 1–12.

Kottman, T. (2003a). Adlerian play therapy. In C. Schaefer (Ed.), *Foundations of play therapy* (pp. 55–75). Hoboken, NJ: Wiley.

Kottman, T. (2003b). Mutual storytelling: Adlerian style. In H. Kaduson & C. Schaefer (Eds.), *101 play therapy techniques* (Vol. 3, pp. 203–208). Northvale, NJ:

Jason Aronson.

Kottman, T. (2003c). *Partners in play: An Adlerian approach to play therapy* (2nd ed.). Alexandria, VA: American Counseling Association.

Kottman, T. (2009). Adlerian play therapy. In K. O'Connor & L. M. Braver-man (Eds.), *Play therapy theory and practice: Comparing theories and techniques* (2nd ed., pp. 237–282). New York, NY: Wiley.

Kottman, T. (2010). *Adlerian play therapy treatment manual.* Unpublished manuscript.

Kottman, T., & Ashby, J. (1999). Using Adlerian personality priorities to custom-design consultation with parents of play therapy clients. *International Journal of Play Therapy*, 8(2), 77–92.

Kottman, T., Bryant, J., Alexander, J., & Kroger, S. (2008). Partners in the schools: Adlerian school counseling. In A. Vernon & T. Kottman (Eds.), *Counseling theories: Practical applications with children and adolescents in school* (pp. 47–84). Denver, CO: Love.

Kottman, T., & Johnson, V. (1993). Adlerian play therapy: A tool for school counselors. *Elementary School Guidance and Counseling*, 28, 42–51.

Kottman, T., & Stiles, K. (1990). The mutual storytelling technique: An Adlerian application in child therapy. *Journal of Individual Psychology*, 46, 148–156.

Kottman, T., & Warlick, J. (1989). Adlerian play therapy: Practical considerations. *Journal of Individual Psychology*, 45, 433–446.

以儿童为中心游戏疗法

Axline, V. (1969). *Play therapy* (Rev. ed.). New York, NY: Ballantine Books.

Axline, V. (1971). *Dibs: In search of self.* New York, NY: Ballantine Books.

Ginott, H. (1961). Group therapy with children: The theory and practice of play therapy. New York, NY: McGraw-Hill.

Guerney, L. (1983). Client-centered play therapy. In C. Schaefer & K. O'Connor (Eds.), *Handbook of play therapy* (pp. 419–435). New York, NY: Wiley.

Landreth, G. (2002). *Play therapy: The art of the relationship* (2nd ed.). Muncie, IN: Accelerated Development.

Landreth, G., & Sweeney, D. (1999). The freedom to be: Child-centered group play therapy. In D. Sweeney & L. Homeyer (Eds.), *Handbook of group play therapy* (pp. 39–64). San Francisco, CA: Jossey-Bass.

Perry, L. (1993). Audrey, the bois d'arc and me: A time of becoming. In T. Kottman & C. Schaefer (Eds.), *Play therapy in action: A casebook for practitioners* (pp. 133–167). Northvale, NJ: Jason Aronson.

Sweeney, D., & Landreth, G. (2003). Child-centered play therapy. In C. Schaefer (Ed.), *Foundations of play therapy* (pp. 76–98). Hoboken, NJ: Wiley.

Sweeney, D., & Landreth, G. (2009). Child-centered play therapy. In K. O'Connor & L. M. Braverman (Eds.), *Play therapy theory and practice: Comparing theories and techniques* (2nd ed., pp. 123–162). New York, NY: Wiley.

Van Fleet, R. (1997). Play and perfectionism: Putting fun back into families. In H. Kaduson & C. Schaefer (Eds.), *The playing cure* (pp. 61–82). Northvale, NJ: Jason Aronson.

VanFleet, R., Sywulak, A., & Sniscak, C. (2010). *Child-centered play therapy*. New York, NY: Guilford.

Wilson, K., & Ryan, V. (2005). *Play therapy: A nondirective approach for children and adolescents* (2nd ed.). Philadelphia, PA: Elsevier.

· 认知行为游戏疗法 ·

Knell, S. (1993a). *Cognitive-behavioral play therapy.* Northvale, NJ: Jason

Aronson.

Knell, S. (1993b). To show and not tell: Cognitive-behavioral play therapy. In T. Kottman & C. Schaefer (Eds.), *Play therapy in action: A casebook for practitioners* (pp. 169–208). Northvale, NJ: Jason Aronson.

Knell, S. (1994). Cognitive-behavioral play therapy. In K. O'Connor & C. Schaefer (Eds.), *Handbook of play therapy* (Vol. 2, pp. 111–142). New York, NY: Wiley.

Knell, S. (2003). Cognitive-behavioral play therapy. In C. Schaefer (Ed.), *Foundations of play therapy* (pp. 174–191). Hoboken, NJ: Wiley.

Knell, S. (2009a). Cognitive behavioral play therapy. In A. Drewes (Ed.), *Blending play therapy with cognitive behavior therapy: Evidenced-based and other effective treatments and techniques* (pp. 117–134). New York, NY: Wiley.

Knell, S. (2009b). Cognitive-behavioral play therapy. In K. O'Connor & L. M. Braverman (Eds.), *Play therapy theory and practice: Comparing theories and techniques* (2nd ed., pp. 203–236). New York, NY: Wiley.

Knell, S., & Dasari, M. (2009a). CBPT: Implementing and integrating CBPT into clinical practice. In A. Drewes (Ed.), *Blending play therapy with cognitive behavior therapy: Evidenced-based and other effective treatments and techniques* (pp. 321–353). New York, NY: Wiley.

Knell, S., & Dasari, M. (2009b). Cognitive-behavioral play therapy for children with anxiety and phobias. In H. Kaduson & C. Schaefer (Eds.), *Short-term play therapy for children* (2nd ed., pp. 22–50). New York, NY: Guilford.

Knell, S., & Moore, D. (1990). Cognitive-behavioral play therapy in the treatment of encopresis. *Journal of Clinical Child Psychology*, 19, 55–60.

Knell, S., & Ruma, C. (1996). Play therapy with a sexually abused child. In M. Reinecke, F. M. Datillio, & A. Freeman (Eds.), *Cognitive therapy with children and adolescents: A casebook for clinical practice* (pp. 367–393). New York, NY: Guilford Press.

生态系统游戏疗法

Limberg, B., & Ammen, S. (2008). Ecosystemic play therapy with infants and toddlers and their families. In C. Schaefer, S. Kelly-Zion, J. Mc-Cormick, & A. Ohnogi (Eds.), *Play therapy for very young children* (pp. 103–124). Lanham, MD: Aronson.

O'Connor, K. (1993). Child, protector, confidant: Structured group eco-systemic play therapy. In T. Kottman & C. Schaefer (Eds.), *Play therapy in action: A casebook for practitioners* (pp. 245–282). Northvale, NJ: Jason Aronson.

O'Connor, K. (1994). Ecosystemic play therapy. In K. O'Connor & C. Schaefer (Eds.), *Handbook of play therapy* (Vol. 2, pp. 61–84). New York, NY: Wiley.

O'Connor, K. (2000). *The play therapy primer: An integration of theories and techniques* (2nd ed.). New York, NY: Wiley.

O'Connor, K. (2003). Ecosystemic play therapy. In C. Schaefer (Ed.), *Foundations of play therapy* (pp. 243–259). Hoboken, NJ: Wiley.

O'Connor, K. (2009). Ecosystemic play therapy. In K. O'Connor & L. M. Braverman (Eds.), *Play therapy theory and practice: Comparing theories and techniques* (pp. 367–450). New York, NY: Wiley.

O'Connor, K., & Ammen, S. (1997). *Play therapy treatment planning and interventions: The ecosystemic model and workbook*. San Diego, CA: Academic Press.

格式塔游戏疗法

Blom, R. (2004). *Handbook of Gestalt play therapy: Practical guidelines for child therapists*. Philadelphia, PA: Jessica Kingsley.

Carroll, F. (1996). No child is an island. In B. Feder & R. Ronall (Eds.), *A living legacy of Fritz and Laura Perls: Contemporary case studies* (pp. 151–169). New York, NY: Bookmaster.

Carroll, F. (2009). Gestalt play therapy. In K. O'Connor & L. M. Braverman (Eds.), *Play therapy theory and practice: Comparing theories and techniques* (2nd ed., pp. 283–314). New York, NY: Wiley.

Carroll, F., & Oaklander, V. (1997). Gestalt play therapy. In K. O'Connor & L. M. Braverman (Eds.), *Play therapy theory and practice:* A comparative *presentation (pp. 184–203). New York, NY: Wiley.*

Oaklander, V. (1992). *Windows to our children: A Gestalt approach to children and adolescents. New York,* NY: Gestalt Journal Press. (Original work published 1978)

Oaklander, V. (1993). From meek to bold: A case study of Gestalt play therapy. In T. Kottman & C. Schaefer (Eds.), *Play therapy in action:* A *casebook for practitioners (pp. 281–299). Northvale, NJ: Jason Aronson.*

Oaklander, V. (1994). Gestalt play therapy. In K. O'Connor & C. Schaefer (Eds.), *Handbook of play therapy* (Vol. 2, pp. 143–156). New York, NY: Wiley.

Oaklander, V. (1999). Group play therapy from a Gestalt therapy perspective. In D. Sweeney & L. Homeyer (Eds.), *Handbook of group play therapy* (pp. 162–176). San Francisco, CA: Jossey-Bass.

Oaklander, V. (2001). Gestalt play therapy. *International Journal of Play Therapy, 10(2), 45–55.*

Oaklander, V. (2003). Gestalt play therapy. In C. Schaefer (Ed.), *Foundations of play therapy* (pp. 143–155). Hoboken, NJ: Wiley.

Oaklander, V. (2006). *Hidden treasure: A map to the child's inner self.* London, England: Karnac Books.

荣格心理分析游戏疗法

Allan, J. (1988). *Inscapes of the child's world.* Dallas, TX: Spring.

Allan, J. (1997). Jungian play psychotherapy. In K. O'Connor & L. M. Braverman

(Eds.), *Play therapy theory and practice: A comparative presentation* (pp. 100–130). New York, NY: Wiley.

Allan, J., & Bertoia, J. (1992). *Written paths to healing: Education and Jungian child counseling*. Dallas, TX: Spring.

Allan, J., & Brown, K. (1993). Jungian play therapy in the elementary schools. *Elementary School Guidance and Counseling*, 28, 30–41.

Allan, J., & Levin, S. (1993). "Born on my bum" : Jungian play therapy. In T. Kottman & C. Schaefer (Eds.), *Play therapy in action: A casebook for practitioners* (pp. 209–244). Northvale, NJ: Jason Aronson.

DeDomenico, G. (1994). Jungian play therapy techniques. In K. O'Connor & C. Schaefer (Eds.), *Handbook of play therapy: Advances and innovations* (2nd ed., pp. 253–282). New York, NY: Wiley.

Green, E. (2005). Jungian play therapy: Bridging the theoretical to the practical. In G. R. Walz & R. Yep (Eds.), VISTAS: *Compelling perspectives on counseling* (pp. 75–78). Alexandria, VA: American Counseling Association.

Green, E. (2006). The crisis of family separation following traumatic mass destruction. In N. B. Webb (Ed.), *Play therapy with children in crisis: Individual, group, and family treatment* (3rd ed., pp. 368–388). New York, NY: Guilford.

Green, E. (2008). Reenvisioning Jungian analytical play therapy with child sexual assault survivors. *International Journal of Play Therapy*, 17(2), 102–121.

Green, E. (2009). Jungian analytical play therapy. In K. O'Connor & L. M. Braverman (Eds.), *Play therapy theory and practice: Comparing theories and techniques* (2nd ed., pp. 83–125). New York, NY: Wiley.

Green, E., & Hebert, B. (2006). Serial drawings: A Jungian play therapy technique for caregivers to utilize with children between counseling sessions. *Play Therapy*, 1(4), 20–24.

Peery, J. C. (2003). Jungian analytical play therapy. In C. Schaefer (Ed.),

Foundations of play therapy (pp. 14–54). Hoboken, NJ: Wiley.

· 故事式疗法 ·

Cattanach, A. (2006a). Brief narrative play therapy with refugees. In N. B. Webb (Ed.), *Play therapy with children in crisis: Individual, group, and family treatment* (3rd ed., pp. 426–439). New York, NY: Guilford.

Cattanach, A. (2006b). Narrative play therapy. In C. Schaefer & H. Kadu-son (Eds.), *Contemporary play therapy: Theory, research, and practice* (pp. 82–99). New York, NY: Guilford.

· 处方式游戏疗法 ·

Gil, E., & Shaw, J. (2009). Prescriptive play therapy. In K. O'Connor & L. M. Braverman (Eds.), *Play therapy theory and practice: Comparing theories and techniques* (2nd ed., pp. 451–488). New York, NY: Wiley.

Schaefer, C. (Ed.). (1993). *The therapeutic powers of play.* Northvale, NJ: Jason Aronson.

Schaefer, C. (2001). Prescriptive play therapy. *International Journal of Play Therapy*, 10(2), 57–73.

Schaefer, C. (2003). Prescriptive play therapy. In C. Schaefer (Ed.), *Foundations of play therapy* (pp. 306–320). New York, NY: Wiley.

· 心理动力学游戏疗法 ·

Bromfield, R. (2003). Psychoanalytical play therapy. In C. Schaefer (Ed.),

Foundations of play therapy (pp. 1–14). New York, NY: Wiley.

Cangelosi, D. (1993). Internal and external wars: Psychodynamic play therapy. In T. Kottman & C. Schaefer (Eds.), *Play therapy in action: A casebook for practitioners* (pp. 347–370). Northvale, NJ: Jason Aronson.

Freud, A. (1965). *Normality and pathology in childhood: Assessments of development.* New York, NY: International University Press.

Freud, A. (1968). Indications and counterindications for child analysis. *Psychoanalytic Study of the Child*, 23, 37–46.

Gaensbauer, T., & Kelsay, K. (2008). Situational and story-stem scaffold-ing in psychodynamic play therapy with very young children. In C. Schaefer, S. Kelly-Zion, J. McCormick, & A. Ohnogi (Eds.), *Play therapy for very young children* (pp. 173–198). Lanham, MD: Aronson.

Gordetsky, S., & Zilbach, J. (1993). The worried boy. In L. Golden & M. Norwood (Eds.), *Case studies in child counseling* (pp. 51–62). New York, NY: Macmillan.

Klein, M. (1932). *The psycho-analysis of children.* London, England: Hogarth Press.

Lee, A. (1997). Psychoanalytic play therapy. In K. O'Connor & L. M. Braver-man (Eds.), *Play therapy theory and practice: A comparative presentation* (pp. 46–78). New York, NY: Wiley.

Lee, A. (2009). Psychoanalytic play therapy. In K. O'Connor & L. M. Braverman (Eds.), *Play therapy theory and practice: Comparing theories and techniques* (2nd ed., pp. 25–81). New York, NY: Wiley.

Levy, A. (2008). The therapeutic action of play in the psychodynamic treatment of children: A critical analysis. *Clinical Social Work Journal*, 36, 281–291.

Provus-McElroy, L. (1993). Healing a family's wounds. In L. Golden & M. Norwood (Eds.), *Case studies in child counseling* (pp. 121–132). New York, NY: Macmillan.

· 治疗性游戏疗法 ·

Bundy-Myrow, S. (2005). Theraplay for children with self-regulation problems. In C. Schaefer, J. McCormick, & A. Ohnogi (Eds.), *International handbook of play therapy: Advances in assessment, theory, research, and practice* (pp. 96-137). Northvale, NJ: Jason Aronson.

Bundy-Myrow, S., & Booth, P. (2009). Theraplay: Supporting attachment relationships. In K. O'Connor & L. M. Braverman (Eds.), *Play therapy theory and practice: Comparing theories and techniques* (2nd ed., pp. 315-366). New York, NY: Wiley.

Jernberg, A. (1979). *Theraplay: A new treatment using structured play for problem children and their families*. San Francisco, CA: Jossey-Bass.

Jernberg, A. (1991). Assessing parent-child interactions with the Marschak Interaction Method. In C. Schaefer, C. Gitlin, & K. Sundgrun (Eds.), *Play diagnosis and assessment* (pp. 493-515). New York, NY: Wiley.

Jernberg, A. (1993). Attachment formation. In C. Schaefer (Ed.), *The therapeutic powers of play* (pp. 241-265). Northvale, NJ: Jason Aronson.

Jernberg, A., & Booth, P. (1999). *Theraplay: Helping parents and children build better relationships through attachment-based play*. San Francisco, CA: Jossey-Bass.

Jernberg, A., & Jernberg, E. (1993). Family Theraplay for the family tyrant. In T. Kottman & C. Schaefer (Eds.), *Play therapy in action: A casebook for practitioners* (pp. 45-96). Northvale, NJ: Jason Aronson.

Koller, T. (1994). Adolescent Theraplay. In K. O'Connor & C. Schaefer (Eds.), *Handbook of play therapy* (Vol. 2, pp. 159-188). New York, NY: Wiley.

Koller, T., & Booth, P. (1997). Fostering attachment through family Theraplay. In K. O'Connor & L. M. Braverman (Eds.), *Play therapy theory and practice: A comparative presentation* (pp. 204-233). New York, NY: Wiley.

Munns, E. (Ed.). (2000). *Theraplay: Innovations in attachment-enhancing play therapy*. Northvale, NJ: Jason Aronson.

Munns, E. (2003). Theraplay: Attachment enhancing play therapy. In C. Schaefer (Ed.), *Foundations of play therapy* (pp. 156–174). New York, NY: Wiley.

Munns, E. (2008). Theraplay with zero- to three-year-olds. In C. Schaefer, S. Kelly-Zion, J. McCormick, & A. Ohnogi (Eds.), *Play therapy for very young children* (pp. 157–172). Lanham, MD: Aronson.